彩图 1　柠檬片挂杯

彩图 2　橙角挂杯

彩图 3　螺旋形柠檬皮

彩图 4　菠萝旗

彩图 5　酒签穿橄榄

彩图 6　吸管穿红樱桃

彩图 7　酒签穿红樱桃横放杯口

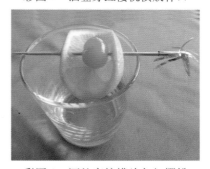

彩图 8　酒签穿柠檬片包红樱桃

彩图 9　干马天尼

彩图 12　新加坡司令

彩图 10　红粉佳人

彩图 13　布朗士

彩图 11　金飞士

彩图 14　曼哈顿(干)

彩图 15　酸威士忌

彩图 19　旁车

彩图 16　诺罗尔

彩图 17　亚历山大

彩图 20　白俄罗斯

彩图 18　白兰地蛋诺

彩图 21　螺丝钻

彩图 22　得其利

彩图 23　蓝色夏威夷

彩图 24　百家得鸡尾酒

彩图 25　玛格丽特

彩图 26　长岛冰茶

彩图 27　天使之吻

彩图 28　薄荷宾治

1+X 职业技术·职业资格培训教材

调酒师

五级（第2版）

主　编　陈　苗

主　审　肖建平

中国劳动社会保障出版社

图书在版编目（CIP）数据

调酒师：五级/上海市职业技能鉴定中心组织编写. —2版. —北京：中国劳动社会保障出版社，2013

1＋X职业技术·职业资格培训教材

ISBN 978-7-5167-0208-6

Ⅰ.①调…　Ⅱ.①上…　Ⅲ.①鸡尾酒-配制-技术培训-教材　Ⅳ.①TS972.19

中国版本图书馆CIP数据核字（2013）第058204号

中国劳动社会保障出版社出版发行

（北京市惠新东街1号　邮政编码：100029）

出 版 人：张梦欣

*

三河市华骏印务包装有限公司印刷装订　新华书店经销

787毫米×1092毫米　16开本　17印张　2彩插页　306千字

2013年4月第2版　2020年7月第3次印刷

定价：39.00元

读者服务部电话：（010）64929211/84209101/64921644

营销中心电话：（010）64962347

出版社网址：http://www.class.com.cn

内 容 简 介

　　本教材由人力资源和社会保障部教材办公室、中国就业培训技术指导中心上海分中心、上海市职业技能鉴定中心依据上海 1＋X 调酒师（五级）职业技能鉴定细目组织编写。教材从强化培养操作技能，掌握实用技术的角度出发，较好地体现了当前最新的实用知识与操作技术，对于提高从业人员基本素质，掌握调酒师的核心知识与技能有直接的帮助和指导作用。

　　本教材在编写中摒弃了传统教材注重系统性、理论性和完整性的编写方法，而是根据本职业的工作特点，从掌握实用操作技能和能力培养为根本出发点，采用模块化的编写方式。全书共分为 6 章，主要内容包括调酒师与调酒业、酒吧、饮料与酒、鸡尾酒、中国旅游海外客源市场概况、酒吧专用名词和术语。

　　本教材可作为调酒师（五级）职业技能培训与鉴定考核教材，也可供全国其他地区从事调酒工作的人员学习掌握调酒知识和技巧，以及各宾馆饭店、酒店、酒吧等进行岗位培训、就业培训等使用。

改版说明

　　1＋X 职业技术·职业资格培训教材《调酒师（初级）》自 2003 年出版以来深受从业人员的欢迎，经过多次重印，在调酒师（五级）职业资格鉴定、职业技能培训和岗位培训中发挥了很大的作用。

　　随着我国科技进步、产业结构调整和服务业的不断发展，新的国家和行业标准的相继颁布和实施，对调酒师的知识结构和职业技能提出了新的要求。为此，人力资源和社会保障部教材办公室、中国就业培训技术指导中心上海分中心、上海市职业技能鉴定中心联合组织了有关方面的专家和技术人员，按照新的调酒师（五级）职业技能鉴定要素细目对教材进行了改版，使其更适应社会发展和行业需求，更好地为从业人员和广大读者服务。

　　为保持本套教材的延续性，本次修订根据教学和技能培训的实践以及调酒师（五级）鉴定要素细目表，对教材做了适当调整，使知识结构更加严密、逻辑性和层次性更加清晰，做到知识全面、重点突出，更加注重操作技能。新教材增加介绍了目前行业中经常使用的调酒工具和设备，详细阐述了调酒服务的技巧，扩增和修订了软饮料和酒的历史、发展、品牌以及饮用方法等内容，其中重点增补了威士忌、葡萄酒和中国白酒的基础知识。此外，为了使读者对鸡尾酒酒体有更加全面的了解，增加了鸡尾酒特点的说明，并且用最新的鸡尾酒配方替换了部分不再流行的品种，以适应酒吧行业的发展需要。新教材还更加全面地说明了我国海外旅游客源国（地区）的情况，又将酒吧名词和术语独立成章，并以附录形式介绍了酒吧常用英语，以彩图形式呈现常用装饰物和 20 款鸡尾酒的成品效果，丰富教材内容，使读者更加直观地学习和了解。

　　因时间仓促，教材中难免存在疏漏和不足之处，欢迎广大读者及业内同仁批评指正。

前　言

　　职业培训制度的积极推进，尤其是职业资格证书制度的推行，为广大劳动者系统地学习相关职业的知识和技能，提高就业能力、工作能力和职业转换能力提供了可能，同时也为企业选择适应生产需要的合格劳动者提供了依据。

　　随着我国科学技术的飞速发展和产业结构的不断调整，各种新兴职业应运而生，传统职业中也越来越多、越来越快地融进了各种新知识、新技术和新工艺。因此，加快培养合格的、适应现代化建设要求的高技能人才就显得尤为迫切。近年来，上海市在加快高技能人才建设方面进行了有益的探索，积累了丰富而宝贵的经验。为优化人力资源结构，加快高技能人才队伍建设，上海市人力资源和社会保障局在提升职业标准、完善技能鉴定方面做了积极的探索和尝试，推出了1＋X培训与鉴定模式。1＋X中的1代表国家职业标准，X是为适应上海市经济发展的需要，对职业的部分知识和技能要求进行的扩充和更新。随着经济发展和技术进步，X将不断被赋予新的内涵，不断得到深化和提升。

　　上海市1＋X培训与鉴定模式，得到了国家人力资源和社会保障部的支持和肯定。为配合上海市开展的1＋X培训与鉴定的需要，人力资源和社会保障部教材办公室、中国就业培训技术指导中心上海分中心、上海市职业技能鉴定中心联合组织有关方面的专家、技术人员共同编写了职业技术·职业资格培训系列教材。

　　职业技术·职业资格培训教材严格按照1＋X鉴定考核细目进行编写，教材内容充分反映了当前从事职业活动所需要的核心知识与技能，较好地体现了适用性、先进性与前瞻性。聘请编写1＋X鉴定考核细目的专家，以及相关行业的专家参与教材的编审工作，保证了教材内容的科学性及与鉴定考核细目以及题库的紧密衔接。

　　职业技术·职业资格培训教材突出了适应职业技能培训的特色，使读者通过学习与培训，不仅有助于通过鉴定考核，而且能够有针对性地进行系统学习，真正掌握本职业的核心技术与操作技能，从而实现从懂得了什么到会做什么的飞跃。

职业技术·职业资格培训教材立足于国家职业标准，也可为全国其他省市开展新职业、新技术职业培训和鉴定考核，以及高技能人才培养提供借鉴或参考。

新教材的编写是一项探索性工作，由于时间紧迫，不足之处在所难免，欢迎各使用单位及个人对教材提出宝贵意见和建议，以便教材修订时补充更正。

人力资源和社会保障部教材办公室
中国就业培训技术指导中心上海分中心
上海市职业技能鉴定中心

目　录

第 1 章

调酒师与调酒业

 **学习目标**

了解职业和职业能力概念。

了解调酒的由来和调酒师行业的发展。

熟悉调酒师的从业要求、职业能力特征和职业能力构成。

掌握调酒师的概念、工作内容、专业素养以及仪容仪表和礼貌礼节的规范。

第 1 节　调酒师的职业简介

一、调酒师概念

调酒师是指在酒吧或餐厅专门从事调制酒水、销售酒水的工作人员，调酒师在英语中称为"bartender"或"barman"。酒吧调酒师的工作任务包括酒吧清洁、酒吧摆设、调制酒水、酒水补充、应酬客人和日常管理等。

二、调酒师的职业能力及其特征

1. 职业和职业能力概念

所谓职业，是指人们为了谋生和发展而从事的有劳动报酬的、相对稳定的、专门类别的社会劳动。它是人们的生活方式、经济状况、文化水平、行为模式、思想情操的综合反映，也是一个人的权利、义务、权力、职责、地位的一般性表征。一般而言，职业具有目的性、社会性、稳定性、规范性、群体性等特征。从事职业活动，通常需要一定的经验、某种特定的技能和某一领域的专门知识。

职业能力是指人在职业活动范围内需要具备的能力，而职业技能则是职业能力的核心组成部分，它在职业活动中直接表现出来并产生效果。

技能是人在意识支配下所具有的动作能力，一般包含肢体动作型和心智型两大类型，两种类型的技能往往相互联系，不能截然分割。视具体职业不同，职业技能有偏重于肢体动作型的，也有偏重于心智型的，还有肢体动作型与心智型并重的。即使同一职业，两种类型技能的比重也会因级别的不同而产生变化，一般随着级别的提高，心智型技能的比重逐步加大。

2. 职业能力特征和构成

（1）职业能力主要特征。职业能力可以通过培训而形成，通过生产活动而完善。职业能力的养成与知识的学习不同，知识可以在课堂上或书本里传授，而技能和能力一定要在具体工作实践中或模拟条件下的实际操作训练中才能养成。

（2）职业能力的构成。人的能力按职业分类规律可分为三个层次，即职业特定能力、行业通用能力、核心能力。

1）职业特定能力。是指每一种职业自身特有的能力。它只适用于这个职业的工作岗位，适应面很窄。

2）行业通用能力。是指大类行业的职业活动通用的基本能力。它的适应面比较宽，适用于这个行业内的各个职业或工种。

3）核心能力。是指从所有职业活动中抽象出来的最基本的能力，具有普遍适用性，适用于所有行业的所有职业。

借鉴世界各国的研究成果，结合我国的实际情况和职业技能开发的需要，可将核心能力归纳为八个方面，即交流表达、数字应用、信息处理、与人合作、解决问题、自我提高、革新创新、外语应用。核心能力的每一项均有较丰富的内涵。

从职业能力的技术层面来分析，每一个职业在工作现场直接表现出来的是职业特定能力，它是显性的；在技术和专业上支持这个特定能力的是行业通用能力，在职业活动中往往看不到它的直接表现；核心能力则是上述能力形成和应用的条件，它处在最深层，它是支柱和依托，是承载其他能力的基础，相比而言它是隐性的。如果把能力层次结构比做大海上的一座冰山，浮现在水面上的是职业特定能力，半隐半现、大部分隐没的是行业通用能力，而深藏在水面下的是核心能力。

行业通用能力越强，适应本行业内不同职业的能力越强，提高本行业内职业的特定能力的基础越坚实；核心能力越强，适应不同行业、职业的能力越强。一般来说，越具基础性质的深层次能力，它的养成、提高越不易，所需时间越长。

3. 调酒师的职业能力特征

（1）较强的自我展示能力。

（2）手指、手臂灵活，动作协调。

（3）视觉、味觉、嗅觉等感官灵敏，能够品评酒水。

4. 调酒师的职业能力构成

（1）职业特定能力。熟练使用调酒工具，掌握调酒技法，熟悉酒水知识和酒文化，能够品评酒水。

（2）行业通用能力。具备基础礼仪知识和公共关系知识，熟悉国内外客源国和地区的风俗，熟悉旅游及餐饮行业基本服务知识和服务技巧。

（3）核心能力。交流表达、数字应用、信息处理、与人合作、解决问题、自我提高、革新创新、外语应用。其中，交流表达、与人合作、解决问题、自我提高、革新创新和外语应用能力对于调酒师来说尤为重要。

三、调酒师工作内容

1. 调酒准备工作

（1）仪容仪表的准备。调酒师每天十分频繁和密切地接触客人，其仪容仪表不仅反映个人的精神面貌，而且也代表了酒吧和酒店的形象。因此，调酒师每日工作前必须对自己的仪容仪表进行修饰，做到仪容美。仪容美的基本要素是貌美、发美、肌肤美，主要要求整洁、干净，要有明朗的笑容。

（2）姿态的准备。姿态是调酒师在上岗以前必须培训和掌握的内容。姿态的准备包括站姿和步态。对于调酒师来说，要有良好的站姿和步态。站姿要挺拔，步态要轻盈。男士站姿为：肩部平衡，两臂自然下垂，腹部收紧，挺胸，抬头，不弯腰或垂头，两腿可略分开，大约与肩宽相同，双手呈半握拳的样子或将双手置于体后。女士站姿为：头正稍抬，下颌内收，挺胸，收腹，肩平。双脚呈 V 字形。膝和脚后跟尽量靠拢，或一只脚略前，一只脚略后，前脚的脚后跟稍稍向后脚的脚背靠拢，后腿的膝盖向前腿靠拢。两手平行侧放或在腹前交叉。在站立时，不要弯腰驼背或挺肚后仰，也不要东倒西歪地将身体倚在其他物体上，两手不要插在裤袋里或叉在腰间，也不要抱臂于胸前。

（3）个人卫生的准备。调酒师的个人卫生是宾客健康的保障，也是宾客对酒吧和酒店信赖程度的标尺。健康的身体是酒吧工作最基本的要求。健康的身体来自日常的个人卫生和体育锻炼。做好个人卫生并养成良好的卫生习惯，积极参加体育锻炼是对调酒师的基本要求。

（4）酒吧卫生及设备、工具检查。酒吧工作人员进入酒吧后，首先要检查酒吧间的照明、空调系统运作是否正常，室内温度是否符合标准，空气中有无不良气味。地面要打扫干净，墙壁、窗户、桌椅要擦拭干净。其次应对吧台进行检查，吧台要擦亮，所有镜子、玻璃应光洁无尘，每天营业前应用湿毛巾擦拭一遍酒瓶并检查酒杯是否洁净，应确保无垢、无损。检查操作台上酒瓶、酒杯及各种工具、用品是否齐全到位，冷藏设备运作是否正常，制冰机是否正常，冰块储备是否充足。如使用饮料配出器，则应检查其压力是否符合标准，如不符合标准应做适当校正。最后，应在水池内注满清水，在洗涤槽中准备好洗杯刷、调配好消毒液，在冰桶中加足新鲜冰块。

（5）酒水辅料等原料的准备。检查各种酒水饮料是否都达到了标准库存量，如有不足，应立即开出领料单去仓库或酒类储藏室领取。然后检查并补足操作台的原料用酒，冷藏柜中的啤酒、白葡萄酒以及储藏柜中的各种不需冷藏的酒类、酒吧纸巾、毛巾等原料物品。接着便应当准备各种饮料、配料和装饰物，如准备好樱桃和橄榄，切开柑橘、柠檬和青柠，整理好薄荷叶子，削好柠檬皮，准备好各种果汁、调料，打好奶油，熬制糖浆等。如果允许和必要的话，有些鸡尾酒的配料可以进行预先调制，如酸甜柠檬汁等。

（6）站立迎客。一切准备工作做好后，再次查看自己的仪容仪表、服装、鞋袜等是否美观、整洁，并站立在相应的位置，面带微笑准备迎客。

2. 调制酒水工作

调酒师应熟练掌握本酒吧或酒店酒单上各种酒水的服务标准和要求，并谙熟相当数量的鸡尾酒和其他混合饮料的调制方法，这样才能做到胸有成竹，得心应手。但如果遇到宾客点要陌生的饮料时，调酒师应该查阅酒谱或向宾客请教，不应胡乱调制。调制饮料的基本原则是：严格遵照酒谱要求，做到用料正确，用量精确，点缀、装饰合理优美，调制过程干净利落，动作迅速。

3. 酒吧服务工作

在整个酒吧服务过程中还须做到以下八点：

（1）配料、调酒、倒酒应当着宾客面进行，目的是使宾客欣赏服务技巧，同时也可使宾客放心。调酒师使用的原料用量要正确无误，操作符合卫生要求，调制鸡尾酒前、敲好鸡蛋后和制作装饰物前都要洗手。

（2）把调好的饮料端送给宾客后应立即离开，除非宾客直接询问，否则不宜随便插话。

（3）认真对待并礼貌处理宾客对饮料服务的意见或投诉。酒吧与其他任何服务场所一样，要"永远尊重宾客"，如果宾客对某种饮料不满意，应立即设法补救。

（4）任何时候都不得对宾客有不耐烦的语言、表情或动作，要及时关注宾客饮酒的情况，恰当地与宾客沟通和交流，但不要催促宾客点酒、饮酒。不能让宾客感到服务人员在取笑他喝得太多或太少。如果宾客已经喝醉，应用礼貌的方式拒绝供应含酒精饮料。

（5）如果在上班时必须接电话，谈话应当轻声、简短。当有电话寻找宾客时，即使宾客在场也不可告诉对方宾客在此（特殊情况例外），而应该回答"请等一下"，征得宾客意见，然后让宾客自己决定是否接听电话。

（6）除了掌握饮料的标准配方和调制方法外，还应注意宾客的习惯和爱好，如有特殊要求，应照宾客的意见调制。

（7）有些酒吧免费供应一些佐酒小点，如炸薯片、花生米等，目的无非是刺激饮酒情趣，增加饮料销售量。因此，工作人员应随时注意佐酒小点的消耗情况，及时补充。要经常更换吸烟区的烟灰缸。

（8）酒吧工作人员对宾客的态度应该友好、热情，不能随便应付。不打断宾客之间的谈话，如宾客有与调酒师聊天的意愿，也要适当，不能因为与部分宾客聊天而忽视为其他宾客服务。上班时间不准抽烟、不准喝酒、不准当着宾客的面嬉笑言谈，即使有宾客邀请喝酒，也应婉言谢绝。工作人员不可擅自对某些宾客给予额外照顾，当然也不能擅自为本店同事或同行免费提供饮料。同时，更不能克扣宾客的饮料。

4. 酒吧清洁工作

酒水服务结束后的工作是清理用具和打扫酒吧卫生。包括收台、清洁台面、摆放标准化的用品。要将客人用过的杯具收回，清洗后按要求摆放。桌椅和工作台表面要清理干净。用过的搅拌器、果汁机、烟灰缸、咖啡壶、咖啡炉和牛奶容器等应随时注意清洗干净并滤干水。其次，一天工作结束后要对整个酒吧进行清洁。包括把水壶和冰桶洗净后口朝下放好。容易腐烂变质的食品、饮料及鲜花等应储藏在冰箱中。电和煤气的开关应关好。剩余的火柴、牙签和一次性消费的餐巾，以及碟、盘和其他餐具等物品应储藏好。为了安全，酒吧储藏室、冷柜、冰箱及后吧柜等都应上锁。酒吧中比较繁重的清扫工作（包括地板的打扫，墙壁、窗户的清扫和垃圾的清理等）应在营业结束后至下次营业前安排专门人员负责。

四、调酒师行业的发展

1. 国外调酒师行业发展

在国外，调酒师需要受过专门职业培训并领有技术执照。例如，在美国有专门的调酒师培训学校，凡是经过专门培训的调酒师不但就业机会很多，而且享有较高的工资待遇，可以在全美国和全球其他国家就业。一些国际性饭店管理集团内部也专门设立对调酒师的考核规则和标准。

在国外，调酒师又分为两种，即英式调酒师和美式调酒师。英式调酒师主要工作在星级酒店或古典型类别的酒吧。其整体形象绅士，调酒过程文雅、规范，调酒师通常穿着英式马甲，调酒过程配以古典音乐。美式调酒师又称花式调酒师，花式调酒起源于美国，特点是在较为规矩的英式调酒过程中加入一些花样的调酒动作，如抛瓶类技巧动作以及魔幻般的互动游戏等，起到活跃酒吧气氛、提高娱乐性的作用。花式调酒师的整体形象充满着动感，调酒过程中的观赏性也极强。其行业工作领域广泛、薪水高等优势近几年也越来越多地被年轻人所关注，使得许多年轻人开始从事这个既时尚又主流的行业。

值得一提的是国内调酒师行业中多以年轻的男调酒师和女调酒师为主，他们大多经过正规的职业教育或接受过专门的调酒培训，年轻、有活力、易创新是他们的特点；而在国外调酒师行业中则以年长的男调酒师为主，因为人们普遍认为年长的男性调酒师往往具备丰富的经验和酒水知识，在服务过程中有较强的耐心和责任心。

2. 国际调酒师协会

（1）国际调酒师协会简介。国际调酒师协会（International Bartender Association）是最权威性的国际调酒师组织，简称 IBA。国际调酒师协会于 1951 年 2 月 24 日在英格兰特尔奎的格林大饭店成立，有 20 人出席了当时的会议，会议选出了 7 个代表国，它们分别是英格兰、丹麦、法国、荷兰、意大利、瑞典和瑞士。第二届 IBA 会议于 1953 年在意大利威尼斯举行。第三届 IBA 会议于 1954 年 10 月在荷兰举行，并于当年决定每年的秋天召开一次年会。

目前，国际调酒师协会已发展成为在欧洲、北美、南美和亚洲设有常务机构，并拥有35 个会员国的全球性组织。国际调酒师协会的工作目标是："增进职业调酒师的才能，正确引导和教育这个年轻的职业"。协会的工作范围具体分为以下四个方面：

1）酒吧业的咨询机构，并解决酒吧范围的有关问题。

2）负责酒吧范围的职业教育。

3）组织职业调酒师比赛。

4）负责与酒吧用品（包括酒水）生产供应商之间发展相互交流。

正是国际调酒师协会为自己制定了正确的工作目标和工作范围，加之工作人员的勤奋努力，才使得协会在 60 多年的风雨历程中稳步发展，事业蒸蒸日上，用"权威"两字来形容已不为过。

（2）国际调酒师协会及 IBA 培训中心的发展历程。1965 年的 IBA 会议在意大利的圣·文森特（St. Vincent）召开，为了使全球年轻的调酒师有一个学习和交流的机会及场所，会议决定为 IBA 成员国中年轻的调酒师特别成立一个 IBA 培训中心。培训中心第一套教程的创立得益于卢森堡调酒师联合会的大力协助，其总裁 M. 山姆伯格对该中心教程进行了系统的调整和完善，并由他主持实施。1966—1972 年，IBA 培训中心的培训均在卢森堡的饭店和烹饪学校中完成，并一直由 M. 山姆伯格先生领导。

1972年，在瑞典斯德哥尔摩召开的IBA会议上，决定转由英格兰调酒师协会在布兰克瀑（Blackpool）的饭店和烹饪学校继续担负起培训中心的责任，培训由让·怀特先生（Mr. John Whyte）领导。在"布兰克瀑时期"，即1972—1977年，IBA培训中心不断发展、扩大，不仅成为一个重要机构，而且还成为IBA议程的一个重要组成部分。

1976年，让·怀特先生突然去世，使英国调酒师协会不得不暂停了培训中心在布兰克瀑的课程。此后，在意大利的圣·文森特召开的IBA年会上，人们为了表示对让·怀特先生的哀悼和纪念，以及他对IBA培训中心的发展和提高所作的一系列贡献，会议决定将IBA培训中心教程命名为"让·怀特教程"（John Whyte Course），并由意大利调酒师协会承担教程的实施任务，负责人为路吉·帕伦蒂先生（Mr. Luigi Parent）。1982—1987年，"让·怀特教程"转由葡萄牙的调酒师协会负责，课程也被分成了两个部分，前四天的课程在波尔图进行，其余课程在艾卡·波蒂蒙（Algarve Portimao）的饭店和旅游学校进行。到了1988年，课程再次转由意大利调酒师协会负责。

（3）IBA培训中心的课程。IBA培训中心的课程重点是：贯彻理论和实践相结合的教学指导方针，通过不同的侧面将酒类和饮料类的知识传授给大家，且尽可能多方面地收集、编辑和传授酒水知识。在授课过程中将会被交替安排去参观与此相关的工厂或经营者的公司和家族，可以看到酒的蒸馏过程和葡萄的压榨、发酵等过程，大家会像旅游者一样感到非常有趣，在这种欢愉的气氛中，人们会学到许多有价值的和有启发性的东西。课程的宗旨就是使大家能够互相交流思想和经验，多方面的主张和不同的见地与个性成为讨论的基础，以此达到使年轻的调酒师的业务技能和技艺更加丰富、全面的目的。

从1965年开始，IBA培训中心认可并且接受了一个有良好关系的商业机构所提供的巨大的帮助。他们的帮助不仅仅是在物质方面的，还包括提供讲义和教学方面的指导，这些帮助对课程的成功起了很大的作用。

（4）国际鸡尾酒调酒大赛（简称ICC）。国际鸡尾酒调酒大赛是IBA的又一个重要安排，第一届ICC于1955年由荷兰调酒师俱乐部组织发起，并在其首都阿姆斯特丹举行，优胜者是来自意大利的吉西·奈瑞先生（Mr. Guiseppe Nerd）。从1976年开始，这种世界鸡尾酒调酒大赛每三年举行一次，每一个IBA成员都有权利参加这个世界调酒业最高等级的大赛。

（5）国际调酒师协会成员国及地区见表1—1。

表1—1　　　　　　　　　　　国际调酒师协会成员国及地区

成员国	协会名称	简称	成员国	协会名称	简称
爱尔兰	爱尔兰调酒师协会	BAI	奥地利	奥地利酒吧员联合会	OBU
意大利	意大利联盟调酒师协会	AIBES	比利时	比利时调酒师联合会	UBB
日本	日本调酒师协会	JBA	巴西	巴西调酒师协会	ABB
南斯拉夫	南斯拉夫调酒师协会	DBS	加拿大	加拿大调酒师协会	BAC
卢森堡	卢森堡调酒师协会	ALB	丹麦	丹麦调酒师联盟	DBL
马耳他	马耳他调酒师协会	MBG	芬兰	芬兰调酒师俱乐部	FBSK
墨西哥	墨西哥调酒师协会	AMB	法国	法国调酒师协会	ABF
挪威	挪威调酒师联合会	NBF	德国	德国酒吧员联合会	DBU
秘鲁	秘鲁调酒师协会	APB	英国	英国调酒师俱乐部	UKBC
葡萄牙	葡萄牙调酒师协会	ABP	荷兰	荷兰调酒师俱乐部	NBC
新加坡	新加坡调酒师协会	ABS	中国香港	香港调酒师协会	HKBA
西班牙	西班牙调酒师协会	ABE	匈牙利	匈牙利调酒师集团	SBH
瑞典	瑞典调酒师协会	SBG	韩国	韩国调酒师协会	KBA
瑞士	瑞士酒吧员联合会	SBU	冰岛	冰岛调酒师俱乐部	BCI
美国	美国调酒师协会	USBA	捷克	捷克调酒师协会	CBA
委内瑞拉	委内瑞拉调酒师协会	AVD	希腊	希腊调酒师协会	GBA
阿根廷	阿根廷调酒师互助协会	AMBA	波多黎各	波多黎各调酒师协会	PRBA
澳大利亚	澳大利亚调酒师协会	ABG			

（6）如何成为国际调酒师协会会员

1）首先以本地区调酒师协会的名义与国际调酒师协会事务机构取得联系，并且以书面形式阐明自己协会的纲领。

2）向国际调酒师协会提供本地区调酒师协会委员会成员名单，内容包括成员的姓名、性别、年龄、职业、学历、专长等。

3）提供协会所有会员的完整名单，并附加简单说明。

4）介绍协会活动摘要，包括人员培训、协会会议、组织鸡尾酒调酒比赛等。

5）如与某些酒水生产商或酒水供应商已建立了良好和稳固的合作关系，也应向IBA做简要的说明。

6）申请加入IBA的另外一个前提条件就是协会人员的构成至少需要25人。

7）英语是国际调酒师协会使用的唯一语言。

（7）国际调酒师协会会旗。在国外，特别是欧美国家，有的酒吧里会悬挂带有 IBA 标记的三角小旗帜，这些旗帜是国际调酒师协会对这些酒吧的特别褒奖方式。这些 IBA 的旗帜说明：当人们置身于这些酒吧时，会感到这里的职业调酒师就像是自己的知心朋友，他们会使人们乐于与之交往，乐于与之倾诉；会旗还代表人们在这些酒吧里能享受到高质量的产品和酒水服务；这里每一个人都会做到"尊重顾客的隐私"；这些酒吧向顾客提供优良的环境和高雅的气氛。

3. 国内调酒师行业发展

（1）行业发展背景。近年来，包括我国在内的许多国家出现了前所未有的鸡尾酒热潮，日常饮用鸡尾酒已是人们一种非常普遍的消费习惯，酒吧自然而然也就成了社会各阶层人士经常光顾的地方。忙碌了一天的人们下班后，来到酒吧喝上一杯，聊聊天，松弛一下，这种情景在发达地区尤为多见。鸡尾酒作为一种时尚的消费也就势在必行，而从事调制鸡尾酒工作的调酒师行业也越来越兴旺，这与我国旅游业和餐饮业的发展是分不开的。

我国的旅游业和餐饮业近年来一直呈向上发展的趋势，这不仅为国家大量创收，也为社会提供了许多就业机会，且孕育出一批具有国际水平的专业人才。1992 年全国旅游行业职工服务技能大赛（桂林大赛）、1993 年国际第 44 届青工奥林匹克大赛暨中国第一届青工奥林匹克大赛、1995 年第一届全国旅游行业调酒师大赛均显示出我国旅游行业青年人的雄厚实力。

（2）调酒师职业培训与考核。我国职业技术等级的培训及考核已经步入标准化、系统化、全面化和国际化的轨道。调酒作为一项专业性和技术性很强且非常独特的职业，于十几年前就已被列入培训和考核工种范围，并于 1994 年、1996 年和 1997 年分别在南京和上海成功地举办了三期全国高级调酒师培训班，为旅游行业培养了很多高级调酒人才。

我国调酒业正在走向世界，并与国外的专家和同行进行广泛的交流。近年来，人力资源和社会保障部为统一规范调酒业，特推行"调酒师职业资格等级证书"，从业人员将实行持证上岗。一方面，各地的旅游职业技术学校都开设了调酒课程，学习结束鼓励学生参加相应的职业技能鉴定；另一方面，北京、上海、广州等地的调酒师培训行业也经历了初级阶段、形成标准、逐步规范、蓬勃发展的若干阶段，调酒师培训学校如雨后春笋般地分布于各大城市；此外，高校中旅游管理类的专业也纷纷开设调酒的课程，并积极组织学生参加职业技能鉴定，获取相应的职业资格证书，这些学校及培训机构都承担着为旅游行业培养和输送人才的重任。

随着近年来酒吧行业的兴旺，调酒师也渐渐成为热门的职业。在国内，已有数万人拿到人力资源和社会保障部颁发的"调酒师资格等级证书"。据有关资料显示，北京、上海、广州、青岛、深圳等大城市每年都急需大量的职业技能熟练的调酒师。当然，随着酒吧数量的大大增加，作为酒吧"灵魂"的调酒师的待遇也会越来越高。目前，国内比较时兴的花式调酒是近几年酒吧兴起带动的时髦职业，其实任何一种调酒方式都需要基本的调酒知识，只不过花式调酒需要更多的激情以及特殊的表演杂耍技巧。

第 2 节 调酒业的发展

调酒是人类社会发展的产物，是人类社会发展过程中创造出来的以酒文化为基础的一种混合酒品的艺术。调酒是一项专业性、技术性很强的职业，因为调制出的酒水的质量与调酒师的经验有相当大的关系。它与烹调师、面点师等许多职业一样，要求理论与实际操作相互结合。调酒也是一门艺术，它在为人们提供酒类饮品的同时，也提供了造型、味道与色彩的享受。

一、调酒的由来

调酒的起源并没有确切的时间、地点。在漫长的人类历史发展过程中，随着酿酒业的发展，调酒技术的雏形也在历史的进程中逐渐形成。虽然同是酿造一种酒，甚至是同一个牌子的酒，由于酿酒原料质量的不稳定，气候、温度、工艺等生产条件的不同，酿酒工人技术的差别等，都会使所酿酒品的质量不一致。最初，人们为了使所酿造的酒品口味一致，颜色、香味、浓度都符合标准，就采用在酿酒的最后阶段将不同质量的酒液加以混合的方法，即勾兑，实行这一操作的人就是最早的调酒师（也称勾兑师）。他们调酒的配方和方法是保密的，而调出来的酒品的质量也同调酒师的经验有关。这些调酒师控制着酒厂生产的酒品的质量，好的调酒师可以分辨出几百种不同酒品的味道。在勾兑酒时，调酒师需要在安静的、没有干扰的环境下操作，这种调酒是在生产环节中对酒进行混合。这种调酒师同现在饭店和酒吧中的调酒师的工作内容是完全不同的。

真正的酒吧调酒究竟源于何时、何地，众说不一。在 17 世纪的美国，发明了一种叫做"臂章"的混合饮品；18 世纪的英国，出现了为庆祝胜利而饮用的一些由烈酒和果汁兑在一起的混合饮料；在禁酒时代的美国，鸡尾酒"血玛丽"很流行，这些都是酒吧调酒的早期产品。特别是在有着数千年酿酒历史的中国，人们早已洞察到酒的混合功能和保健功能，调酒早在 2000 年前的先秦时代就已形成，湖北省随州擂鼓墩一号墓出土的大型冰酒器——铜冰鉴便是世界上最早的酒冷却器。

我国名著《红楼梦》中记载了调制混合酒——"合欢酒"的操作过程："琼浆满泛玻

璃盏，玉液浓斟琥珀杯"，此酒"乃以百花之蕊、万木之英，加以麟髓之旨、凤乳之曲"。这说明我国很早就有了鸡尾酒的雏形，只是当时没有很快地流行发展起来。

有一点不可置疑的是自从诞生了鸡尾酒，也就随之有了调制鸡尾酒的人，即早期的调酒师，从而调酒业也开始不断地发展、腾飞，勾兑师演变成现在的调酒师，调酒的方法、器具也不断地改进，时至今日，调酒文化渐渐传入我国等东方国家，调酒的历史正在谱写着新的篇章。

二、调酒业的现状

1. 国际现状

在现代社会中，调制鸡尾酒也随着人类社会文明的发展在不断地变化和发展，人们已经总结出了鸡尾酒的基本结构和调制的基本方法。在调酒的过程中，基酒和辅料要符合各地的风土人情，要以本地的条件为基础，调出适合当地条件的鸡尾酒，要能体现出各地的特点、文化与文明。世界现今流行的调酒基本上都代表当地的风情，这体现了世界各地不同的文化背景、地理环境、气候条件、社会文明程度。从文化背景上看，东、西方文化存在很大的差异性，西方人一般较豪爽、豁达，调制的鸡尾酒以清爽、干冽为所求；而东方人的性格大多温文尔雅，调制的鸡尾酒多温和、润滑。从地理环境与气候条件上看，各地的制酒原料也各有特色，如法国的气候条件适合葡萄的生长，以葡萄为主要原料生产出的白兰地作为鸡尾酒的基酒是相当流行的；南美的特基拉酒是以在炎热气候条件下生长的龙舌兰为原料生产的烈性酒，配以柠檬和盐的独特饮用方法，可达到祛暑、生津和加强血液循环的效用，用其调制的鸡尾酒也是多种多样，风靡全球。随着交通与信息传递越来越便利，世界各地间的距离被拉近了，国际的交往活动逐渐频繁，世界各地的文化差异也在逐渐缩小，饮食习惯也在向同一迈进，对调制鸡尾酒的认识也将在短期内取得共识。

2. 国内现状

在国内，早在 1949 年以前就有酒吧调酒师这一职业，但这一名词为大众所知晓不过是近十几年的事情，而有造诣的调酒师更是寥寥无几。随着我国改革开放和旅游业的发展，不仅涉外饭店必须设立酒吧，民间私人开设的酒吧也渐渐多起来。但是调酒师却十分难找，直到 20 世纪 80 年代后期，广东等沿海地区的一些开放城市中才出现业余性质的短期调酒师培训班，但培训质量和数量远远不能满足餐饮业的发展需求。迈入 21 世纪，伴随产业结构的调整，服务业产业比重加大，北京、上海、广州、重庆等一些大城市中旅游业、酒店业、会展业等服务业产业蓬勃发展，这也为调酒业的发展提供了必要的条件。各大城市的调酒师的培训越来越规范，为调酒业培养和输送了大量的人才。时至今日，内地各大饭店、宾馆还是十分缺乏具备良好素质的调酒师，甚至一些已评为三星级或四星级的饭店中还缺少受过正规系统培训的调酒师，优秀调酒师依然炙手可热，十分紧缺。

改革开放以后，旅游业的发展正步入国际社会的先进行列。我国酒吧业迅速发展，当代人的生活方式、习惯已经慢慢与世界接轨，酒吧就成了城市最直接的文化标志之一。我国的调酒师行业专业人员也开始走向世界，在国际调酒师大赛中，我国调酒师也取得了不错的成绩。我国的调酒行业虽是一个很年轻的行业，但从事此项事业的年轻人已开始把以我国特产的烈性酒为基酒的鸡尾酒推向世界。目前，酒吧业全年的消费额已达百亿规模，而发展速度更是无比惊人，在未来的数年内，我国的酒吧服务业市场份额将向 200 亿元挺进，酒吧产业市场将呈现良好的发展前景。我国地域广阔，各地的居民又有着不同的风俗，相信不久的将来，我国将成为世界调酒业中一个令人瞩目的焦点。

特别是近几年，在北京、上海、广州等现代化大都市，社会酒吧蓬勃兴起。北京形成了各色酒吧一条街，最著名的有三里屯酒吧一条街、蓝色港湾酒吧一条街、元大都酒吧一条街、后海酒吧一条街等；上海既有奢华消费的外滩酒吧区，也有高档消费的新天地酒吧区，还有中档消费的衡山路、雁荡路、巨鹿路、茂名南路等特色酒吧街，最为有格调的还有散落在一些早期花园洋房中的特色酒吧，而一些啤酒小屋、小型酒吧更是随处可见，且诸多酒吧皆具特色，最为时尚的要数啤酒酒吧和葡萄酒酒吧了；在广州，环市东路、华侨新村一带、沿江路等均为著名的酒吧街区。2005 年，广州经济大发展，在广州本地民众夜生活丰富多彩的情况下，建立了广州酒吧网，成为喜欢"蒲吧"朋友们的酒吧夜生活资讯网站。

社会酒吧之所以蓬勃发展的另一个原因则是花式调酒被融入酒吧的表演中，并且影响日益扩大。许多娱乐性酒吧由于缺少花式调酒师，只能采取特约、特聘的形式邀请为数不多的花式调酒师做兼职表演。在美国、日本、韩国等国家，顶尖花式调酒师的名气和收入不亚于著名歌星和影星。因此，花式调酒在国内孕育着很大的发展潜力。

三、调酒业的发展趋势

随着社会的发展，人们经济收入的增长和生活水平的提高，人们的生活方式逐渐向多元化发展，生活闲暇时间逐渐增多，可以预见，未来调酒业的发展将是以传统的、现代的鸡尾酒调制工艺和方法为基础并伴随人类社会物质文明及精神文明的发展而建立起来的新的体系，这主要将表现在以下几个方面：

（1）调酒师从业人员不断增加，且优秀调酒师和花式调酒师紧缺。

（2）社会酒吧的数量和发展速度将进一步得到发展和提高，其发展趋势将超过宾馆酒店酒吧。

（3）调酒方式将逐步分化、清晰。宾馆酒店酒吧主要以英式调酒（古典式调酒）为主，社会酒吧将兼顾英式调酒和美式调酒（花式调酒），并以美式调酒为特色。

（4）去酒吧消费的客源将进一步拓展和增加。其中，女士消费群体增加尤为明显。

（5）在物质市场开始丰富的同时，人们在口味上的要求也会发生改变，这将是影响鸡尾酒调制口味及发展的因素之一。

（6）由于长时间在都市中工作、学习和生活，人们对饮品的纯天然性质的要求更高，对纯野生的第三代植物果实的果汁和绿色饮品的需求会增加，调制鸡尾酒也势必向此方向发展。

（7）未来的科学发展以及人类新的健康问题对鸡尾酒产生很大的影响。例如，糖尿病、高血压、肥胖病等都将给鸡尾酒的调制配方带来影响，那时，人们将对含糖和脂肪较高的酒类予以淘汰，随之而来的是低糖、低脂、低酒精的鸡尾酒。而鸡尾酒的创新则将更加注重饮食疗养和保健的功用。

（8）葡萄酒的流行体现了人们对纯天然的绿色保健饮品的需求，葡萄酒内含的单宁酸和其他营养物质能给人们的健康带来很多好处，以葡萄酒为基酒的鸡尾酒也将成为流行趋势。葡萄酒酒吧将成为时尚。

（9）调酒的技术将向更加普及化和产业化方向发展。随着人们生活节奏的加快，简捷、方便的成品鸡尾酒将进入人们的日常生活。

第3节　调酒师的职业素养

调酒师是一种综合了多种技能的职业——温文尔雅的仪容仪表，变幻莫测的调酒技法，开朗的性格和热情的待客之道，丰富的酒水服务经验，这些都要求调酒师必须具备较高的综合素质。

一、调酒师从业要求

调酒师从业要求包含五个方面的内容，即仪容仪表要求、礼貌礼节要求、语言能力要求、沟通能力要求和文化水平要求。

1. 仪容仪表要求

仪容仪表即人的精神面貌和外在表现。注重仪容仪表是调酒师应具备的一项基本素质，酒吧调酒师的仪容仪表直接影响着客人对酒吧的感受，良好的仪容仪表是对宾客的尊重。调酒师整洁、卫生、规范化的仪表不仅代表了酒吧的形象，也能烘托出服务气氛，使客人心情舒畅。

（1）身材与容貌。身材与容貌在服务工作中有着较为重要的作用。在人际交往中，好的身材和容貌可使人产生舒适感，心理上产生亲切愉悦感。因此，在调酒师的招聘录用或本酒店、宾馆人员的转岗中，身材和容貌是一个重要因素。

（2）服饰与打扮。调酒师的服饰与穿着打扮体现着不同酒吧的独特风格和精神面貌。服装体现着个人仪表，影响着客人对整个服务过程的最初和最终印象。打扮是调酒师上岗之前自我修饰和完善仪表的一项基本工作。即使身材标准，服装华贵，如不注意修饰打扮，也会给人以美中不足之感。调酒师工作中要穿着烫平的制服，浆过的白衬衫，擦亮的黑皮鞋，经常洗头，头发要整齐光亮，手指和指甲必须经常保持干净。男调酒师头发尽可能每天洗，梳子随身携带并随时梳整头发，鬓角不宜太长，不得留胡须，工作中一般不戴戒指（在国外多有佩戴婚戒的现象）。女调酒师长发要束起、发角要固定，短发发角要留短或以发夹固定，选用蓝色、黑色、咖啡色等单色发结，并使用网罩，不戴头发饰品，前发（刘海）长度要不挡眼，经常洗发，不化浓妆，选用接近唇色的口红，指甲整洁，不涂指甲油，着黑色或肉色无花底的袜子，不戴婚戒以外的戒指，不戴耳坠、耳环、项链、手镯、手链、脚链等饰品，不文身。

（3）风度和个性服务。风度是指人的言谈、举止、态度。一个人的正确的站立姿势、雅致的步态、优美的动作、甜美的笑容以及得体的服装打扮都体现了一个人优雅的风度。调酒师要使其服务得到良好的评价，就要使自己的风度端庄、高雅，一举一动都要符合美的要求。在酒吧服务过程中，酒吧工作人员尤其是调酒师的任何一个微小的动作都会直接对宾客产生影响，因此，调酒师行为举止的规范化是酒吧服务的基本要求。在规范化的服务中提升每个调酒师的个性化服务则是酒吧服务业的完美境界。

调酒师的风度应具体体现在以下几点：

1）站姿挺拔。站立姿势的基本要领是：身体直立、端正，身体重心放在两腿中间，挺胸收腹，姿态挺拔。

2）倾听。仔细地倾听客人讲话，充分理解客人意图。集中注意力，把握客人的观点和所说的事实。好的调酒师还要学会用目光与客人交流。眼光的交流有助于集中精力听客人说话，并表示重视别人所说的话。

3）表情。是指从面貌或姿态上表达内心的思想感情。在酒吧服务中，调酒师表情的好坏直接关系到服务质量的高低。人的表情可分为两种，即面部表情和姿态表情。调酒师在服务中要用好自己的面部表情，特别是面部微笑，以赢得宾客的信任和愉悦。同时，要注意观察客人的面部表情，特别是眉宇间的细微变化，以便更好地为客人服务。另外，调酒师要学会通过观察宾客的神态来揣测宾客的心理。

4）神情。神情是指人的面部所显露的内心活动，即表现于外部的精神、神气、神色、神采、态度、风貌等。在酒吧服务时，调酒师的神情要做到：情绪饱满，精力充沛，谦虚恭敬，和蔼可亲，真诚热心，细致入微。

5）神色。神色是眼睛的神态。眼睛是心灵的窗户，人的内心活动、微妙的情绪变化以及不可名状的思想意识无不通过眼睛透视出来。

6）手势。任何一种手势都能独立表达某种意思。但要注意在不同的国家和地区，有些相同的手势却有着不同的甚至完全相反的意思。

7）步态。步态是一种微妙的语言，它能反映出一个人的情绪。一个调酒师走路时精神饱满，步履矫健，这将给宾客留下良好的印象。

2. 礼貌礼节要求

（1）礼貌礼节概念。礼貌是指人们在社会交往活动中表示敬重、友好的行为规范。"礼者，接之以貌；貌者，颜色和顺，有乐贤之容"。它体现了时代的风尚与人们的道德品质，体现了人们的文化层次和文明程度。礼貌是人们在待人接物时的外在表现。礼节是指人们在社会交际过程中表示致意、问候、祝愿等的惯用形式。礼节是礼貌的具体体现，同属礼仪的范畴，具有相同的特点，即共同性、继承性、时代发展性。礼貌礼节在酒吧服务中并驾齐驱、相辅相成。

（2）礼貌礼节的意义。我国是礼仪之邦、文明古国，历史悠久、文化发达。讲究礼貌礼节不但是社会对每一个公民的要求，而且也在逐步成为人们衡量行为是否文明的标准。讲究礼貌礼节是社会文明的一种体现，它不仅有助于维护整个社会的安定团结，而且也有利于社会的建设和发展。旅游服务业是我国的窗口行业，作为这一行业的全体员工理应率先在讲究礼貌礼节方面为全社会做出榜样。

1）讲究礼貌礼节是建设社会主义精神文明的需要。讲究礼貌礼节是文明的行为，而文明行为是人类历史发展、进步的必然产物。它标志着人类生活已摆脱了野蛮和愚昧，并且还在不断向更高层次上升。礼貌礼节反映了社会的文明程度和公民的精神面貌，同时它又反作用于道德建设，促进社会主义精神文明建设。

2）讲究礼貌礼节是保障社会安定团结、促进人际关系和谐的需要。人们都希望自己能在安定、团结、祥和的环境和气氛中工作、学习、生活。这是党的方针、政策，也是改革开放以来国家为广大人民群众造就的一种社会环境，人人都应十分珍惜。

3）讲究礼貌礼节是文明公民应有的行为规范。人与动物的区别不仅在于人会说话、能劳动，更重要的是人是讲究礼貌礼节的。这说明人已脱离了野蛮和愚昧，生活在文明社会之中。所以，在社会大家庭里每个人都应该学会尊重他人，其表现首先就是对别人要有礼貌。

4）讲究礼貌礼节是任何一名调酒师的基本素质要求之一。做一名合格的调酒师，除必须具备良好的职业道德、丰富的业务知识、娴熟的服务技能和健康的身体外，还应具备讲究礼貌礼节的基本素质。

（3）涉外服务礼节

1）问候礼。问候礼是人与人见面时互相问候的一种礼节。问候礼是调酒师对客人进出酒吧或外出归来时的一种接待礼节，以问候、祝贺语言为主，对于重要客人还应有迎送礼。

①初次与客人见面时的问候。与客人初次见面，应说："先生（小姐、太太等）您好，见到您很高兴，愿意为您服务"等。

②时间性问候。在店内与客人见面时，要根据早、午、晚大概时间问候，如"早安""午安""晚安"等。

③对不同类型客人的问候。涉外饭店、宾馆住的客人类型很多，调酒师可对不同类型的客人进行不同的问候。例如，同体育代表团、文艺代表团见面时，除一般性问候外，还要说对其体育或文艺活动表示关注的语言，如"祝你们在比赛中获胜""祝你们演出成功""你们表演得很精彩"等。

④节日性问候。在一些重大节日，如圣诞节、新年、国庆节等，可问候"祝您节日愉快"。在日常服务工作中，当了解到这几天是客人生日时，就要更加关心客人，见面时应表示祝贺，说："祝您生日快乐。"对于饭店重要客人和知名人士，还应送鲜花或其他生日礼物，使客人有宾至如归之感。

⑤其他问候。客人身体欠安时，调酒师不但要在语言方面使客人满意，而且还应在日常生活中多关心客人，如"您身体好些了吗？""祝您早日恢复健康！"等。

2）称呼礼。称呼礼是指日常服务中与客人打交道时所用的称谓。涉外饭店、宾馆住的客人来自不同国家和地区。由于各国、各民族语言不同，风俗习惯各异，因而在称呼上有很大的差别。如果称呼错了，职务不对或姓名不对，不但会使客人不悦，引起客人反感，而且还会闹出笑话或产生误会。

①一般习惯性称呼。在国际交往中，无论是外国人还是华侨，一般对男子称"先生"，对已婚女子称"夫人"，未婚女子统称"小姐"，对不了解婚姻情况的女子可称"小姐"或"女士"，对戴结婚戒指和年纪稍大的可称"夫人"。

②按职位称呼。知道学位、军衔、职位时，要在先生前加上职位称呼，如"议员先生""教授先生""上校先生"等。当然，如果知道宾客姓氏可直呼"×先生"，这样可以使宾客感到亲切。

3）应答礼。应答礼是指回答客人所提出的疑问时的礼节。解答客人问题时必须起立，讲话时语气要温和、有耐心，双目注视对方，集中精力倾听，以示尊重客人。对客人的问话或托办的事情没听清楚时，应说："对不起，请您再说一遍。"调酒师在为客人处理服务问题时，语气要婉转，如果客人提出的要求及某些问题超越了自己的权限，就应及时请示上级或有关部门，禁止说一些否定语，如"不可以""不知道""没有办法"等。

4）迎送礼。迎送礼是指调酒师迎送客人时的礼仪。宾客来到饭店、宾馆，调酒师要主动向客人打招呼问好，笑脸相迎。在为宾客服务的过程中，应按先宾后主、先女宾后男宾的顺序进行服务。对老弱客人，要主动搀扶。对重要外宾和友好团体，要组织管理人员、服务员在大门口排队迎送。迎送人员的服装要整洁，姿势要端正，鼓掌要热烈，使客人有一种亲切感。

5）操作礼。操作礼主要是指调酒师在日常操作中的礼节。调酒师在日常工作中要着装整洁，举止大方，态度和蔼。工作期间不准大声喧哗，不准开玩笑，动作要准确、快捷。做到"说话轻""走路轻""操作轻"。

6）其他礼节

①握手礼。握手礼是人们在交往时最常见的一种礼节。它是大多数国家人们见面或告别时的礼节。

②鞠躬礼。鞠躬礼一般是下级对上级或同级之间以及初次见面的朋友之间的礼节。日本盛行鞠躬礼。

③接吻礼。接吻礼是西方的一种礼节。

④拥抱礼。拥抱礼是流行于欧美的一种见面礼节。其他地区的一些国家，特别是现代的上层社会中也行有此礼。

（4）调酒师的礼貌礼节规范。酒吧是宾客休息、娱乐的场所，美酒、音乐能使他们消除疲劳，振奋精神；酒吧也是交际场所，商人们常喜欢在这种幽静的环境里洽谈生意；酒吧还是私人聚会的场所，住店的客人常愿意到这里来招待亲朋好友，年轻的情侣更热衷于在这种优雅的环境里约会。为了烘托酒吧的气氛，调酒师在为宾客提供良好服务时，礼貌礼节显得尤为重要。

1）上岗前，要做好仪容仪表的自我检查，做到仪容端庄、仪表整洁。要检查好个人卫生。上岗后，要坚持实行站立服务，精神饱满，面带微笑，思想集中，随时准备接待每一位来宾。

2）宾客进门时要笑脸相迎，并致以亲切的问候，使宾客一进门就感到心情舒畅。同餐厅服务一样，对不同的宾客要引领他们到满意的座位上。如果一位宾客再次光临时又带来了几位新顾客，那么对这些宾客要像对待老朋友一样特别热情地招呼接待。

3）恭敬地向宾客递上清洁的酒单，耐心地等待宾客的吩咐，仔细地听清并完整地记下宾客提出的各项具体要求，必要时向宾客复述一遍，以免出现差错。开票时面向宾客，一般站在宾客的右侧，保持适当的距离，稍弯腰，手中拿着开票夹和笔，全神贯注。

4）留意宾客的细小要求，如"不要兑水""多加些冰块"等，一定要尊重宾客的意见，严格按宾客的要求去做。当宾客对饮用什么酒拿不定主意时，可热情、礼貌地推荐，使宾客感到服务周到、细致。

5）上酒服务时，身体不能背向宾客，需转身拿取背后的酒瓶时，只可侧身，不得转体。在宾客面前调制饮料时要举止雅观、态度认真，所用器皿要洁净，不能举止随便、敷衍了事和使用不洁的器皿。要用托盘从宾客右侧上饮料。如实际情况不便时，也可例外从宾客左侧上饮料，不过这时应主动向宾客说明。在宾客面前放酒杯时，应由低向高慢慢地送到客人面前。对背向坐的客人，上酒时要招呼一声，以免饮料被不慎碰及而打翻。如宾客需用整瓶酒时，斟酒前应让客人看清酒瓶上的标牌，经核实认可后，当面打开瓶塞，使宾客放心饮用。为团体宾客服务时，一般斟酒的次序为先宾后主、先女后男、先老后少。

6）在服务中，如需与宾客交谈，要注意适当、适量，不能滔滔不绝、喧宾夺主，也不能忘乎所以、乱发议论，更不能影响本职工作，忽视照料其他宾客。与宾客交谈的话题要有所选择，在宾客说话时要耐心倾听，不与宾客争辩，也不要不懂装懂。宾客之间谈话时不能侧耳细听。在宾客低声交谈时应主动回避。

7）工作中，要注意站立的姿势和位置，不要将胳膊支撑在柜台上，也不要与同事聊天或阅读书报，这些都是对宾客不礼貌的行为。不得在宾客面前使用为宾客准备的茶杯或酒具，不得在吧台吃东西。

8）接听电话时语调要温和，态度要耐心，要礼貌地复述一下被找人的姓名，如"您找×××先生吗？请您稍等。"呼唤宾客来接听电话时，不要在远处高声呼叫，以免惊动其他宾客，可根据来电人提供的特征有目的地寻找，到宾客面前告之，并留心照看好接电话的宾客留在座位上的物品。

9）宾客有事招呼时，不要紧张地跑步上前询问，也不要漫不经心。宾客示意结账时，要用小托盘或账单夹递上账单，请客人查核款项有无出入。在收找现金时，应尽量有除醉酒客人以外的其他人在场，避免发生纠纷或误会。要理解宾客的自尊心理，不要大声报账，只可小声清晰地"唱"收。宾客无意离去时，切不可催促宾客提前结账付款。宾客赠送小费时，一般要婉言谢绝，也可根据本饭店的规章制度酌情处理。

10）宾客离去时，要热情地送别，表示欢迎他们再次光临。对已有醉意或情绪变得激动的宾客，更要注意礼貌服务，不可怠慢，要沉着、耐心，在任何情况下都要以礼相待。在发生意外情况时，要保持头脑冷静、清醒。要做到打不还手、骂不还口，及时向上级和有关部门反映，以便妥善处理。

3. 语言能力要求

（1）服务用语要求。语言是调酒师向宾客表达意愿、交流思想感情和沟通信息的重要交际工具，调酒师的语言能力主要包含调酒师的音色音调、语言表达能力、语言交际能力以及语言魅力。只有具备一定的交际能力，才能给客人提供满意的服务。语言方面必须做到以下几点：

1）友好。生动的语言给人以和蔼、亲切的印象，使客人感到调酒师的友善。

2）真诚。真诚的声音表示一名调酒师对客人的关心和尊重。

3）清楚。调酒师的声音必须清晰，以便让每一位客人听清楚。

4）愉快。愉快的声音使客人感到轻松、舒适。

5）语速、语调适宜。通过变化声调的高低、语速的快慢来表达自己想说的意思，使客人易于理解。

（2）掌握礼貌服务用语。礼貌服务用语是服务性行业的从业人员在接待宾客时必须使用的一种礼貌语言。礼貌服务用语是优质服务的一种体现形式。调酒师要善于运用这一交际工具，做到在人际交往中谈吐文雅、语调轻柔、语气亲切、态度诚恳，并讲究语言艺术。在服务时要有"五声"，即宾客到来时有问候声，遇到宾客时有招呼声，得到协助时有致谢声，麻烦宾客时有致歉声，宾客离店时有道别声。要杜绝使用"四语"，即不尊重宾客的蔑视语、缺乏耐心的烦躁语、自以为是的否定语和刁难他人的斗气语。

调酒师在服务接待中使用的礼貌服务用语主要包含尊敬语、谦让语和郑重语。在使用时一定要注意时间、地点和场合，语调也要甜美、柔和。对于每一位调酒师来说，用好礼貌服务用语是十分重要的，要正确使用礼貌服务用语就要做到以下几点：

1）注意学好日常礼貌用语。

2）注意说话时的举止。

3）注意说话时的语气。

4）注意说话时选择适当的词语。

5）注意选择恰当的方式。

6）注意语言简练、中心突出。

7）注意说话时的语速、语调。

8）注意不同语言表达时的区别。

4. 沟通能力要求

如果说"理解万岁"，那么"沟通万万岁"，因为没有沟通就没有理解，只有通过有效沟通，才会达到真正的理解，虽然沟通不是理解的唯一途径，但却是最为关键的途径。沟通是人们生存、生产、发展、进步的基本手段和途径；是人际情感的基石；是现代管理的命脉。只有良好的沟通才可以造就健康的人际关系，没有沟通或者说沟通不畅，工作的效率就会大打折扣。

（1）沟通的重要意义。沟通是人们每天都在做的事情，虽没有人太多地关注它，但是它却起着至关重要的作用。沟通最起始的动力，除了"自身意愿"和"自身心态"外，还有一层是"工作要求"和"社会要求"。学会沟通是最需要强调的调酒师基本工作要求之一。沟通不仅是人类集体活动的基础，也是人类存在的前提。可以说没有沟通和群体活动，就没有人类的种种活动。正是沟通才形成了人群和群体，不断催动着人类社会的进化。

沟通能有效传递信息，了解宾客的需求，能够及时了解宾客的心理状态，从而有针对性地服务；同时，通过沟通也让宾客全面了解酒吧或酒店的整体情况。沟通也是具有良好服务意识的体现。

沟通能力是调酒师应该具备并需要不断提升的关键能力。因为调酒师是服务性行业，更是服务于人的行业，没有与宾客沟通的能力，不会与消费者打交道，那就很难根据宾客的个性需求提供全面的服务，更谈不上是优质的服务。在美国，调酒师被誉为最后倾诉的对象，由此不难看出调酒师的另一种工作中的角色定位，也进一步说明沟通在调酒师的工作内容中是多么的重要。

（2）沟通的艺术

1）在沟通中要真诚，要从心开始。沟通代表人相互之间理解和信任。沟通首先基于自我意愿，只要以自我意愿为出发点，则比较容易做到怀有诚意的沟通。"从心开始"表明用真心和真诚筑起心与心之间的桥梁。"从心开始"是沟通的基石和最高境界，只有用真心、真诚去传情达意，才能使彼此的交流更为顺畅、更为精彩。调酒师在工作中要有一颗诚挚的心，只有这样才会愿意在工作中与宾客沟通，而不是简单地敷衍和应付。

2）在沟通中要针对不同的宾客使用不同的语言方式。一句话使人笑，一句话使人跳，讲的就是会说话的重要性。在沟通中运用恰当的语言和方式，对于有效沟通事半功倍。语言方式因人而异，要注重了解不同国家、年龄、性别、教育、职业和文化背景，这就可能使他们对相同的话题产生不同的理解。在沟通中要多运用大家彼此都熟知的话语体系，即所谓的"行话"，在语言的选择和使用上要通俗易懂。如同样是谈论奥运会，跟年轻的男性更适合以足球明星、踢球技巧为话题展开；跟年轻的女性除了谈论赛事赛绩外，更可加入女性话题，诸如运动员中谁更具有明星气质、观众中有哪些美女明星等。

3）在沟通中要注重肢体语言的运用。在沟通中要多使用柔和的手势，这代表友好和商量；多微笑，微笑代表友善、礼貌，皱眉和板脸表示怀疑和不满意、不友好；要多点头或平视，不要趾高气扬，这样会显得自己比较谦卑，而谦卑是一个人最好的品格；不双臂环抱，这容易让人产生防御感和傲慢的情绪。

4）在沟通中要懂得倾听。沟通要注重双方的互动交流，要使沟通有效，双方都应当积极投入交流。特别是对于调酒师，注意不要只顾自己夸夸其谈，而让宾客成为听众；相反，要让宾客成为谈话和交流的主角，而调酒师要做一名好的听众。要把倾听作为一种好的工作习惯，不但让宾客心理上得到应有的尊重，而且让自己在谈话前捕获更多的信息，以便更好地促进服务。当宾客在抒发自己的情感、诉说自己观点时，不要贸然打断宾客，不要急于表达自己的意见。在倾听过程中，恰到好处地插话和适当的回应才会更好地达到沟通的效果。这样在宾客享受酒水的同时，心理上也得到了愉悦的满足。当然，值得注意的是有些宾客与生俱来具有寡言冷淡的性格，不喜与人多交流，对于这种宾客，也要注意方式方法，而过多地与之交流则显得不合时宜。

5. 文化水平要求

从事调酒师行业应具有高中以上的文化水平，年满18周岁，具备英语基础口语的听说能力，具备一定的交流表达、数字应用、信息处理、与人合作、解决问题、自我提高、革新创新能力。但是，随着人们文化水平的普遍提高和世界各国间文化交流的日益增强，对调酒师的文化水平和综合素质要求也越来越高。目前，在一些经济发达的大城市大学生从事调酒师的职业已屡见不鲜。

二、调酒师的职业道德素养

在一个社会中，社会生活大体可以划分为职业生活领域、家庭生活领域、公共生活领域三大领域。反映这些领域的道德内容，相应的就有职业道德、家庭道德、社会公德和个人品德。

1. 道德与职业道德

（1）道德。道德可以从性质和范畴两个方面来考察。从性质的规定性来看，所谓道德，就是在人类社会现实生活中，由经济关系决定，用善恶标准去评价，依靠社会舆论、内心信念和传统习惯来维持的一类社会现象，它属于社会上层建筑和社会意识形态；从范畴的规定性来看，道德的范围是相当广泛的，有时指道德观念或道德意识，有时指道德品质，有时指道德教育、道德修养，有时又指道德原则、道德规范。

（2）职业道德。职业道德是指从事一定职业的人们在职业生活中所应遵循的道德规范，以及与之相适应的道德观念、情操和品质。职业道德一方面调整职业内部人们之间的关系，要求每个从业人员遵守职业道德准则，搞好本职工作；另一方面调节本职业的从业人员同其他职业从业人员和社会上其他人群之间的关系，以维护各职业的存在，并促进其职业及整个社会向前发展。社会上有多少种职业就有多少种职业道德。在任何时代，职业道德都是社会一般道德的特殊表现，是当时社会或阶级的道德在各种职业生活中的具体贯彻和特殊表达。也就是说，作为特定条件的职业道德，一方面体现了一定社会或阶级的道德行为的多样性和具体性；另一方面又只是一定社会或阶级的道德的某一方面在人们特定活动范围内的职业化，体现社会或阶级的特殊要求。

2. 调酒师职业道德要求

提高调酒师的道德素质在酒吧整体工作中是至关重要的。没有良好道德素质的支持，专业知识与技能再娴熟也不能很好地服务于他人。

（1）荣誉与忠诚。任何一名调酒师都要以服务于酒吧或酒店为荣誉，珍惜酒吧、酒店荣誉，忠诚服务于酒吧、酒店和宾客，为酒吧、酒店营造良好形象。

（2）正直与诚实。缺乏这一要素，就无法尊重自己的职业，无法营建人际间的信任，也就无法成为一名能贡献于自己企业的合格工作者。

（3）尊重他人。即尊重人性，尊重众生，不仰视权贵，不欺凌弱小。平等对待每一个人，给予别人同样的尊重。

（4）持续努力，从不懈怠。不放纵自我，实现自律，努力学习，勤奋工作，有持久的责任感，通过学习不断为客人提供高质量的产品和服务。在工作中还要注重体能付出与思维创新两因素的并用；否则，依靠傻干而不动脑筋，是不可能帮助企业达到既定目标的。

（5）注重原则。向下管理注重公平；对客人服务讲求品质；人际关系贵在诚信。以诚为本，以信为先，以和为贵，这些都是一个人品格高尚的体现。在这一点上，没有人能达到绝对的高度，但经过不断提高，持续地锻炼，就可以达到相当高的境界，以完善自我，充实业绩。

（6）平等待客，以礼待人。酒吧服务的基础是尊重宾客。任何一位客人都有被尊重的需要，都要求得到以礼相待。在酒吧服务工作中不论宾客的社会地位、经济地位如何，平等、礼貌都是人格尊重的需要，绝不能因为职位的高低和经济收入的差异而使客人得到不同的接待和服务。由于信仰、习惯等方面原因，对客人的服务在礼节方面可以有所不同，但平等待客、礼貌待人是调酒师必须遵守的职业准则。因此，在提供服务时，绝对禁止以貌取人和以职取人。平等待客、以礼待人作为酒吧服务的道德规范，就是尊重客人的人格和愿望，主动热情地去满足客人合理的需要。只有当客人生活在平等的、友好的气氛中，自我尊重的需求得到满足，酒吧的服务才能发挥效能。在提供服务的过程中，还应注意礼貌待客的延续性，让客人感到一种和谐的气氛，不能当着客人的面彬彬有礼，而客人刚一转身离去，就取笑客人或背后议论客人等。因此，对于任何一位客人，酒吧都需要提供表里如一的礼貌服务，以取信、取悦于客人，满足其自尊和平等的需求。

（7）方便客人，优质服务。酒吧服务的价值是为客人提供服务，而各种服务必须是为满足客人的需求尤其是精神需要而进行的，方便客人可以说是酒吧经营和服务的基本出发点。一切为客人的方便着想，提供客人满意的服务，这不仅是高标准服务的标志，更是职业道德的试金石。现在，越来越多的酒吧为适应、方便客人餐饮、娱乐的需要，精心安排服务设施，设计服务项目和提供多功能服务，力求创造一种"宾至如归"的环境。

（8）尊重宾客隐私。不探听和传播宾客隐私。要让宾客在酒吧和酒店充分放松，舒缓压力，享受"绝对的自由"。

三、调酒师的专业素养

调酒师的专业素养是指调酒师的专业意识、专业知识和专业技能。

1. 专业意识

调酒师的专业意识即服务意识。调酒师要提高服务水平首先要强化服务的意识，因为只有拥有强烈的服务意识，才会有服务的主动性和在工作中的主人翁精神。

（1）角色意识。酒吧服务给人的第一印象很重要，而调酒师的表现又是给顾客印象好坏的关键。有关对酒吧顾客满意度的调查表明，服务态度不佳占第一位，其次是顾客没被重视，第三位是卫生条件差。因此，为使顾客满意首要是端正服务态度，而服务态度提高的关键是加强调酒师的角色意识。酒吧调酒师所担任的是使顾客在物质和精神上得到满足的服务角色。调酒师一定要以客人的感受、心情、需求为出发点来向客人提供服务。

调酒师的角色包括两项内容，一是执行酒吧的规章制度，履行岗位职责，行使代表酒吧的角色。调酒师的仪容仪表、服务程序、服务态度等都会影响酒吧的声誉。酒吧在提供服务、情感、行为和环境等软产品时，会受到调酒师的心情和技能的制约。如果工作人员的精神处于最佳状态，会产生使客人最为满意的优质服务产品，否则就是向顾客提供不合格的服务产品，所以，调酒师不能把个人的情绪带到服务中去。二是调酒师要站在顾客的角度来考虑所应提供的服务，提供顾客所需的热情、快捷、高雅的服务。强化服务角色，对调酒师的精神面貌、服饰仪表、服务态度、服务方式、服务技巧、服务项目等方面提出了更高、更严的要求，对调酒师的素质和服务水平提出了更高的标准。

（2）宾客意识。作为调酒师，需要有正确的宾客意识，因为工作对象是人，是人对人的工作，没有对工作对象的正确理解，就不可能有正确的工作态度，工作方法、工作效果也不可能使宾客满意。所以，调酒师必须意识到宾客是酒吧的利益所在，有了宾客的到来，才会有酒吧的生存；有了宾客的再次光顾，才会有酒吧稳定的效益，也就有了调酒师自身的工作稳定和经济收入。每个调酒师都应清楚地意识到，宾客的需要就是自己服务工作的出发点。不断地服务顾客,在任何时候、任何场合都要为客人着想,这是服务工作的基本出发点。调酒师的宾客意识就是想客人之所想,做客人之所需,而且还应向前推进一步,想在客人所想之先,做在客人所需之前。

(3)服务意识。调酒师的服务意识是高度的服务自觉性的表现,是树立"让每一位宾客都满意"的观念的表现。服务意识应体现在以下几点:

1)及时解决客人遇到的问题。

2)出现问题,按规范化的服务程序解决。

3)遇到特殊情况,提供专门服务、超常服务,以满足客人的特殊需要。

4)预防不该发生的事故。

为了做到优质服务,酒吧必须具有能提供优质服务的调酒师。调酒师必须认识到服务的重要性,从而增强自身的服务意识。

2. **专业知识**

作为一名调酒师必须具备一定的专业知识,只有这样才能准确、完善地服务于客人。一般来说,调酒师应掌握的专业知识包括:

(1)酒水知识。掌握各种酒的产地、特点、制作工艺、品牌及饮用方法,并能鉴别酒的质量。了解不同的酒文化。

(2)饮料知识。酒吧常用饮料的品种、特点、服务标准及常用饮品调制知识。

(3)鸡尾酒知识。掌握鸡尾酒调制原则、调制要求、调制技法,会调制鸡尾酒并进行一定的创新。

(4)原料的储藏保管知识。了解原料的特性,以及酒吧原料的领用、保管、使用及储藏的知识。

(5)设备、用具知识。掌握酒吧常用设备的使用要求、操作过程及保养方法,以及用具的使用、保管知识。

(6)酒具知识。掌握酒杯的种类、形状、特点和使用要求以及保管等知识。

(7)营养卫生知识。了解饮料营养结构,懂得酒水和食物的搭配原理以及饮料操作的卫生要求。

(8)酒单知识。掌握酒单的结构,所用酒水的品种、类别以及酒单上酒水的调制方法和服务标准。

(9)酒谱知识。熟练掌握酒谱上每种原料用量标准、配制方法、用杯及调配程序。

(10)成本核算及价格制定知识。

(11)旅游基础知识。掌握主要客源国的饮食习俗和宗教信仰等。

(12)英语知识。掌握酒吧饮料的英文名称、产地的英文名称,以及酒吧服务英语常用语、术语，能用英文说明饮料的特点。

（13）酒吧管理知识。

（14）安全知识。掌握防火防盗等安全知识，掌握防火操作规程，注意灭火器的使用范围及要领，掌握安全自救的方法。

3. 专业技能

调酒师娴熟的专业技能不仅可以节省时间，使客人增加信任感和安全感，而且是一种无声的广告。熟练的操作技能是快速服务的前提。专业技能的提高需要通过专业训练和自我锻炼来完成。

（1）设备、用具的操作技能。正确地使用设备和用具，掌握操作程序，不仅可以延长设备、用具的使用寿命，也是提高服务效率的保证。

（2）酒具的清洗操作技能。掌握酒具的冲洗、清洗、消毒的方法。

（3）装饰物制作及准备技能。掌握装饰物的切分形状、造型等方法。

（4）调酒技能。熟稔酒水特性，掌握调酒技法，保证酒水的质量和口味一致，能熟练调制本酒店（酒吧）常用的鸡尾酒并进行一定的创新。

（5）沟通技巧。善于发挥信息传递渠道的作用，进行准确、迅速的沟通。同时提高自己的口头和书面表达能力，善于与宾客沟通和交谈，能熟练处理客人的投诉。

（6）数字处理能力。有较强的经营意识和数字处理能力，尤其是对价格、成本毛利和盈亏的分析计算，反应要快。

（7）解决问题的能力。要善于在错综复杂的矛盾中抓住主要矛盾，对紧急事件及宾客投诉有从容不迫的处理能力。

总之，调酒师只有具备全面的专业素质，才能更好地胜任自己的工作并创造佳绩。

思 考 题

1. 什么是调酒师？调酒师的职业能力特点都有哪些？

2. 调酒师工作内容中调酒准备阶段的主要工作有哪些？

3. 调酒师从业要求中有哪些仪容仪表要求？

4. 调酒师要具备哪些专业知识？

5. 调酒师要掌握哪些调酒专业技能？

第 2 章

酒　　吧

学习目标

了解酒吧的组织结构和人员职责。

了解酒吧常用设备及其基本功能，吧台的设计及吧台三个组成部分的功能。

熟悉酒吧的概念、特点、分类和服务标准。

掌握酒吧各种用具的名称和功能。

掌握酒吧常用服务技巧。

能够正确使用酒吧的常用设备。

能够熟练使用摇酒壶、调酒杯、量酒器、吧匙、滤冰器、冰夹、酒签、冰锤等酒吧常用器具。

能够熟练识别并正确使用三角鸡尾酒杯、柯林杯、古典杯、红葡萄酒杯、阔口香槟杯、小型甜酒杯、白兰地杯等载杯。

能够熟练地清洁载杯，清洁、整理吧台（前吧、中心吧、后吧）。

第 1 节　酒吧概述

一、酒吧的概念和特点

酒吧一词来自英文的 bar，原意栅栏或障碍物。相传早期的酒吧经营者为了防止意外，减少酒吧财产损失，一般不在店堂内设桌椅，而在吧台外设一横栏。横栏的设置一方面起阻隔作用；另一方面又可以为骑马的饮酒者提供拴马或搁脚的地方，久而久之，人们把"有横栏的地方"专指饮酒的酒吧，后指一种出售酒的长条柜台。早期的酒吧诞生于乡村，随着社会的发展、城市的进步，酒吧由乡村进入了城市，并在城市进一步发展。19 世纪中叶，旅游业开始发展，随之而来的是酒店宾馆的兴起和发展。酒吧作为一项特殊的服务项目也随之进入酒店服务业，并在服务中表现得越来越重要。

现在，酒吧通常被认为是各种酒类的供应与消耗的主要场所，它是宾馆的餐饮部门之一，专供客人喝酒休闲。一所饭店可能有一个或几个设在不同地方的酒吧，供不同需求的客人使用，有的设在宾馆顶楼，供客人欣赏风景或夜景；有的设在餐厅边，方便客人小饮后进入餐厅用餐；有的设在饭店大堂，方便大堂客人使用。酒吧通常供应含酒精的饮料，也为不擅饮酒的客人供应汽水、果汁，并伴以轻松、愉快的音乐调节气氛。

目前，酒吧正朝着多功能、多样化的方向发展，酒吧的设备越来越先进，酒水的品种越来越多，酒吧的装潢越来越独特，环境也越来越优雅。同时，社会性的主题酒吧也正在现代城市中形成一道亮丽的文化景观。不过，不管哪种酒吧，其经营目的都是相似的，即为客人提供饮料和服务，并赢得利润。

1. 酒吧的概念

酒吧是指专门为客人提供酒水和饮用服务的场所。它同餐厅的区别是不供应主食，以供应酒水为主，配售小食。

2. 酒吧的特点

（1）销售酒水和小食。

（2）有一定数量的专业调酒师为宾客调制酒水。

（3）具备营业所需的酒水、酒杯和调酒用具。

（4）环境幽雅，装潢独特，主题鲜明。

（5）营业时间长，一般从下午开始，直至次日凌晨。

二、酒吧内部结构

酒吧的内部结构一般由吧台、座位区、舞台、娱乐活动区、音控室、后台工作室、卫生间七个部分组成。

1. 吧台

吧台是酒吧向客人提供酒水及服务的工作区域，是酒吧的核心部分。通常由吧台面（前吧）、操作台（中心吧）以及吧柜（后吧）组成。吧台的大小、组成及形状也因具体条件的不同而有所不同。因为酒吧的空间形式、经营特点不一样，所以吧台最好是由经营者自己设计。经营者必须了解吧台的结构。

（1）前吧（The Front Bar）。前吧主要是指吧台面。台前摆放一排吧凳。吧台的规格既不能太高，也不能太宽。一般情况下，高度为110～120 cm，但这种高度标准应随调酒师的平均身高而定，其计算方法应为：

$$吧台高度＝调酒师平均身高×0.618$$

吧台宽度标准应为60～70 cm（其中包括外沿部分，即顾客坐在吧台前时放置手臂的地方），吧台的厚度通常为4～5 cm。吧台的表面应选用较坚固且易于清洁的材料。吧台面主要放置饮料，调酒师在此向顾客提供酒水，一些顾客也在此饮用。吧台后上部可倒挂各种酒杯，并装饰新颖的吊灯。

（2）中心吧（The Center Bar）。中心吧即操作台，是调酒师工作的重要区域。其高度一般为 70 cm，但也并非一成不变，应根据调酒师的身高而定，一般操作台高度应在调酒师手腕处，这样比较省力。操作台宽度为 40 cm，用不锈钢或大理石材质制造而成，便于清洗和消毒。操作台通常包括双格带沥水洗涤槽（具有初洗、刷洗、沥水功能）或自动洗杯机、水池、储冰槽、酒瓶架、杯架，以及饮料或啤酒机等设备。这样安排既减轻了调酒师的体力消耗，又不影响操作。

（3）后吧（The Back Bar）。后吧具有展示和储存的双重功能，酒柜上摆满了各种品牌的瓶装酒，并镶嵌了玻璃镜，可以增加房间的深度，使坐在吧台前喝酒的顾客可以通过镜子的反射观赏酒吧内的一切；同时，调酒师也可以此观察顾客。传统上认为没有酒瓶、酒杯、镜子便不是酒吧，现代酒吧仍沿袭这一习惯。后吧包括陈列柜、制冰机、收银机、储存柜、冰箱等，后吧高度通常为 170 cm，但顶部不可高于调酒师伸手可及处。下层一般为 110 cm 左右，或与吧台面（前吧）等高。后吧上层的橱柜通常陈列酒具、酒杯及各种瓶装酒，一般多为各种烈性酒，下层橱柜存放红葡萄酒及其他酒吧用品，安装在下层的冷藏柜则用于冷藏白葡萄酒、啤酒以及各种水果原料。

前吧与后吧之间的空间即调酒师的工作走道，宽度一般为 1 m 左右，且不可有其他设备向走道突出，如果太宽，则调酒师来回走动时间长，影响工作效率；如果太窄，则显得很拥挤，也不利于工作。如果一个酒吧有两名以上的调酒师一起工作，那么每个调酒师都应有自己的工作区，分别进行操作和控制。工作走道的地面铺设采用防滑材质，以防止服务员长时间站立而疲劳或滑倒。服务酒吧中服务员走道应相应增宽，因为餐厅中时有宴会，饮料、酒水供应量变化较大，而较宽敞的走道便于在供应量较大时堆放各种酒、饮料及原料。

2. 座位区

座位区是客人饮用酒水和休息的主要区域，也是客人聊天、交谈的主要场所。因酒吧类型的不同，座位区的布置也各不相同，但都应遵循舒适、方便、相对独立的原则，以满足不同客人的需要。座位区的服务台也应有台卡，写有不同的台号，以便为客人提供准确、快捷的服务。

3. 舞台

舞台是一般酒吧不可缺少的空间，是为客人提供演出服务的区域。舞台上往往摆放钢琴，根据酒吧功能的不同，舞台的面积也不相等。有的舞台还附设有小舞池，供客人使用。

4. 娱乐活动区

娱乐项目是酒吧吸引客源的主要因素之一，所以，选择何种娱乐项目及档次高低都要符合经营目标。酒吧娱乐项目主要有飞镖、棋牌、游戏等。

5. 音控室（DJ Room）

音控室是酒吧灯光、音响的控制中心。音控室不仅为酒吧座位区和包厢的客人提供音乐服务，而且对酒吧进行音量调节和灯光控制，以满足客人听觉和视觉上的需要，并通过灯光控制来营造酒吧的气氛。

6. 后台工作室

后台工作室供清洁器具、准备材料、储藏酒水等物品之用。

7. 卫生间

卫生间是酒吧不可缺少的设施，卫生间设施档次的高低及卫生洁净程度在一定程度上反映了酒吧的档次。卫生间的设施及通风状况要符合卫生防疫部门的要求。

三、酒吧的种类和设计

1. 酒吧的种类

伴随社会的发展和城市的进步，人们的消费空间越来越广泛，生活需求越来越个性化，酒吧的发展日益完善，它不再仅仅是依附于旅游业的产物，而渐渐向社会化、城市化、人文化发展，并形成独特的酒吧文化，也成为整个社会文化的组成部分。

酒吧根据其定位和性质不同可分为以下三类：

（1）宾馆酒店酒吧。随着饭店规模的扩大，饭店内所设酒吧的数量和种类也不断增加，纵观世界各地，饭店中的酒吧有以下七种形式：

1）主酒吧（Main Bar 或 Open Bar）。也叫鸡尾酒酒吧。在国外也叫"English Pub"或"Cash Bar"。主酒吧大多装饰美观、典雅、别致，具有浓厚的欧洲或美洲风格。视听设备比较完善，并备有足够的靠柜吧凳。客人可以坐在靠柜吧凳上直接面对调酒师，当面欣赏调酒师的操作；调酒师从准备材料到酒水调制的全过程都在客人的目视下完成。主酒吧以提供有名的标准的酒水为主，酒水、载杯及调酒器具等种类齐全，摆设得体，特点突出。大多主酒吧的另一特色是具有各自独特风格的乐队表演。来此消费的客人大多是来享受音乐、美酒，以及无拘无束的人际交流所带来的乐趣的，因此，主酒吧对调酒师的业务技术和文化素质要求较高。

2）大堂酒吧（Lobby Bar）。这种酒吧设立在饭店大堂旁边，宽敞，装饰富丽堂皇，现场有钢琴伴奏或提琴伴奏，以经营饮料为主，也提供鸡尾酒服务，另外还提供一些糕点、小吃。与主酒吧不同的是没有靠柜吧凳，座位区坐席很宽敞，给人以舒适自如的感觉，客人可以在此临时休息、等人，大堂酒吧的客流量很大。

3）鸡尾酒廊（Lounge）。这种酒吧的形式在歌舞厅最为多见，以供应常用混合饮料为主，客人饮用酒水的空间不大，座位较紧凑，主要供客人娱乐活动之余休息时用。很多酒店将它设置在饭店最高层，称为"空中酒座"，或将其设在露天，客人一边饮酒一边欣赏自然美景。

4）服务酒吧（Service Bar）。服务酒吧是一种设置在餐厅中的酒吧，服务对象也以用餐客人为主。中餐厅服务酒吧较为简单，酒水种类也以国产为多。西餐厅服务酒吧较为复杂，除要具备种类齐全的洋酒之外，调酒师还要具有全面的餐酒保管和服务知识。

5）宴会酒吧（Banquet Bar）。这一类酒吧是根据宴会标准、形式、人数、厅堂布局及客人要求而摆设的酒吧，临时性、机动性较强。外卖酒吧（Catering Bar）则是根据客人要求在某一地点（如大使馆、公寓、风景区等）临时设置的酒吧，外卖酒吧属于宴会酒吧的范畴。

6）游泳池酒吧（Poolside Bar）。这类酒吧是设在宾馆游泳池的小型酒吧，服务于来此游泳的客人，供应的饮料以软饮料和长饮类饮料为主。

7）客房酒吧（Mini Bar）。为了进一步满足宾客的要求，提高宾馆酒店的服务质量，很多高档宾馆多在客房设置客房酒吧。客房酒吧是设置在客房中的小型酒吧，大部分饮料和酒水放置在冰箱里，部分烈酒和杯具放在酒橱中，供客人随时饮用。由于仅供住宿的客人使用，酒品种类少，规模小，所以又称迷你酒吧。酒品种类因宾馆的档次不同而各异。客人使用后不用马上付费，可以在离店时一起结账。

（2）附属经营酒吧

1）大型娱乐中心酒吧。娱乐中心酒吧附属于大型娱乐中心，客人在娱乐之余，往往要到酒吧饮酒，以增强兴致。此类酒吧往往是供应酒精含量低及不含酒精的饮品，使客人在娱乐之余获得另一种休息和放松。

2）大型购物中心酒吧。大型购物中心或商场也常设有酒吧。现代社会，购物也是一种享受，此类酒吧往往为人们购物之后休息及欣赏所购置物品而设，主要经营不含酒精的饮品。

3）交通旅游酒吧（飞机、火车、游船）。为了让旅客在旅途中消磨时光，增加兴致，飞机、火车、游船上也常设有酒吧，但仅提供无酒精饮料及低度酒精饮品。

（3）主题酒吧。主题酒吧多指社会酒吧，主题酒吧多为独立经营，单独设立，此类酒吧往往经营品种较全，服务及设施较好，有些也经营其他娱乐项目，如现在比较流行的氧吧、网吧、怀旧吧、音乐酒吧等。这类酒吧的明显特点是提供特色服务，来此消费的客人大部分也是来享受酒吧提供的特色服务，而酒水却往往排在次要的位置。这种酒吧有两种不同的风格，一种是西方风格的，另一种是当地特色风格的，如近年来在北京和上海等地形成的酒吧街区，也有新兴的啤酒酒吧、葡萄酒酒吧等，这些酒吧有不同的主题风格，反映着不同的文化背景，有着相对固定的消费群体，有时也称为沙龙或俱乐部。

2. 酒吧的设计

酒吧是非常讲究情调和氛围的消费场所。一个经营成功的酒吧，不仅提供的酒水和酒水服务是上乘的，而且在形象和格调上也是别具一格的。形象和格调的别具一格就在于经营者对于酒吧的设计。酒吧的设计主要包括三方面的内容，即吧台的设计、风格的设计和名称的设计。

（1）吧台的设计。酒吧的设计与厨房和餐厅的设计一样重要，酒吧的设计必须从顾客的透视角度和酒吧的空间进行考虑，当然，在设计时还需要考虑到资金的问题。吧台的设计要因地制宜，在设计吧台时，一般应注意以下三点：第一，要视觉显著，即客人在刚进入酒吧时便能看到吧台，感觉到吧台的存在，因为吧台应是整个酒吧的核心，客人应尽快地知道他们所享受的饮品及服务是从哪儿发出的，所以，一般来说，吧台应设在非常明显的地方。第二，要方便服务客人，即吧台设置对酒吧中任何一个位置坐着的客人来说都能得到快捷的服务，同时也便于服务人员的服务活动，如果吧台设置及出口设置有问题，会使顾客及服务人员的行走线路复杂并发生冲突。第三，要合理地布置空间。在一定的空间中，既要多容纳客人，又要使客人并不感到拥挤和杂乱无章，同时还要满足客人对环境的特殊要求，一定的空间，其形状不同，布置方式不同，客人的感觉也会有所不同。

目前，国际上许多著名的酒吧都致力于吧台造型的独特化，推出了许多新颖、别致的吧台。不过万变不离其宗，吧台的造型大致可设计成以下三种形式：

1）直线形。所谓直线形吧台，即直接与顾客接触的范围只有一条直线形长台，酒吧可凸出室内，也可以凹入房间内的一端。直线形酒吧的优点是调酒师不会在操作时把背朝向客人，并且视野开阔，可以对室内客人保持有效控制。

2）椭圆形或马蹄形。椭圆形或马蹄形吧台一般安排一个或更多的操作点，在各个方向都可以招呼客人，给客人一种亲近感。但是当客人较多，而调酒师又很少的时候，调酒师很难使四面八方的客人都能得到服务，并且操作时难免把后背朝向某一方的客人，而使这一方的客人受到冷落。

3）环形吧台或中空的方形吧台。一般坐落于酒吧的中央，中部有一个"小岛"供陈列酒类和储存物品用。这种吧台能够充分展示酒类，也能为客人提供较大的空间，但是服务难度较大，有时一名调酒师要照顾四个区域，有一些服务区域则不能在有效的控制之中。

无论吧台设计采用何种形式，都应注意酒吧工作区要简洁、明了，设计时应仔细考虑怎样使调酒师能在短时间内准备好各种饮料，因此必须对用具的放置有具体要求。调酒师工作快慢的一个重要因素是看调酒设备是有助于他们的工作还是阻碍他们的工作。要做好吧台的设计，必须考虑以下三个因素：第一，调酒师应该能够在一个地方完成相关的工作，如水果装饰物应该在一个特定的地方清洗、准备和储藏；第二，提供足够的空间，以方便制作客人点要的饮料；第三，考虑调酒师必须完成的每项工作的活动环境。

（2）风格的设计。酒吧的风格将决定人们是否来饮酒，哪一类人来，停留多久，花多少钱，是否再来。那么人们为什么来酒吧呢？如果仅仅是为了喝酒，他们可以在商店花很少的钱买一瓶。他们来酒吧的根本目的是放松和社交的需要，有时也是商务的需要，如果酒吧能满足顾客的这些需求，便拥有了成功的第一因素。

1）通过装饰来创造风格。确定酒吧风格的关键是确定酒吧的主题。只有确定酒吧的主题，才能根据所确定的主题和目标顾客群来装饰酒吧。另外，酒吧的装饰还要与酒吧周围的环境及消费档次保持协调。装饰包括设备及附属品的放置，墙壁、地板、天花板、照明及窗户的设计，特殊的展示，前吧和后吧的布置等。最主要的是要突出酒吧的特色，是宽敞、舒适、宁静，还是拥挤、刺激、热闹。一般而言，暖色和圆形图案表达一种宁静；亮色和粗的模型显得刺激；高的天花板给人以宽阔的感觉；低的天花板使房间显得矮小，但很亲切；柔和的光线和烛光浪漫、温和、具有诱惑力；而强烈的灯光使人冲动、兴奋。如果顾客希望酒吧是优雅、奢华的，可以通过贵重的设备、发光的银器、水晶玻璃制品、鲜花、瀑布、轻柔的音乐、艺术珍品、名贵的酒品、穿着讲究的侍者以及理想的服务来体现。

总之，最主要的是突出酒吧的特色，装饰不能简单地模仿，不能追求时髦，也不能脱离了周围环境的依托，酒吧的装饰应该以顾客为中心，创造一个温暖、充满人性的环境。

2）设计要求。第一，灯光设计要新颖、柔和，吧台内外局部面积的照度稍大，这是为了便于调酒师工作，同时吸引客人对吧台的注意力。第二，根据客人的周转率来考虑房间的使用面积。通常认为，空旷的大间不如隔成小间显得安静、优雅，可采用屏风或低矮的隔物作为隔断。酒吧间的天花板高度一般为 3 m 左右，但在凹凸小间的天花板高度要低些，这类雅座更令客人感兴趣。西方的酒吧空间要求是平均每个座位为 $1.1 \sim 1.7$ m^2。第三，设备及桌椅要求质量高档，摆放得体，力求舒适。第四，要降低工作区的噪声，应安装隔音设备，采用软面家具，铺满地毯，在天花板上安装吸音装置。第五，设置高标准的空气调节系统，以保持酒吧一定的温度和湿度。

（3）名称的设计。酒吧能否叫得响、传得开，与酒吧是否拥有一个独特、响亮的名字有着密切的关系。每个酒吧都应依据自己独特的风格设计一个别致动听的名字，以体现其特点，并使客人过目不忘。名称的设计可以依据酒吧的装饰特点、所提供的主要娱乐项目、主要饮料、所属饭店以及所反映的特殊文化氛围等来确定。

具体说来，酒吧有以下四种命名方式：

1）根据地理位置命名。位于酒店高层的酒吧可称为"空中酒吧"或"空中楼阁"，而开在游泳池中的酒吧可命名为"水中绿岛"。

2）根据主题特色命名。如"篮球吧"在酒吧的装饰中采用了大量的篮球模型；"GMAT"酒吧最初是汇聚了京沪一带考 GMAT 的朋友们。

3）根据时间命名。选择有意义的时间来命名也不失为一种良策，如"1931"。

4）根据特定的寓意命名。以特定的事件和故事演绎来命名，从而体现一种寓意，如"SOHU""东魅""红磨坊"等。

以上是常见的酒吧命名方法，此外还有一些其他的名称设计方式，但不管采取哪种方式，都应遵循贴切、简洁、易懂、易记、独特的原则。

四、酒吧的组织架构

1. 酒吧的人员配备

酒吧的人员构成通常由饭店中酒吧的数量决定。在一般情况下，每个服务酒吧配备调酒师和实习生 2～3 人；主酒吧配备领班、调酒师、实习生 4～5 人；酒廊可根据座位数来配备人员，通常 10～15 个座位配 1 人。以上配备为两班制需要人数，一班制时人数可减少。

例如，某饭店共有各类酒吧 5 个，其人员配备如下：酒吧经理 1 人，酒吧副经理 1 人，酒吧领班 2～3 人，调酒师 10～12 人，实习生 4 人。

人员配备可根据营业情况不同而做相应的调整。

2. 酒吧组织结构及各岗位的职责

酒吧是餐饮部门的一个重要组成部分，每个岗位上的员工都必须在自己的职责范围内尽力做好本职工作，以求酒吧处于最佳的营业状态之中。由于酒店、宾馆的规模和星级不同，酒吧的组织结构可根据实际需要而定。酒吧主要岗位的职责见表2—1。

表 2—1 酒吧主要岗位的职责

岗位名称	描述	工作职责
酒吧经理 （Bar Manager）	酒吧经理是酒吧营运的决策人和指挥者，他不仅需要通晓技术性、专业性的问题，更重要的是做好管理和协调工作	1. 在酒店向餐饮部经理负责，在独立酒吧对经营成败负责 2. 指导酒吧的所有作业，正常供应酒水，制订销售计划 3. 检查饮料及器材的存量并向餐饮部经理或酒吧所有者报告 4. 策划饮料销售方案及签发酒吧用品 5. 督导材料调配和创作配方 6. 检查营业场地内外的整洁和安全 7. 考察下属品行、出勤及工作情况，做好评估并执行纪律 8. 编排员工工作时间表，合理安排员工休假 9. 根据需要调动、安排员工工作 10. 制订培训计划，安排培训内容，培训员工 11. 控制酒水成本，防止浪费，减少损耗，严防失窃 12. 处理客人投诉，调解员工纠纷 13. 监督完成每月工作报告及每月酒水盘点工作，并向餐饮部经理或酒吧所有者汇报工作情况 14. 沟通上下级关系。向下传达上级决策，向上反映员工情况
酒吧副经理 （Vice Bar Manager）	酒吧副经理的职责是协助酒吧经理做好管理和协调工作	1. 保证酒吧处于良好的工作状态 2. 协助酒吧经理制订销售计划 3. 编排员工工作时间表，合理安排员工休假 4. 根据需要调动、安排员工工作 5. 督导下属员工努力工作 6. 负责各种酒水销售服务，熟悉各类服务程序和酒水价格 7. 协助酒吧经理制订培训计划，培训员工 8. 协助酒吧经理制定鸡尾酒的配方以及各类酒水的销售分量标准 9. 检查酒吧日常工作情况 10. 控制酒水成本，防止浪费，减少损耗，严防失窃 11. 根据员工表现做好评估工作，执行各项纪律 12. 处理客人投诉和其他部门投诉，调解员工纠纷 13. 负责各种宴会的酒水预备工作 14. 协助酒吧经理制定各类用具清单，并定期检查补充 15. 检查食品仓库酒水存货情况 16. 检查员工考勤，安排人力 17. 负责解决员工的各种实际问题，如制服、调班、加班、业余活动等 18. 监督酒吧员工完成每月盘点工作 19. 协助酒吧经理完成每月工作报告 20. 沟通上下级之间的关系 21. 酒吧经理缺席时，代理酒吧经理行使其各项职责

岗位名称	描述	工作职责
酒吧领班 （Head Bartender 或 Captain）	酒吧领班的职责是协助酒吧经理和酒吧副经理做好酒吧管理的具体工作	1. 直接向酒吧经理负责 2. 保证酒吧处于良好的工作状态 3. 督导下属员工努力工作 4. 负责各种酒水服务，熟悉酒水的服务程序和价格 5. 根据配方鉴定混合饮料的味道，熟悉其分量，能够指导下属员工 6. 协助酒吧经理制定鸡尾酒的配方以及各类酒水的分量标准 7. 根据销售需要保持酒吧的酒水存货 8. 负责各类宴会的酒水预备和各项准备工作 9. 管理及检查酒水销售时的开单、结账工作 10. 控制酒水损耗，减少浪费，防止失窃 11. 根据客人需要配制酒水 12. 指导下属员工做好各种准备工作 13. 检查每日工作情况，如酒水存量、员工意外事故、员工报到等 14. 检查员工报到情况，安排人力，防止岗位缺人 15. 分派下属员工工作 16. 检查食品仓库存货情况 17. 向上级提供合理化建议 18. 处理客人投诉，调解员工纠纷 19. 培训下属员工，根据员工表现做出鉴定
调酒师 （Bartender）	调酒师在酒吧中主要负责调制酒水和酒水服务工作	1. 根据销售状况，每日从食品仓库领取所需酒水 2. 按每日营业需要从仓库领取酒杯、银器、棉织品、水果等物品 3. 清洗酒杯及各种用具，擦亮酒杯，清理冰箱 4. 清洁酒吧中各种家具，清洁地面 5. 将清洗盘内的冰块加满，以备营业需要 6. 摆好各类酒水及所需用的饮品，以便开展工作 7. 准备各种装饰水果，如柠檬片、橙角等 8. 将空瓶、罐送回管事部清洗 9. 补充各种酒水 10. 营业中为客人更换烟灰缸 11. 从清洗间将干净的酒杯取回酒吧 12. 将啤酒、白葡萄酒、香槟和果汁放入冰箱保存 13. 在营业中保持酒吧的干净和整洁 14. 把垃圾送到垃圾房 15. 补充鲜榨果汁和浓缩果汁 16. 准备糖浆，以便调酒时使用 17. 在宴会前为各类服务酒吧摆好所需物品 18. 供应各类酒水及调制鸡尾酒 19. 使各项出品达到饭店的要求和标准 20. 每月盘点酒水

岗位名称	描述	工作职责
酒吧服务员（Bar Waiter）	酒吧服务员主要负责酒吧的酒水服务工作，为顾客提供优质的服务，使顾客满意	1. 直接由酒吧领班负责管理 2. 在酒吧范围内招呼客人 3. 根据客人的要求填写酒水供应单，到酒吧取酒水，并负责给客人结账 4. 按客人要求供应酒水，提供令客人满意的服务 5. 保持酒吧的整齐、清洁，包括开始营业前及客人离去后摆好座椅等 6. 做好营业前的一切准备工作 7. 协助放好陈列的酒水 8. 补充酒杯，空闲时擦亮酒杯 9. 更换烟灰缸 10. 清理垃圾及客人用过的杯、碟，并送到清洗部 11. 熟悉各类酒水、各种杯子类型及酒水的价格 12. 熟悉服务程序和要求 13. 能用正确的英语与客人对话 14. 在营业繁忙时，协助调酒师制作各种饮品或鸡尾酒 15. 协助调酒师清点存货，做好销售记录 16. 协助填写酒吧的各种表格 17. 帮助调酒师补充酒水或搬运物品 18. 清理酒吧内的设施，如台、椅、咖啡机、冰柜和酒吧工具等
酒吧实习生（Bar Trainee）	酒吧实习生主要协助调酒师做好酒水服务工作	1. 每天按照提货单到食品仓库提货品，补充器具，取冰块，更换棉织品 2. 清理酒吧的设备和设施，如冰柜、制冰机、工作台、清洗盘和酒吧工具（搅拌机、量杯、摇酒器等） 3. 清洁酒吧内的地板和所有用具 4. 做好营业前的准备工作，如兑橙汁、将冰块装到冰盒里、切好柠檬片和橙角等 5. 协助调酒师放好陈列的酒水 6. 根据酒吧领班和调酒师的指导补充酒水 7. 用干净的烟灰缸换下用过的烟灰缸并将其清洗干净 8. 补充酒杯，工作闲时用干布擦亮酒杯 9. 补充应冷藏的酒水到冰柜中，如啤酒、白葡萄酒、香槟及其他饮料 10. 保持酒吧的干净、整洁 11. 帮助调酒师清点存货 12. 清理垃圾，并将客人用过的杯、碟送到清洗间 13. 帮助调酒师在楼面摆设酒吧 14. 熟悉各类酒水、各种杯子的特点及酒水的价格 15. 摆好货架上的瓶装酒，并分类存放 16. 酒水入柜时，用干布或湿布擦干净所有的瓶子 17. 在酒吧领班或调酒师的指导下制作一些简单的饮品或鸡尾酒 18. 整理、放好酒吧的各种表格 19. 在营业繁忙时，帮助调酒师服务客人

第2节 酒吧设备和器具

一、酒吧设备

1. 冰箱（Refrigerator）

冰箱是酒吧中用于冷藏酒水饮料，保存适量酒品和其他调酒用品的设备。通常放在后吧，大小型号可根据酒吧的规模、环境等条件选用。冰箱内温度要求保持在4～8℃之间，其内部分层、分格，以便存放不同种类的酒品和调酒用品。通常白葡萄酒、香槟、啤酒、果汁、装饰物、奶油或其他用品都放入冰箱中冷藏。

2. 立式冷柜（Wine Cooler）

立式冷柜（见图2—1）专门用于存放香槟和白葡萄酒，其全部材料都是木制的，里面分成横竖成行的格子，香槟和白葡萄酒插入格子存放，温度保持在4～8℃之间。

3. 制冰机（Ice Cube Machine）

制冰机是酒吧中制作冰块的机器，可自行选用不同的型号。冰块是调酒中不可缺少的材料。冰块形状可分为四方体、球体、扁球体和长方体等多种。四方体的冰块使用起来效果较好，不易溶化。

图2—1 立式冷柜

4. 碎冰机（Crushed Ice Machine）

酒吧中因调酒需要许多碎冰，碎冰机也是一种制冰机，制出来的冰为碎粒状。

5. 上霜机（Glass Chiller）

上霜机也是一种冷柜，用来冷冻、冰镇存放入内的酒杯。

6. 洗杯机（Washing Glass Machine）

洗杯机中有自动喷射装置和高温蒸汽管。较大的洗杯机可放入整盘的杯子进行清洗。一般将酒杯放入洗杯机里，调好程序，按下按钮即可清洗。有些较先进的洗杯机还有自动输入清洁剂和催干剂装置。洗杯机有许多种，型号各异，可根据需要选用。如一种较小型的、旋转式洗杯机，每次只能洗一个杯子，一般装在吧台的边上。在许多酒吧中因资金和地方的限制，还得用手工清洗，手工清洗需要有清洗槽。洗涤后的酒杯应扣放在滴水板上使之自然风干，以保障酒杯清洁、干净。洗杯机的实用性不是很强，因为有很多特殊杯子的清洗要求较高，不能用洗涤剂和机器清洗，只能手洗。

7. 电动搅拌机（Blender）

电动搅拌机是用来搅拌材料的设备，专门用于调制分量多或材料中有固体实物难以充分混合的鸡尾酒，如图2—2所示。

8. 果汁机（Juice Machine）

果汁机有多种型号，主要作用有两个，一是冷冻果汁；二是自动稀释果汁（浓缩汁放入后可自动与水混合）。

9. 榨汁机

榨汁机主要用来压榨新鲜水果，使之产生果汁，供酒吧使用。

10. 奶昔搅拌机（Blend Milk Shaker）

奶昔搅拌机用于搅拌奶昔，如图2—3所示。

图2—2　电动搅拌机

图2—3　奶昔搅拌机

11. 咖啡机（Coffee Machine）

咖啡机用于煮咖啡，有许多式样和型号。

12. 咖啡保温炉（Coffee Warmer）

将煮好的咖啡装入大容器并放在咖啡保温炉上保持温度。

13. 饮料自动分配机器（Electronic Dispensing Machine）

饮料自动分配机器是用来分配酒吧常售酒品的系统。虽然这一现代化的酒水供应设备优点很多，但是因价格昂贵，维修困难，国内酒吧使用得较少。

14. 移动吧台

移动吧台安装、拆卸方便，可以满足演出、比赛需求。

二、酒吧用具

1. 摇酒壶（Cocktail Shaker）

摇酒壶有普通型和波士顿型两种，其功能是摇匀投放在壶中的调酒材料，使酒迅速冷却。

（1）普通摇酒壶。普通摇酒壶由壶盖、滤冰器及壶体三部分组成，如图 2—4 所示。摇酒壶通常用银、铬合金或不锈钢等金属材料制成，以不锈钢制的为多。目前，市场常见的有大号（530 mL）、中号（350 mL）、小号（250 mL）三种规格。

（2）两段式摇酒壶。又称波士顿摇酒壶，如图 2—5 所示，是国外和我国港澳地区常用的一种调酒用具，它由调酒杯和不锈钢壶盖组成，调酒杯多为玻璃制品。

图 2—4　普通摇酒壶　　　　　　　图 2—5　两段式摇酒壶

2. 量酒器（Measuring Glass）

量酒器有时也叫量杯（Jigger），是调制鸡尾酒和其他混合饮料时用来量取各种液体的标准容量杯，如图 2—6 所示。它有两种式样，一种是不锈钢量杯，另一种是玻璃量杯。不锈钢量杯大部分没有刻度，而玻璃量杯有刻度。

（1）不锈钢量杯。两头呈漏斗形，一头大，另一头小。最常用的量杯组合的型号有 1 oz 和 1.5 oz 的组合型，也有 1 oz 与 2 oz、1 oz 与 0.5 oz 的组合型。量杯的选用与服务饮料的用杯容量有关。使用不锈钢量杯时，应把酒倒满至量杯的边沿。

（2）玻璃量杯。杯体高且底平而厚，上有毫升刻度。用玻璃量杯量酒时，应将酒倒至刻线处。每次必须把量杯内的酒倒尽，然后把量杯倒扣在滴漏板上，使量杯中剩下的酒沥干，这样不会使不同种类的酒的味道混到一起。如果量杯盛过黏性饮料，如牛奶、果汁等，应冲洗干净后再用来量取其他饮料。

3. 调酒杯（Mixing Glass）

调酒杯（见图2—7）别名"酒吧杯""混合器"或"师傅杯"，多用于采用调和法调制的鸡尾酒的制作。它一般用玻璃制成，杯身较厚。其用途和摇酒壶一样，只是不必用手摇荡，把所需的材料放入杯中，用调酒棒轻轻搅匀即可。通常在杯身印有容量的刻度，供投料时参考。

图2—6　量酒器

图2—7　调酒杯

4. 吧匙（Bar Spoon）

吧匙（见图2—8）又称"调酒匙"，在调制鸡尾酒时，特别是用直身杯时，要配备专用的调酒匙。主要作用是搅拌或调和饮料。吧匙多为不锈钢制品，它的柄很长，约25 cm，匙头大小如咖啡匙，其容量和茶匙差不多大，匙底浅，前端呈圆形，中间呈螺旋状，可以避免搅拌饮料时滑动。吧匙的另一端为叉，可以用来滤冰。有些鸡尾酒配方中用匙作为计量单位，就可用吧匙量取。

5. 调酒棒（Mixing Stirrer）

调酒棒（见图2—9）是用调酒杯调酒时搅拌的工具，大多是塑料制品，也有玻璃制品。调酒棒手持的一头可以做成不同的形状，如酒店的店徽或酒吧的标志图案等。

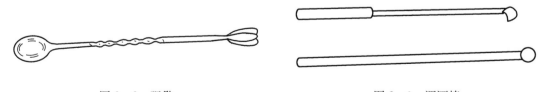

图2—8　吧匙

图2—9　调酒棒

6. 滤冰器（Strainer）

滤冰器（见图2—10）又称滤网或过滤网、冰隔，有双耳滤冰器和四耳滤冰器两种，通常用不锈钢制成，上面有一段可取下的弹簧圈，当鸡尾酒调好后，用它架在摇酒壶或调酒杯口上，过滤冰粒后，将混合好的酒滤入载杯。

7. 榨汁器（Squeezer）

常用的榨汁器（见图2—11）是塑料或不锈钢制品，有手动和电动两种，用法简单，只要把切开的水果（主要用于柠檬、柑橘）放在榨汁头上用手一拧即可出汁。这种榨汁器的榨汁头呈山形，切开的水果只要套在凸出部分，一面轻压，一面转动，果汁便从凸出的周围流下，但不可用力太大，以免果皮细胞的成分也被挤出，使水果原汁出现苦涩味。如果要榨苹果汁、西瓜汁、哈密瓜汁或雪梨汁等，就要用电动榨汁机。

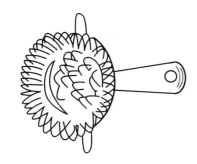

图2—10 滤冰器

 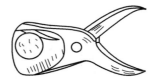

图2—11 榨汁器

8. 冰桶（Ice Bucket）

冰桶（见图2—12）为不锈钢或玻璃制品，供装载冰块用。

9. 冰夹（Ice Tongs）

冰夹（见图2—13）用不锈钢制成，用来夹取冰块放到酒杯中或摇酒壶内。

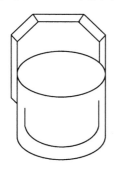

图2—12 冰桶

图2—13 冰夹

10. 冰铲（Ice Scoop）

冰铲（见图2—14）用于由制冰机向杯子内或摇酒壶、冰桶等容器中盛舀冰块。

11. 碎冰器（Ice Smash）

碎冰器（见图2—15）是把普通冰块碎成小冰块时使用的器具。

图 2—14　冰铲

图 2—15　碎冰器

12. 冰锥（Ice Pick）

冰锥（见图 2—16）是用于锥碎冰块的锥子。

13. 长勺（Long Spoon）

长勺（见图 2—17）是调制热饮时代替调酒棒使用的长把勺。热饮温度较高，不宜使用塑料调酒棒；否则调酒棒易弯曲，酒味也易浑浊。

图 2—16　冰锥

图 2—17　长勺

14. 香槟桶（Champagne Cooler）

香槟桶（见图 2—18）是银器或不锈钢制品，桶内放碎冰块和水，用于冰镇香槟酒、汽酒、白葡萄酒。

15. 砧板（Cutting Board）

砧板用来切水果和制作装饰品。

16. 果刀（Knife）

果刀为不锈钢制品，用来切水果。

17. 长叉（Bar Fork）

长叉为不锈钢制品，用以叉取樱桃及橄榄等。

18. 各种开瓶器（Corkscrew）

在酒吧中，开瓶器的品种较多（见图 2—19），有的用于开啤酒、汽水类的瓶盖，有的用于开软木塞，有的用于开罐头。

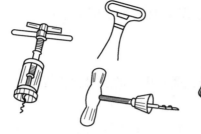

图 2—18　香槟桶　　　　　　　　　　图 2—19　各种开瓶器

19. 木槌（Mallet）

木槌多用于制作碎冰块。

20. 口布（Napkin）

口布用来包裹冰块，以便将其敲打成碎冰。

21. 糖盅（Sugar Bowl）

糖盅用来盛放砂糖。

22. 盐盅（Salt Bowl）

盐盅用来盛放细盐。

23. 托盘（Tray）

托盘多由不锈钢、塑料、木头、橡胶等材质制成。

24. 收费盘（Tip Tray）

收费盘供服务员收费用。

25. 红酒篮（Wine Cradle）

红葡萄酒不用冰镇，服务前放置于红酒篮（见图 2—20）中。

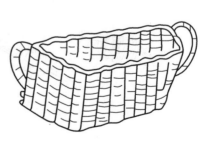

26. 雪糕勺（Ice Cream Dipper）

雪糕勺为不锈钢制品，用来量取雪糕球。

27. 水瓶（Water Jug）

水瓶为不锈钢或塑料制品，用来盛水。

图 2—20　红酒篮

28. 奶盅（Milk Jug）

奶盅多为不锈钢制品，用来盛放淡奶和牛奶。

29. 酒签 (Cocktail Pick)

酒签（见图 2—21）用来穿插各种水果装饰品，有的是用塑料制成的，也有的是用木头制成的。

30. 吸管 (Straw)

花色品种繁多，是长饮类鸡尾酒的点缀物和装饰物。

31. 杯垫 (Coaster)

杯垫（见图 2—22）是垫在杯子底部、直径为 10 cm 的圆垫。有纸制、塑料制、皮制、金属制等，其中以吸水性能好的厚纸为佳。杯垫上往往印有酒店的店徽或酒吧的标志。

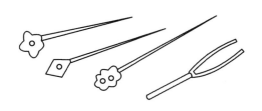 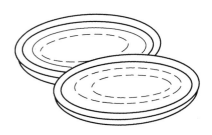

图 2—21　酒签　　　　　　　　　　　　　图 2—22　杯垫

32. 洁杯布 (Cup Towel)

洁杯布是棉麻制的擦杯子用的抹布。

33. 瓶嘴 (Mouth of Bottle)

瓶嘴（见图 2—23）是为了减缓酒液的冲力和控制酒液的流量而安置在酒瓶口的一种小型控制器皿，式样较多，有的制作简易，有的制作考究。具体说来有带量酒器瓶嘴、塑料瓶嘴、不锈钢瓶嘴等多种。

图 2—23　瓶嘴

34. 酒水枪

酒吧里的调酒师倒酒时可以做出各种各样的花样，如图 2—24 所示的这款酒水枪就是专门为酒吧准备的且颇具情趣的倒酒器。它的外表被设计成了一把手枪，还配有枪套。使用时只需先将枪套固定在瓶子上，然后用力挤压几下上面配套的气泵，就可以通过这支手枪来喷射酒水了。

35. 酒炮

酒炮（见图2—25）用于方便地量出鸡尾酒的容量。

图2—24　酒水枪　　　　　　　　　　　图2—25　酒炮

36. 分酒器

分酒器（见图2—26）采用优质金属材料制作而成，一次倾倒固定容量，以满足客人需要。

37. 滤冰听

滤冰听（见图2—27）又叫打孔波士顿摇酒壶（听杯），多为原装进口，容积约为28 oz，用不锈钢材料制成。

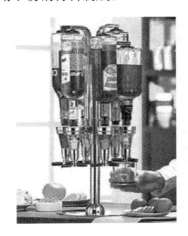

图2—26　分酒器　　　　　　　　　　　图2—27　滤冰听

38. 工具箱包

工具箱包（见图2—28）的材质多为铝制，里面的设计可以放少量酒瓶、杯具等。

39. 火纸

火纸的纸质比较白，柔顺，任意拆、叠、揉不会破碎，如用火点燃它，火光强烈，一瞬即逝，无影无踪，燃烧时无烟，燃烧后不留任何灰烬，这种纸用水湿透后，可长期保存，十分安全，使用时把它晾干即可。多用于花式调酒。

40. 调酒师专用火焰枪

调酒师专用火焰枪（见图2—29）火力强劲，火束集中，火焰细长。特别适合点杯塔、火瓶、烧杯，使用非常方便。用火焰枪对着纸烧，可以迅速把湿的纸点燃。

 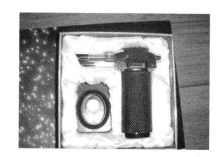

图2—28　工具箱包　　　　　　　图2—29　调酒师专用火焰枪

41. 冷烟花

冷烟花点燃后，美丽的光焰上窜几十厘米，美艳绝伦，产生一种神奇的效果，又达到了吸引大家注意力的目的，效果极佳。冷烟花燃放时不产生高温，无火花、火星四溅，不会灼伤人及物，可放心使用。多用于花式调酒。

三、酒吧载杯

用来载装鸡尾酒和混合饮料的杯子称为载杯。

饮酒的时候，要创造气氛，同时使酒的色、香、味、体完全表现出来，选用相应的酒杯是很重要的。酒液无固定的形状，装在什么形状的杯具里就是什么形状，因此杯具的选择非常重要，它不仅仅是一种器具，更是体现酒文化内涵的外在表现形式，是突出鸡尾酒主题的重要表现手段。

具体来说，酒杯有很多类型、款式，因材料不同，特点各异。例如，水晶酒杯体现的是稳定感和档次，光泽柔雅，碰杯时会发出金属般极为清脆的铿锵声。除此之外，英国的燧石玻璃、法国的伯卡拉玻璃、意大利的威尼斯玻璃及美国的斯蒂文玻璃都属上品。但是，在一般酒吧用这些昂贵的材料制造的玻璃酒杯是不实用的。所以，在一般酒吧中只要选择适于饮酒人趣味的适当的玻璃杯即可。

1. 酒杯的特点和类型

杯子通常包括杯体、杯脚及杯底，还有些杯子带杯柄。一种杯子可能有它们中的两个或三个部分，根据这一特点，可将酒杯划分为以下三类：

（1）平底无脚杯（Tumbler）。它的杯体有直的、外倾的、曲线形的，酒杯的名称通常是由所装的饮品的名称来确定的。

（2）矮脚杯（Footed Glass）。杯脚矮，粗壮而结实。

（3）高脚杯（Goblet）。杯脚修长，光洁而透明。

2. 酒吧常用载杯

（1）鸡尾酒杯（Cocktail Glass）。大多数鸡尾酒主要以鸡尾酒杯（见图 2—30）作为载杯，所以鸡尾酒杯是混合酒中最常用的酒杯。鸡尾酒杯是高脚杯的一种，杯体呈三角形或倒梯形，杯脚修长或圆粗，光洁而透明，杯子的容量为 3～6 oz（90～180 mL），其中，教学中多用 3 oz，酒吧销售中多用 4.5 oz。液体盎司（oz）为调酒时酒液容量计量专用单位，1 oz≈28 mL，本书中的盎司均为英制液体盎司。

图 2—30　鸡尾酒杯

鸡尾酒杯还可以是各种形状的异形杯，但所有的鸡尾酒杯必须具备以下条件：第一，不带任何花纹和色彩，色彩会混淆酒的颜色；第二，不可用塑料杯，塑料会使酒走味；第三，一定是高脚的，以便于手握，因为鸡尾酒要尽量保持其冰冷度，手的触摸会使其变暖。

（2）海波杯（Highball Glass）。海波杯（见图 2—31）即所谓的直筒杯，一般容量为 8～12 oz，常用于调制各种长饮类的简单混合饮料，如金汤力等。

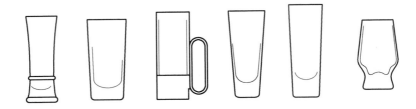

图2—31　海波杯

（3）柯林杯（Collins Glass）。柯林杯（见图2—32）又称长饮杯，形状与海波杯相似，只是比海波杯细且长，是像烟囱一样的直筒杯，其容量为12 oz，标准的长饮杯高与底面周长相等。长饮杯经常用于调制"汤姆柯林"一类的长饮，其他长饮类混合酒也可用这种杯子盛放，一般应配有吸管。

（4）白兰地杯（Brandy Glass）。这是一种酷似郁金香形状的酒杯，酒杯腰部丰满，杯口缩窄，又称白兰地吸杯（Snifter），如图2—33所示。使用时以手掌托着杯身，让手温传入杯中使酒略暖，并轻轻摇晃杯子。这样可以充分享受杯中的酒香。这种杯子容量很大，通常为8 oz左右。但饮用白兰地时一般只倒1 oz左右，酒太多不易很快温热，就难以充分尝到酒味。另外，标准的白兰地杯放倒时所能盛装的容量应刚好为1 oz，如图2—33所示。

图2—32　柯林杯　　　　　　　　　图2—33　白兰地杯

（5）香槟杯（Champagne Glass）。常用于祝酒的场合，用其盛放鸡尾酒也很普遍，如百万金元、宾治等。香槟杯（见图2—34）又分为浅碟香槟杯（Champagne Saucer）和郁金香形香槟杯（Champagne Tulip）两种。前者为高脚、开口浅宽的杯型，可用于盛载鸡尾酒或软饮料，也可作为小吃的容器；后者形似郁金香外形，收口、大肚，可用来盛放香槟酒，细饮慢啜，并能

图2—34　香槟杯

充分欣赏酒在杯中起泡的过程。香槟杯的容量为 3~6 oz，以 4 oz 左右的香槟杯用途最广泛。

（6）葡萄酒杯（Wine Glass）。葡萄酒杯（见图 2—35）为无色透明的高脚杯，杯口稍向内，杯口直径约为 6.5 cm，又分为白葡萄酒杯（White Wine Glass）和红葡萄酒杯（Red Wine Glass）两种，其中前者容量为 4~8 oz，后者的容量为 8~12 oz，红葡萄酒杯比白葡萄酒杯肚稍大。为了充分领略葡萄酒的色、香、味，酒杯的玻璃以薄为佳。

图 2—35　葡萄酒杯

（7）古典杯（Old Fashioned Glass）。古典杯（见图 2—36）又称为老式酒杯或岩石杯（Rock Glass），它是过去英国人饮用威士忌酒和其他蒸馏酒及主饮料的载杯，也常用于盛载鸡尾酒，现多用此杯盛载烈酒加冰。古典杯呈直筒状，杯口与杯身等粗或稍大，无脚，容量为 6~8 oz，以 8 oz 居多。古典杯最大的特点是壁厚，杯体矮，有"矮壮、结实"的外形，这种造型是由英国人的传统饮酒习惯造成的，他们在杯中调酒，喜欢碰杯，所以要求酒杯结实，具有稳定感。

图 2—36　古典杯

（8）果汁杯（Juice Glass）。果汁杯（见图 2—37）为高筒直身杯，比海波杯稍小一号，容量为 6~8 oz，盛新鲜果汁用。

（9）清饮杯（Straight Glass）。清饮杯（见图 2—38）也称一口杯、烈酒杯，是指一口就能喝光的小容量杯子，多用于清尝威士忌或其他烈酒，容量为 1 oz、1.5 oz、2 oz 三种。为能充分欣赏酒的颜色，最好使用无色透明的酒杯。

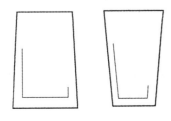

图 2—37　果汁杯

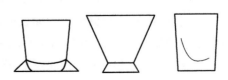

图 2—38　清饮杯

（10）酸酒杯（Sour Glass）。通常把带有柠檬酸味的酒称为酸酒，饮用这类酒的杯子称为酸酒杯，如图2—39所示。酸酒杯为高脚杯，容量在4～6 oz之间。

（11）利口杯（Liqueur Glass）。利口杯（见图2—40）是一种容量为1 oz的小型有脚杯，杯身为管状，可用来饮用五光十色的利口酒、彩虹酒等，也可用于伏特加、特基拉、朗姆酒的清尝目前酒吧中也有无脚利口杯。

图2—39　酸酒杯　　　　　　　　　　　　图2—40　利口杯

（12）雪利酒杯（Sherry Glass）。雪利酒杯（见图2—41）类似鸡尾酒杯，细长而精致，容量为2 oz，用于盛装雪利酒。

（13）波特酒杯（Port Glass）。波特酒杯（见图2—42）是饮用波特酒时使用的杯子，与葡萄酒杯相似，容量为2 oz左右。

图2—41　雪利酒杯　　　　　　　　图2—42　波特酒杯

（14）甜酒杯（Cordial Glass）。在国外，因甜酒的产地不同，酒的品质也各异，为适应不同的酒品，杯形也多种多样，如图2—43所示。法国的甜酒杯较大，杯的上部略长，呈郁金香形，容量为4～5 oz，但饮用时一般只斟到2/3满；有些地方甜酒不像西欧那样流行，饮用时，只用2～3 oz的较小型的酒杯，斟倒量约是2/3杯。一般的酒杯都是无色透明的，但盛装白色甜酒时也可用淡绿色的酒杯。

（15）爱尔兰咖啡杯（Irish Coffee Glass）。爱尔兰咖啡杯（见图2—44）是调制爱尔兰咖啡的专用杯，容量为6 oz，形状近似于葡萄酒杯。在杯身7分满处有一条金线，意思为咖啡倒入至此，上部即可漂浮奶油。

图 2—43 甜酒杯

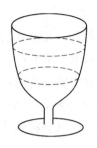

图 2—44 爱尔兰咖啡杯

（16）滤酒杯（Strainer Glass）。滤酒杯（见图 2—45）又称为公杯，主要用于酒的澄清，容量为 7～15 oz。

（17）果冻杯（Sherbet Glass）。果冻杯（见图 2—46）用于盛放冰激凌和果冻，容量为 5 oz 左右。

图 2—45 滤酒杯

图 2—46 果冻杯

（18）金属耳杯。金属耳杯（见图 2—47）多用于盛装热饮酒类。

（19）啤酒杯（Beer Glass）。普通的啤酒杯（见图 2—48）杯身较长，呈直筒形或近直筒形，容积大至 10 oz 以上，无脚或有墩形矮脚。啤酒起泡性很强，泡沫持久，占用空间大，故要求杯具容量大，安放平稳。平底直筒（身）大玻璃杯恰好满足。不过这种酒杯造型比较普通，现在也有用各类卵形杯、梯形杯和有柄杯盛装啤酒的。

图 2—47 金属耳杯

图 2—48 啤酒杯

（20）宾治盆（Punch Powl）。宾治盆即调制宾治酒时使用的大型玻璃容器，便于多种果汁、酒类的混合以及宾治酒的分杯，如图 2—49 所示。

3. 酒杯的擦拭方法

酒杯是喝饮料的器具，要求其洁净，特别是在酒吧中，酒杯不允许有一点污渍，要求一尘不染。这就要求酒吧服务人员经常擦拭酒杯。擦酒杯时要用桶或其他容器装些开水，将酒杯的口部对着热水，让水蒸气熏酒杯，直至杯中充满水蒸气时，再用清洁、干爽的餐巾擦拭。擦拭酒杯的方法如图2—50所示。

图2—49　宾治盆

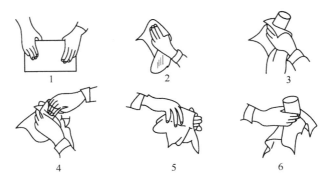

图2—50　酒杯的擦拭方法

（1）将口布打开，将拇指放于里面，拿住两端。

（2）左手持布，手心朝上，右手离开。

（3）右手取杯，杯底部放入左手手心，握住。

（4）右手将口布的另一端（对角部分）夹起，放入杯中。

（5）右手拇指叉入杯中，其他四指握住杯子外部，左右手交替转动并擦拭杯子。

（6）一边擦拭一边观察是否擦净，擦干净后，右手握住杯子的下部（拿杯子时，有杯脚的拿杯脚，无杯脚的拿底部），放置于指定的地方备用，手指不能再碰杯子内部或上部，以免留下痕迹。

另外，在擦杯时不可太用力，以防止扭碎酒杯。

第3节　酒吧设备保养和器具清洗

一、器皿的清洗与消毒

酒吧器皿包括酒杯、碟子、咖啡杯、咖啡匙、点心叉、滤酒器等。清洗通常分为四个步骤，即冲洗→浸泡→漂洗→消毒。

1. 冲洗

用自来水将用过的器皿上的污物冲掉，这个步骤必须注意要冲干净，不留任何点、块状的污物。

2. 浸泡

将冲洗过的器皿（带有油迹或其他冲洗不掉的污物）放入洗洁精溶液中浸泡，然后擦洗直到没有任何污迹为止。

3. 漂洗

把浸泡后的器皿用自来水漂洗干净，使之不带有洗洁精的味道。

4. 消毒

用开水煮沸、高温蒸汽或化学消毒法（也称药物消毒法）消毒。常用的消毒方法有高温消毒法和化学消毒法。凡有条件的地方都要采用高温消毒法，其次才考虑化学消毒法。

二、高温消毒法

1. 煮沸消毒法

煮沸消毒法是公认的简单、可靠的消毒法。将器皿放入水中，将水煮沸并持续 2～5 min 就可以达到消毒的目的。但要注意：器皿要全部浸没在水中；消毒时间从水沸腾后开始计算；水沸腾后到消毒结束期间不能降温。

2. 蒸汽消毒法

在消毒柜（车）上插入蒸汽管，管中的流动蒸汽是过饱和蒸汽，一般温度在 90℃ 左右。消毒时间为 10 min。消毒时要尽量避免消毒柜漏气。器皿堆放要留有空间，以利于蒸汽穿透流通。

3. 远红外线消毒法

远红外线消毒法属于热消毒法，使用远红外线消毒柜，在 120～150℃ 高温下持续 15 min，基本可达到消毒目的。

一般情况下不提倡采用化学消毒法，但在没有高温消毒的条件下，可考虑采用化学消毒法。常用的消毒药物有氯制剂和酸制剂。

三、洗杯机的使用方法

常用的洗杯机是将浸泡、漂洗、消毒三个步骤结合起来的。使用时，先将器皿用自来水冲洗干净，然后放入筛中推入洗杯机中即可。但要注意经常换机内缸体中的水。旋转式洗杯机由一个带刷子和喷嘴的电动机组成，把杯子倒扣在刷子上，一开机就有水冲洗，注意不要用力把杯子压在刷子上，只能轻轻压，否则杯子就会被压破。

四、用具的清洗与消毒

用具指酒吧常用工具，如酒吧匙、量杯、摇酒器、电动搅拌机、水果刀等。用具通常只接触酒水，不接触客人，所以只需直接用自来水冲洗干净并沥干即可。但要注意：酒吧匙、量杯不用时一定要泡在干净的水中，水要经常换。摇酒器、电动搅拌机每使用一次需要清洗一次。消毒方法也采用高温消毒法或化学消毒法。

第4节　酒吧服务工作

一、酒吧的工作

1. 营业前的准备工作

营业前的准备工作俗称"开吧"，主要的工作有酒吧内的清洁工作、领货、补充酒水、记录酒水、酒吧的摆设、调酒准备、更换棉织品、检查及维修设备、备好单据和表格等。

（1）酒吧的清洁工作

1）清洁吧台与工作台。吧台通常是大理石或硬木材质，表面光滑。客人喝酒水时会洒落少量的酒水而在吧台表面留下点状或块状污迹，这些污迹在隔了一个晚上后会硬结。清洁时要先用湿毛巾擦，再用清洁剂喷在表面擦抹至污迹完全消失为止。清洁后要在吧台表面喷上蜡光剂。工作台大多采用不锈钢材料，可直接用清洁剂或洗衣粉擦洗，清洁后用毛巾擦干即可。

2）清洁冰箱。冰箱内由于经常堆放罐装饮料和食物而使底部形成油滑的尘积块，网隔层也会由于果汁和食物的翻倒而沾上污痕。所以，三天左右必须对冰箱彻底清洁一次，从底部、四壁到网隔层都要清洁。清洁时先用湿布和清洁剂擦净污迹，再用清水擦抹干净。

3）清洁地面。酒吧柜台内的地面多用大理石或瓷砖铺砌。每日要多次用拖布擦洗地面。座位区内的地毯则要用吸尘器进行吸尘。

4）清洁酒瓶与罐装饮料表面。瓶装酒在散卖或调酒时，瓶上残留下的酒液会使酒瓶变得黏滑，特别是餐后甜酒，由于酒中含糖多，残留的酒液会在瓶口结成硬颗粒状污迹。瓶装或罐装的啤酒、饮料则由于长途运输及存放而表面积满灰尘，所以要用湿毛巾将酒瓶及罐装饮料的表面擦干净。

5）清洁酒杯、工具。酒杯与工具的清洁与消毒要按照规程做，即使没有使用过的酒杯每天也要重新消毒。

6）其他地方的清洁。酒吧柜台外的地方每日应按照餐厅的清洁方法去做，目前许多饭店是由公共区域保洁员或服务员做清洁工作的。

（2）领货

1）领酒水。每天将酒吧所需领用的酒水（参照酒吧存货标准）数量填写在酒水领货单上，送酒吧经理签字，拿到食品仓库交保管员领取酒水。做此项工作时要特别注意在领酒水时清点数量及核对名称，以免造成误差。领货后要在领货单上收货人一栏签字，以便核对时查对。水果、果汁、牛奶、香料等的领货程序与酒水领货相同。

2）领酒杯和瓷器。酒杯和瓷器容易损坏，领用和补充是日常要做的工作。需要领用酒杯和瓷器时，要按用量规格填写领货单，再拿到仓库交保管员领货。领回酒吧后要先清洗、消毒才能使用。

3）领百货。这里说的百货一般包括各种表格（酒水供应单、领货单、调拨单等）、笔、记录本、棉织品等用品。一般每星期领用1～2次。领用百货时需填好百货领料单，交酒吧经理、饮食部经理和成本会计签字后，才能拿到仓库交保管员领货。

（3）补充酒水。将领回来的酒水分类存放，需要冷藏的如啤酒、果汁等放进冷柜内。补充酒水一定要遵循先进先出的原则，即先领用的酒水先销售使用，先存放进冷柜中的酒水先卖给客人。以免酒水存放过期而造成浪费。特别是果汁及水果食品更是如此。例如，纸包装的鲜牛奶的存放期很短，稍有疏忽都会造成不必要的浪费。

（4）记录酒水。每个酒吧为便于进行成本检查以及防止失窃，都会设立一本酒水记录簿（Bar Book）。酒水记录簿上清楚地记录了酒吧每日的存货量、领用酒水量、售出数量、结存等的具体数字。每个调酒师取出"酒水记录簿"就可以知道酒吧各种酒水的数量。值班的调酒师要准确地清点数目，并记录在酒水记录簿上。

（5）酒吧的摆设。酒吧摆设主要包括瓶装酒的摆设和酒杯的摆设。摆设的原则是美观大方，有吸引力，方便工作。酒吧的气氛和吸引力往往集中在瓶装酒和酒杯的摆设上。摆设要让客人一看就知道这是酒吧，是喝酒享受的地方。瓶装酒的摆设，一是分类摆，开胃酒、烈酒、餐后甜酒分开；二是价格高的与价格低的分开摆，瓶与瓶之间要有间隙，可放进合适的酒杯以增加气氛。常用酒与陈列酒要分开，常用酒要放在工作台前伸手可及的地方。不常用的酒一般放在酒架的高处。酒杯可分为悬挂与摆放两种，悬挂的酒杯主要是增添酒吧气氛，因为拿取不方便，一般不使用。必要时，取下后要擦净再使用；摆放在工作台上的酒杯要方便操作，加冰块的杯（平底杯）放在靠近冰桶的地方，不加冰块的酒杯放在其他空位上，啤酒杯、鸡尾酒杯可放在冷柜中冷藏。

（6）调酒准备

1）冰块。取放冰块，用桶从制冰机中取出冰块放进工作台上的冰块池中，把冰块放满；没有冰块池的可用保温冰桶装满冰块盖上盖子放在工作台上。

2）配料。配料（如辣椒油、胡椒粉、盐、糖、豆蔻粉等）放在工作台前面，以备调制时取用。鲜牛奶、淡奶、菠萝汁、番茄汁等打开罐装入玻璃容器中（不能开罐后就在罐中存放，因为铁罐打开后，因罐内有水分很容易生锈，引起饮料变质），存放在冰箱内。橙汁、柠檬汁要先稀释再倒入瓶中备用（存放在冰箱中）。其他调酒用的汽水也要放在伸手就可拿到的位置上。

3）装饰物。取少量咸橄榄放在杯中备用，红樱桃取出用清水冲洗后放入杯中（因樱桃是用糖水浸泡的，表面太黏）备用，柠檬片、橙角也要切好排放在碟子里用保鲜纸封好备用。以上几种装饰物都放在工作台上。

4）酒杯。把酒杯拿到清洗间消毒后摆放好。工具用餐巾垫底排放在工作台上，量杯、酒吧匙、冰夹要浸泡在干净的水中。杯垫、吸管、调酒棒和酒签也放在工作台上（吸管、调酒棒和酒签可用杯子盛放）。

（7）更换棉织品。酒吧使用的棉织品有两种，即餐巾和毛巾。毛巾是用来清洁吧台的，一般要浸湿后使用；餐巾（口布）主要用于擦杯子，要干用，不能弄湿。棉织品必须使用一次清洗一次，不能连续使用而不清洗。每日营业完毕要将用过的棉织品送到洗衣房，更换干净的使用。

（8）检查及维修设备。在营业前要仔细检查各类电器，如灯、空调、音响、冰箱、制冰机、咖啡机等；检查吧台、家具、装修有无损坏。如有任何不符合要求的地方，要马上填写工程维修单交酒吧经理签字后送工程部，由工程部派人维修。

（9）备好单据和表格。检查所需使用的单据和表格是否齐全、够用，特别是酒水供应单与酒水记录单一定要准备好，以免影响营业。

2. 营业中的服务工作

营业中的服务工作包括酒水服务、结账服务、吧台清理、待客服务等。

（1）酒水服务。酒水服务的程序是点酒服务→开单→收款员立账→配制酒水→供应酒水。

其中点酒服务、开单、配制酒水及供应酒水大多是由调酒师完成的工作，现介绍如下：

1）点酒服务。这时调酒师要耐心、细致，有些客人会询问酒水的品种、质量、产地和鸡尾酒的配方内容，调酒师要简要地介绍，不能表现出不耐烦的样子；还有些客人请调酒师介绍品种，调酒师介绍时要先询问客人所喜欢的口味，再介绍品种。如果一张座位台有若干客人，务必对每一个客人点的酒水做出记号，以便准确地将客人点的酒水送上。

2）开单。调酒师或服务员在开单时要重复客人所点酒水的名称、数目，以免出差错。有时会由于客人的发音不清楚或调酒师精神不集中听错而调错饮品，所以要特别注意听清楚客人的要求。开单时要清楚地写上经手人、酒水品种、数量、客人的特征或位置以及客人所提的特别要求，填好后交收款员，收款员即可立账。

3）配制酒水。调酒师应凭开酒单配制酒水，没有开酒单的调酒属于违反规章制度的行为，不管理由如何充分都不允许。凡在操作过程中因不小心调错或翻倒浪费的酒水需填写损耗单，列明项目、规格、数量后送交酒吧经理签字认可，再送成本会计处核实入账。

4）供应酒水。配制好酒水后，按服务标准将酒水送给客人。

（2）结账服务。一般结账的程序是客人要求结账→调酒师或服务员检查账单→收现金、信用卡或签账→收款员结账。

客人要求结账时，调酒师或服务员要立即有所反应，不能让客人久等。许多客人的投诉都是因结账时间长而造成的。调酒师或服务员需仔细检查一遍账单，核对酒水数量及品种有无错漏，核对完后将账单拿给客人，客人认可后，再按账单收取现金（如果是签账单，那么签账的客人要清楚地写上房号并签名。用信用卡结账按银行所提供的机器和要求进行），然后交收款员结账，结账后将账单的副本和所找的零钱交给客人。

（3）吧台清理。调酒师要注意经常清理台面，将吧台上客人用过的空杯、吸管、杯垫收下来。将一次性使用的吸管、杯垫扔到垃圾桶中，空杯送去清洗，台面要经常用湿毛巾擦，不能留有污迹。要回收的空瓶放入指定的筐中，其他空罐与垃圾要放进垃圾桶内，并及时送到垃圾间，以免时间长而产生异味。客人用的烟灰缸要经常更换，换下后要清洗干净。严格地讲，烟灰缸里的烟头不能超过两个。

（4）待客服务。营业中除调酒取物品外，调酒师要保持正立姿势，两腿分开站立；不准坐下或靠墙、靠台；要主动与客人交谈，以增进调酒师与客人间的友谊；要多留心观察装饰品是否用完，将近用完时要及时补充；还要注意观察酒杯是否干净、够用，如发现杯子未洗干净，有污点，应及时更换。

3. 营业后的整理工作

营业后的工作包括清理酒吧、填写每日工作报告、清点酒水、安全检查、关闭电器的开关和其他工作。

（1）清理酒吧。营业结束后，要等客人全部离开才能动手收拾酒吧。绝不允许赶客人出去。清理时，先把脏的酒杯全部收起送清洗间，必须等清洗、消毒后全部取回酒吧才算完成一天的任务。垃圾桶要送垃圾间倒空并清洗干净。把所有陈列的酒水小心取下放入柜中，散卖和调酒用过的酒要用湿毛巾把瓶口擦干净后再放入柜中。水果装饰物要用保鲜纸封好，并放回冰箱中保存。凡是开了罐的汽酒、啤酒和其他易拉罐饮料（果汁除外）要全部处理掉，不能放到第二天再用。酒水收拾好后，酒水存放柜要上锁，以防止失窃。吧台、工作台、水池要清洗一遍。吧台、工作台用湿毛巾擦抹，水池用洗洁精洗净。单据及表格夹好后放入柜中。

（2）填写每日工作报告。每日工作报告的主要项目包括当日营业额、客人人数、平均消费、特别事件和客人投诉。每日工作报告主要供上级掌握酒吧的营业状况和服务情况。

（3）清点酒水。把当天所销售出的酒水按第二联供应单的数目及酒吧现存的酒水量填写到酒水记录簿上。这项工作要细心，不准弄虚作假，特别是贵重的瓶装酒要精确到0.1瓶。

（4）安全检查。全部清理、清点工作完成后要将整个酒吧检查一遍，查看有无火灾隐患，要特别检查有无掉落在地毯上的烟头。消除火灾隐患是一项非常重要的工作，每个员工都要担起责任。

（5）关闭电器的开关。除冰箱外，所有的电器包括照明、咖啡机、咖啡炉、生啤酒机、电动搅拌机、空调和音响等都要关闭电源。

（6）其他工作。最后要留意把所有的门窗锁好，再将当日的供应单（第二联）与工作报告、酒水调拨单送到酒吧经理处。通常酒水领料单由酒吧经理签字后可提前投入食品仓库的领料单收集箱内。

二、酒吧服务标准

1. 调酒服务标准

在酒吧，客人与调酒师只隔着吧台，调酒师的任何动作都在客人的目光之下。调酒师不但要注意调酒的方法、步骤，还要留意操作姿势及卫生标准；否则，细小的差错或不当的行为都会令客人感到不适。

（1）姿势和动作。调酒时要注意姿势端正，一般不要弯腰或蹲下调制。要尽量面对客人，动作要潇洒、轻松、自然、准确，不要紧张。任何不雅的姿势都能直接影响到客人的情绪。用手拿杯时要握杯子的底部，不要握杯子的上部，更不能用手指碰杯口。调制过程中尽可能使用各种工具，尽量不要用手直接调制，特别是不准用手代替冰夹抓冰块放入杯中。工作中不要做摸头发、揉眼、擦脸等小动作，也不准在酒吧中梳头、照镜子、化妆。

（2）先后顺序与时间。调酒时要注意客人到来的先后顺序，为早到的客人先调制酒水。同来的客人要先为女士、老人（酒吧一般不允许接待未满18岁的青少年）配制饮料。调制任何酒水的时间都不能太长，以免使客人不耐烦。这就要求调酒师平时多练习，以保证调制时动作快捷、熟练。一般的果汁、汽水、矿泉水、啤酒可在 1 min 内完成；混合饮料可用 1~3 min 完成；鸡尾酒包括装饰品可用 2~4 min 完成。有时五六个客人同时点酒水，也不必慌张忙乱，可先答应下来，再按次序调制。一定要答应客人，不能不理睬客人只顾做自己手头的工作。

（3）卫生标准。在酒吧调酒一定要按卫生标准去做。稀释果汁和调制饮料用的水要用凉开水或洁净水，无凉开水时可用容器盛满冰块倒入开水即可，但绝不能直接用自来水。配制酒水时有时要用手操作，如拿柠檬片、做装饰物等，所以调酒师要经常洗手，保持手部清洁。凡是过期、变质的酒水不准使用；腐烂变质的水果及食品也禁止使用；要特别留意新鲜果汁、鲜牛奶和稀释后果汁的保鲜期。若天气炎热，食品容易变质，这时更要仔细检查食品的卫生状况。

（4）良好服务。要注意观察客人的酒水是否快喝完，快喝完时，要询问客人是否再加一杯；客人使用的烟灰缸是否需要更换；吧台表面有无酒水残迹，如发现残迹要用干净的湿毛巾擦抹。要经常为客人斟酒水；客人抽烟时要为其服务。通过这些细节让客人在不知不觉中获得各项服务。总之，优良的服务在于留心观察加上必要而及时的行动，把服务做在客人开口之前是服务的完美境界。在调酒服务中，因各国客人的口味、饮用方法不尽相同，有时客人会提出一些特别要求与特别配方，调酒师甚至酒吧经理也不一定会做，这时可以询问、请教客人怎样配制，以便更好地为客人服务。

（5）清理工作台。工作台是配制、供应酒水的地方，位置很小，要注意经常性地清洁与整理。每次调制完酒水后一定要把用完的酒水放回原来位置，不要堆放在工作台上，以免影响操作。斟酒时滴下或不小心倒在工作台上的酒水要及时擦掉。专用于清洁、擦手的湿毛巾要叠成整齐的方形，不要随手抓成一团。

2. 服务员及调酒师的待客服务标准

（1）接听电话。拿起电话应先讲礼貌用语，如"您好"等（切忌用"喂"来称呼客人），然后报上酒吧名称，需要时记下客人的要求，如需订座时，记下用餐人数、时间、客人姓名、公司名称等，要简单、准确地回答客人的询问。

（2）迎接客人。客人来到酒吧时，要主动地招呼客人。面带微笑向客人问好，如"您好""早上好""晚上好""请进""欢迎"等，并用手势请客人进入酒吧。若是熟悉的客人，可以直接称呼客人的姓氏，使客人觉得有亲切感。客人存放衣物时，提醒客人将贵重物品、现金、钱包拿出，然后将记号牌交给客人保管。

（3）领客人入座。带领客人到合适的座位前，单个的客人喜欢到吧台前的酒吧椅就座，两个或多个客人可领到沙发或小台。帮客人拉椅子，让客人入座，要记住女士优先的原则，然后是老人（酒吧一般不允许接待未满 18 岁的青少年）。如果客人需要等人，可选择能够看到门口的座位。

（4）递上酒水单。客人入座后可立即递上酒水单，要先递给女士。酒水单要直接递到客人手中，不要放在台面上。如果几批客人同时到达，要先一一招呼客人坐下后再递酒水单；如果客人在互相谈话，可以稍等几秒钟，或者说："对不起，先生（小姐），请看酒水单。"然后递给客人。要特别留意酒水单是否干净平整，千万不要把肮脏的或模糊不清的酒水单递给客人。有的酒水单是放在小台上的，可以从台上拿起再递给客人。

（5）请客人点酒水。递上酒水单后稍等一会儿，可微笑地询问客人："对不起，先生（女士），我能为您点单吗？""请问您要喝点什么？"，如果客人还没有做出决定，服务员（调酒师）可以为客人提建议或解释酒水单。要清楚酒吧中供应的酒水品种，并要记清楚每种酒水的价格，以便回答客人询问。如果客人在谈话或仔细看酒水单，那也不必着急，可以再等一会儿。

（6）开酒水单。拿好酒水单和笔，待客人点了酒水后要重复说一次客人所点的酒水名称，客人确认后再开酒水单。为了减少差错，酒水单上要写清楚座号、台号，服务员姓名，酒水和饮料的品种、数量及特别要求。未写完的行格要用笔划掉。开酒水单时可用习惯性缩写形式。

（7）酒水供应服务。调制好酒水后可先将饮品、纸巾、杯垫和小食（酒吧常免费为客人提供花生米、炸薯片等小食）放在托盘中，用左手端起走近客人并说："打扰了，这是您要的饮料。"上完酒水后可说："您的酒水，还需要点什么吗？"在酒吧椅上坐的客人可直接将酒水、杯垫、纸巾拿到吧台上而不必用托盘。使用托盘时要注意将大杯的饮料放在靠近自己身体的位置，要先看清楚托盘是否肮脏或有水迹，如托盘不干净，要擦净后再使用。给客人上酒水时要从客人的右手边端上。几个客人同坐一台时，如果记不清每位客人要的酒水，要问清楚每位所点的饮料后再端上去。

（8）更换烟灰缸。取干净的烟灰缸放在托盘上，拿到客人的台前，用右手拿起一个干净的烟灰缸，盖在台面上有烟头的烟灰缸上，两个烟灰缸一起拿到托盘上，再把干净的烟灰缸放到客人的台面上。在吧台，可以直接用干净的烟灰缸盖在有烟头的烟灰缸上，两个烟灰缸一起拿到工作台上，再把干净的烟灰缸放到吧台上。绝对不可以直接拿起有烟灰的烟灰缸放到托盘上，再摆上干净的烟灰缸，这种操作会使烟灰飞扬起来，而造成意想不到的麻烦。有时，客人把没抽完的香烟或雪茄烟架在烟灰缸上，这时可以先摆上一个干净的烟灰缸并排在用过的烟灰缸旁边，把架在烟灰缸上的香烟移到干净的烟灰缸上，然后再取另一个干净的烟灰缸盖在用过的烟灰缸上，一起取走。

（9）为客人斟酒水或饮料。当客人喝了大约半杯时，要为客人斟酒水。斟酒时，要右手拿起酒水瓶或酒水罐为客人斟满酒水，注意不要斟满到杯口，一般斟至杯子容量的85%

即可。在酒吧中还要及时注意客人饮用茶水的情况，要及时添水，可以续杯的咖啡也要及时为客人续杯。

（10）撤空杯或空瓶罐。注意观察客人的饮料是不是快要喝完了。如杯子只剩一点饮料，而台上已经没有饮料瓶罐，就可以走到客人身边，问客人是否再来一杯酒水。如果客人要点的下一杯饮料同杯子里的饮料相同，可以不换杯；如果不同就给客人另上一个杯子。当杯子已经喝空后，可以拿着托盘走到客人身边问："我可以收去您的空杯子吗？"客人点头允许后再把杯子撤到托盘上收走。只要发现台面上有空瓶或空罐都要马上撤下来。有时客人把倒空酒水的易拉罐捏扁，就是暗示这个罐的酒水已经倒空，服务员或调酒师应马上把空罐撤掉。

（11）为客人点烟。看到客人取出香烟或雪茄准备抽烟时，可以马上掏出打火机或擦着火柴为客人点烟，一般在正规的服务性场所，为客人点烟时多用火柴。点烟时，应注意点着后马上关掉打火机或挪开火柴吹灭。燃烧的打火机或火柴不可以离客人过近，一般离客人的香烟 10 cm 左右，让客人自己靠近火源点烟。

（12）结账。客人要求结账时，服务员或调酒师要立即到收款员处取账单，拿到账单后要检查台号、酒水的品种和数量是否准确，再用账单夹夹好，拿到客人面前，并有礼貌地说："这是您的账单，××元×角×分，多谢。"因为有些客人不希望他的朋友知道账单的数目，所以不可以大声地读出账单上的消费额。如果客人认为账单有误，绝对不能同客人争辩，应立即到收款员那里重新把供应单和账单核对一遍，有错马上改，并向客人致歉；没有错可以向客人解释清楚每一项目的价格，取得客人的谅解。

（13）送客。客人结账后，确定客人准备离开时，可以帮助客人移开椅子让客人容易站起来，如客人有存放的衣物，要根据客人交回的记号牌帮客人取回衣物，并询问客人有没有拿错和少拿了。然后送客人到门口，说"多谢光临""欢迎您再来"等礼貌用语，注意说话时要朝向客人并面带微笑。

（14）清理台面。客人离开后，要用托盘将台面上所有的杯、瓶、烟灰缸等都收掉，再用湿毛巾将台面擦干净，重新摆上干净的烟灰缸和用具。

（15）送餐巾纸。拿给客人用的餐巾纸要事先检查一下是否有破损、带污点或不平整，有破损和带污点的餐巾纸不能使用。

（16）准备小食。酒吧免费提供给客人的配酒小吃，如花生米、炸薯片等，通常由厨房做好后取回酒吧中，并用干净的小玻璃碗装好，注意数量要备足。

（17）端托盘要领。用左手端托盘，五指分开，手指与手掌边缘接触托盘，手心不碰托盘；酒杯及饮料放入托盘时不要放得太多，以免把持不稳；高杯或大杯的饮料要放在靠近自己身体一边；走动时要保持平衡，酒水多时可用右手扶住托盘；端起时要拿稳后再走，端到客人前要停稳后再取酒水。

三、酒吧的服务技巧

服务操作是整个酒品服务技术中最引人注意的工作，许多操作需要面对顾客。因此，凡从事酒品服务工作的人都十分注重操作技术，以求动作正确、迅速、简便和优美。服务操作的好坏常常给人留下深刻的印象。高超而又体察入微的服务员，常运用娴熟的操作技术来创造热烈的饮宴气氛，以求顾客精神上的满足。服务操作当中，不仅需要一定的技术功底，而且需要相当的表演天赋。在许多国家，酒品服务是由专人来掌管的，人们出于尊重和敬佩，将有一定水平的酒品服务员称为"调酒师"。在顾客眼里，调酒师的魅力并不亚于文艺界中的"明星"，酒品的服务操作是一项具有浓厚艺术色彩的专门技术。在酒品的服务中通常包括以下基本技巧：

1. 示瓶

在酒吧中，顾客常点整瓶酒。凡顾客点用的酒品，在开启之前都应让顾客首先过目，一是表示对顾客的尊重；二是核实一下有无差错；三是证明酒的可靠性。基本操作方法是：服务员站立于主要饮者（大多数为点酒人或是男主人）的右侧，左手托瓶底，右手扶瓶颈，酒标面向客人，让其辨认。当客人认可时，方能进行下一步的工作，示瓶往往标志着服务操作的开始。

2. 冰镇

许多酒品的饮用温度大大低于室温，这就要求对酒液进行降温处理，比较名贵的瓶装酒大多采用冰镇的方法进行处理。冰镇瓶装酒时需用冰桶，用托盘托住桶底，以防凝结的水滴弄脏台布。桶中放入冰块（不宜过大或过碎），将酒瓶放入冰块内，酒标向上，之后再用一块毛巾搭在瓶身上，连桶送至客人的桌上。一般来说，20 min 以后可达到冰镇的效果。从冰桶取酒时，应以一块折叠的餐巾护住瓶身，可以防止冰水滴落弄脏台布或客人的衣服。

3. 溜杯

溜杯是另一种降温方法。服务员手持杯脚，杯中放一块冰，然后摇杯，使冰块产生离心力在杯壁上溜滑，以降低杯子的温度。有些酒品的溜杯要求很严，直至杯壁溜滑凝附一层薄霜为止。也有用冰箱冷藏杯具的处理方法，但不适用于高雅场合。

4. 温烫

温烫饮酒不仅用于我国的某些酒品，而且有的洋酒也需要温烫以后再饮用。温烫有下列四种常见的方法：

（1）水烫。把即将饮用的酒倒入烫酒器，然后置入热水中升温，此法常需即席操作。

（2）火烤。把即将饮用的酒装入耐热器皿，置于火上升温。

（3）燃烧。把即将饮用的酒盛入杯盏内，点燃酒液升温，此法常需即席操作。

（4）冲泡。在即将饮用的酒中冲入滚沸的饮料（如水、茶、咖啡等），或将酒液注入热饮料中。

5. 开瓶

世界各类酒品的包装方式多种多样，以瓶装酒和罐装酒最为常见。开启瓶塞、瓶盖，打开罐口时应注意动作的正确和优美。

（1）使用正确的开瓶器。开瓶器有两大类，一是专开葡萄酒瓶塞的螺纹钻刀；二是专开啤酒、汽水等瓶盖的起子。螺纹钻刀的螺旋部分要长（有的软木塞长达 8～9 cm），头部要尖，另外，螺纹钻刀上最好装有一个起拔杠杆，以利于将瓶塞拔起。

（2）开瓶时尽量减少瓶体的晃动。这样可避免汽酒冲冒和陈酒的沉淀物窜腾。一般将酒瓶放在桌上开启，动作要准确、敏捷、果断。万一软木塞有断裂危险，可将酒瓶倒置，用内部酒液的压力顶住断塞，然后再旋进螺纹钻刀。

（3）开拔声越轻越好。开任何瓶罐都应如此，其中也包括香槟酒。在高雅严肃的场合中，呼呼作响的嘈杂声与环境显然是不协调的。

（4）拔出的瓶塞要进行检查。看是否为病酒或坏酒，原汁酒的开瓶检查尤为重要。检查的方法主要是嗅辨，以嗅瓶塞插入瓶内的那一部分为主。

（5）开启瓶塞（盖）以后，要仔细擦拭瓶口，将污垢擦去。擦拭时，切忌使污垢落入瓶内。

（6）开启后的酒瓶、酒罐原则上应留在客人的桌上，一般放在主要客人的右手一侧，底下垫瓶垫，以防止弄脏台布；或是放在客人右后侧茶几的冰桶里。使用酒篮的酒，连同篮子一起放在桌上，但需注意酒瓶颈背下应衬垫一块餐巾或纸巾，以防止斟酒时酒液滴出。空瓶、空罐应一律撤掉。

（7）开启后的封皮、木塞、盖子等物不要直接放在桌上，一般放在小盆里，在离开餐桌时一起带走，切不可留在客人面前。

（8）开启带汽或者冷藏过的酒罐时，常会有水汽喷射出来。因此，当客人面开拔时，应将开口一方对着自己，并用手握遮，以示礼貌。

6. 滗酒

许多陈酒有一定的沉淀物积于瓶底，为了避免斟酒时产生浑浊现象，需事先剔除沉渣以确保酒液的纯净。一般可使用滗酒器滗酒去渣。在没有滗酒器时，可以用大水杯代替，方法如下：首先，事先将酒瓶竖立若干小时，使沉渣积于瓶底，再横置酒瓶，动作要轻。接着，准备一光源，置于瓶子和水杯的一端，操作者位于另一端，慢慢将酒液滗入水杯中。当接近含有沉渣的酒液时，需要沉着、果断，争取滗出尽可能多的酒液，剔除浑浊物。滗好的酒可直接用于服务。

7. 斟酒

在非正式场合中，由客人自己斟酒；在正式场合中，斟酒则是服务人员必须进行的服务工作。斟酒有多种方式，主要有桌斟和捧斟两种。

（1）桌斟。将酒杯留在桌上，斟酒者立于饮者的右边，侧身用右手握酒瓶向杯中倾倒酒液。瓶口与杯沿保持一定的距离，一般为1~2 cm。切忌将瓶口搁在杯沿上或高溅注酒，斟酒者每斟一杯，都需要换一下位置，站到下一位客人的右侧。左右开弓、手臂横越客人的视线等都是不礼貌的做法。桌斟时，还需掌握好满斟的程度，有些酒需少斟，有的需要多斟，过多过少都不好。斟毕，持瓶的手应向内旋转90°，同时离开杯具上方，使最后一滴挂在酒瓶上而不落在桌上或客人身上，然后左手用餐巾擦拭一下瓶颈和瓶口，再给下一位客人斟酒。

（2）捧斟。捧斟时，服务员一手握瓶，一手则将酒杯捧在手中，站立于饮者的右方，然后再向杯内斟酒，斟酒动作应在台面以外进行，然后将斟毕的酒杯放在客人的右手处。捧斟主要适用于非冰镇处理的酒品。

另外，手握酒瓶的姿势各国不尽相同，有的主张手握在标签上（以西欧诸国多见）；有的则主张手握在酒标的另一方（以我国多见），各有解释的理由。服务员应根据当地习惯及酒吧要求去做。

8. 饮仪

我国饮宴席间的礼仪与其他国家有所不同，与通用的国际礼仪也有所区别。在我国，人们通常认为，席间最受尊重的是上级、客人、长者，尤其是在正式场合中，上级和客人处于绝对优先地位。服务顺序一般先为首席主宾、首席主人、主宾、重要陪客斟酒，再为其他人员斟酒。客人围坐时，采用顺时针方向依次服务。国际上比较流行的服务顺序是：先为女宾斟酒，后为女主人斟酒；先为女士，后为先生；先为长者，后为幼者，妇女处于绝对的优先地位。

9. 添酒

正式饮宴上，服务员要不断向客人杯内添加酒液，直至客人示意不要为止。当客人喝完杯中的酒时，服务人员袖手旁观则是严重的失职表现。在斟酒时，有些客人以手掩杯、倒扣酒杯或横置酒杯，都是谢绝斟酒的表示，服务员切忌强行劝酒，使客人难以下台。凡需要增添新的饮品，服务员应主动更换用过的杯具，连用同一杯具显然是不合适的。至于散卖酒，每当客人添酒时，一定要换用另一杯具，切不可斟入原杯具中。在任何情况下，各种杯具应留在客人餐桌上，直至饮宴结束为止。当客人的面撤收空杯是不礼貌的行为，

如果客人示意收去一部分空杯，则另当别论。

当客人祝酒时，服务员应回避。祝酒完毕，方可重新回到服务场所添酒。在客人游动祝酒时，服务员可持瓶跟随主要祝酒人，以便随时添酒。

思　考　题

1. 什么是酒吧？酒吧可分为哪几类？
2. 请列举酒吧中常用的载杯，并说明其特点。
3. 简要说明摇酒壶的种类、构造和使用方法。
4. 酒吧常用服务技巧有哪些？试简要说明。
5. 调酒师营业中的服务工作主要有哪些？

第 3 章

饮料与酒

 **学习目标**

了解饮料和软饮料的概念、分类、特点以及世界三大软饮料的历史和发展。

了解酒的历史、文化和风格。

了解黄酒、米酒、果酒、乳酒。

熟悉茶、咖啡和酒吧常用软饮料的种类、品牌（中英文）以及饮用方法。

掌握酒的概念、特性、制作原理、工艺和分类方法以及酒度换算方法。

掌握啤酒的四种成分以及对啤酒的影响。

掌握六大蒸馏酒的概念、种类、原料、产地、特点、品牌（中英文）及饮用方法。

掌握我国白酒的香型分类。

掌握常用配制酒特点。

能够识别茶、咖啡、碳酸饮料和其他软饮料的种类，能够熟练地冲泡茶、咖啡，榨果汁。

能够用简单术语评述酒的色、香、味、体。

能够识别世界著名啤酒和常用烈酒的品牌（中英文）及酒标。

能够通过色、香、味、体的鉴定识别出蒸馏酒的种类。

第1节　饮料概述

一、饮料（Beverage）的概念

饮料是指以解渴、补充体液为主要目的的各种液体食品。分无醇饮料（又称"软饮料"）和含醇饮料（又称"酒类"）两大类。前者如各种果汁、汽水、矿泉水、可乐、大麦茶、酸梅汤等；后者如白酒、黄酒、啤酒、葡萄酒等。另有咖啡、可可、茶等冲饮或煮饮的饮料。

二、饮料的分类

1. 按是否含有酒精分类

根据饮料是否含有乙醇（酒精）的标准，可以将饮料分为两大类。

（1）无醇饮料。不含乙醇（酒精）的饮料称为无醇饮料，又称软饮料（Non-Alcoholic

Drink，Soft Drink），如各种果汁、碳酸类饮料等。

（2）含醇饮料。含有乙醇（酒精）的饮料称为含醇饮料，又称酒（Alcoholic Drink，Hard Drink），如白酒、红酒、啤酒等。

2. 按是否含有二氧化碳分类

按照是否含有二氧化碳，可以把饮料分为碳酸饮料和非碳酸饮料。

（1）碳酸饮料。它是指在一定条件下充入二氧化碳气体的饮料，如充气运动饮料，不包括由发酵法自身产生二氧化碳气体的饮料。其成品中二氧化碳的含量（20℃时体积分数）不低于2.0倍。碳酸饮料的主要成分为糖、色素、甜味剂、酸味剂、香料及碳酸水等，一般不含维生素，也不含矿物质。碳酸饮料（汽水）可分为果汁型、果味型、可乐型、低热量型、其他型等，常见的如可乐、雪碧、芬达、七喜、美年达等。碳酸饮料的特点是饮用时会产生大量的气泡，饮后爽口、清凉，具有清新口感。

（2）非碳酸饮料。不含二氧化碳气体的饮料称为非碳酸饮料，如果汁、矿泉水、可可等。

3. 按物理形态分类

按照饮料的物理形态不同，可以把饮料分为液体饮料和固体饮料。

（1）液体饮料。是指常温下呈液态的饮料，如各种果汁、汽水等。

（2）固体饮料。是指未泡饮时呈固态的饮料，如咖啡、茶、可可等。

第2节　软饮料（无醇饮料）

软饮料又称无醇饮料（Non-Alcoholic Drink，Soft Drink），是一种不含乙醇（酒精）的、提神解渴的饮料。它是经过泡饮、煮饮、榨汁、稀释或不经稀释直接出售给消费者的一类饮料。常见的软饮料有茶、咖啡、可可、矿泉水、果蔬汁、汽水等。这些饮料在世界许多国家和地区都十分畅销，其中一些软饮料是现代酒吧调制鸡尾酒和混合饮品必不可少的基本原料。

一、茶（Tea）

1. 茶的概念

茶是风行全世界的饮料，与咖啡、可可并称为世界三大饮料。

茶，又称"茗"，山茶科，常绿灌木。我国中部至东南部和西南部广泛栽培，印度等国亦产。喜湿润气候和微酸性土壤，耐阴性强。茶叶含咖啡碱、茶碱、鞣酸、挥发油等，除作为饮料外，还可作为制茶碱、咖啡碱的原料。根供药用。全世界茶的饮用量已超过其他饮料，我国茶叶享誉全球，云南普洱茶、西湖龙井茶、武夷山大红袍以及福建铁观音等茶品均世界闻名。

2. 茶的起源和发展

我国是茶的原产地，有数千年的历史。茶是我国继指南针、造纸术、印刷术、火药四大发明之后对世界文明的第五大贡献。茶由中国传到印度，从印度传到阿拉伯，从阿拉伯传到欧洲。

茶起源于中国。中国人饮茶有悠久的历史，因而中国的"茶文化"内涵丰富。中国茶的历史可上溯到远古时代，《神农百草经》就记载："神农尝百草，日遇七十二毒，得荼（茶）而解之。"说明公元前二十八世纪的神农时代茶已经开始被作为药来用。《神农食经》上说："茶茗久服，令人有力悦志。"意思是经常喝茶，令人具有体力，心情愉快。

陆羽因著有《茶经》而被誉为我国茶道的鼻祖，他把饮料作为一种媒介，从精神上得到升华，"以茶可雅志，以茶可行道"。中国茶道就此成为东方文化体系的一个重要组成部分。

到了唐顺宗永贞元年（公元 805 年），日本僧人最澄禅师从中国带了茶子、茶树回国，这是茶叶传到日本的最早记载。

宋朝开始设贡茶院，从此龙凤团茶有了很大发展。文人们以品茶为乐事、雅事，宋徽宗赵佶还亲著《大观茶论》一书，以帝王之尊倡导茶学。

明太祖朱元璋设立了茶马司这一衙门，专门从事茶的贸易。他在洪武二十四年（公元 1391 年）发布诏令，废团茶，改为散茶。这一政令不仅节省了民力，而且对炒青茶的发展也起了积极的作用。

清代的前期和中期是茶文化真正的顶峰，中国茶叶开始在法国市场销售，康熙年间，茶叶直接销往英国，并获得美国波士顿的出售许可执照。"康乾盛世"的出现为中国茶道的发展奠定了坚实的经济基础。相传乾隆皇帝爱茶至深，被人称为"茶皇"。著名诗人袁枚遍尝南北名茶，他在《随园食单》一书中对清代名茶均有精彩的论述。郑板桥也是有名的"茶痴"。在清代以茶为礼是我国民间普遍的风俗习惯。

时至民国，文人、士人仍从茶道中追求一种精神寄托。鲁迅先生在《喝茶》一文中还有"喝好茶，是要用盖碗的"论述。

尽管"茶"现已风行各国，成为世界最有益的饮料之一，然而中国人还是有中国人饮茶的方式与精神，中国的茶文化是中国人特有的文化特质，也影响了全世界。当今的中国，茶行业蓄势而起，并进入一个新的阶段，2011 年全球茶叶产量达到 421.71 万吨，中国茶叶产量位居第一位，为 162 万吨；印度茶叶产量为 98.83 万吨，居第二位；肯尼亚、斯里兰卡茶叶产量分列第三、第四位，茶叶产量分别为 37.79 万吨和 32.84 万吨。不仅如此，我国国内茶叶消费水平不断提升，消费整体呈现多元化、高品质的发展趋势。名茶名品越来越多，成为中国人招待客人既尊贵又普遍的礼品，其中，高、中档包装礼品茶市场稳定，大众化绿茶畅销；红茶和乌龙茶越来越受到大众的欢迎；黑茶的消费群体也在不断提升，其中的普洱茶市场增长速度加快。不少名品茶还因产量少、品质优而成为我国奢侈品。茶，正成为 21 世纪全球最流行的保健饮品。

3. 著名茶品种类

世界上有很多地区和国家都生产优质的茶叶，如非洲的喀麦隆、肯尼亚、南非、坦桑尼亚；印度次大陆的斯里兰卡、阿萨姆；南美的阿根廷、巴西；非洲的埃塞俄比亚、马达加斯加、津巴布韦；亚洲的中国、日本、马来西亚、尼泊尔、越南等。中国是世界上生产茶叶区域最广泛的国家，19 个省生产优质的白茶、绿茶、乌龙茶、红茶、紧压茶和花茶，很多地区仍然采用手工制作。

全世界茶叶的品种超过 3 000 种。据不完全统计，我国名优茶多达千种，其中获得省级以上名茶称号的有 400 多种。名优绿茶品种最多，其次是青茶和白茶，再次为黄茶，黑茶最少。

根据制作方式的不同，茶可分为三大类，即不发酵茶、半发酵茶、全发酵茶。按成品可分为白茶、绿茶、乌龙茶、红茶、花茶、黄茶、黑茶、紧压茶和有机茶等。每一种茶又有很多不同的种类，各种茶的主要形状有扁形、针形、片形、卷曲形、牙形、尖形、圆形、兰花形、条形共九大类。中国茶的共同特点是茶树品种优良，原料细嫩，采摘精细，加工精湛，形质优异，风格独特。

（1）白茶。白茶的生产规模非常有限，仅在中国（起源于福建省）和斯里兰卡有生产。白茶的新芽在张开以前就被采摘下来，先让其水分自然蒸发，使叶片枯萎，然后干燥。卷曲的芽表面呈银白色（有时被称为银针），茶汤呈嫩黄色。

1）白牡丹特级茶。白牡丹因其绿叶夹银白色毫心，形似花朵，冲泡后绿叶托着嫩芽，宛如蓓蕾初放，故得美名。这种稀有的白茶是由初春采摘的尚未开展的小芽和嫩叶制成的，当小芽和叶子萎凋、干燥后，它们如同带有小叶的一束束小白花。这种白茶产于福建省。茶汤清淡、明亮，香味清新，口感滑爽、醇和，是白茶中的上乘佳品。

2）白毫银针。这种茶产自福建省，是由被覆银白色的幼嫩新芽制成的。白毫银针简称银针，又叫白毫，因其白毫密被、色白如银、外形似针而得名，其香气清新，汤色淡黄，滋味鲜爽，是白茶中的极品。由于鲜叶原料全部采自大白茶树的肥芽，其成品茶长

3 cm左右，整个茶芽为白毫覆被，银装素裹，熠熠闪光，令人赏心悦目。冲泡后，香气清鲜，滋味醇和，杯中的景观也使人情趣横生。

白茶著名的品牌有蓝姑白茶、福鼎白茶、正安白茶、安吉白茶等。

（2）绿茶。绿茶作为中国的主要茶类，全国年产数量大，产量位居六大茶类之首。我国生产绿茶的范围极为广泛，贵州、江西、安徽、浙江、江苏、四川、湖南、湖北、广西、福建为我国的绿茶主产省份。绿茶通常被称为"不发酵"茶，它的新采摘的叶子首先必须干燥，然后通过杀青以阻止其酶性氧化。在中国，传统的手工制作方法在很多地方仍然被采用，特别是中国最优质茶叶的生产，但在一些工厂也引进了机械加工工艺。茶叶传统的加工过程是这样的：首先将新鲜绿叶在竹托盘中铺成薄层，再置于空气流通场所，进行2～5 h自然水分散发；然后每次取少量的叶子放进热的炒锅中，用手迅速地来回搅动，使叶子湿润、柔软并使水分自然蒸发（少量的中国绿茶是采用蒸而不是炒的方法）；4～5 min后，将杀青完成的叶子在竹匾上进行揉捻（在较大的工厂则用机械揉捻），之后立即再一次地放进热炒锅中迅速搅动，然后再搓揉或拿出来干燥；1～2 h后，叶子变成淡绿色，并且不再改变，最后过筛把不同大小的叶子分开。

在日本，加工茶叶时，先将采摘下来的叶子在传动带上迅速地蒸煮，使其变得柔软且易于揉捻；待其冷却后，再进行揉捻、干燥，直到所有的水分散失；在最后干燥之前，有的进行再捻、再炒，使茶叶成形，然后进行冷却，装进密封容器中，运送到零售店出售。虽然一些日本茶仍然用手进行加工，但大多数工厂已采用了机械化。

1）龙井。西湖龙井属于炒青绿茶，产于浙江杭州西湖的狮峰、翁家山、虎跑、梅家坞、云栖、灵隐一带的群山之中。在1988年的国际质量评选协会会议上获得了金棕榈奖。杭州产茶历史悠久，早在唐代陆羽《茶经》中就有记载，龙井茶则始产于宋代。龙井茶以"色翠、香郁、味甘、形美"四绝著称于世，素有"国茶"之称。该茶因其扁平、鲜嫩的绿玉色叶子以及芬芳的香味、鲜醇的口味而闻名，茶汤绿黄清澈，并具有微甜的余味，叶底细嫩成朵，一旗一枪，交错相映，大有赏心悦目之享受。

2）碧螺春。洞庭碧螺春产于江苏吴县太湖洞庭山。碧螺春创制于明朝。乾隆下江南时已是声名赫赫了。这种珍稀的茶叶因其外形似螺壳而闻名海内外。茶树生长在桃树、李树和杏树中间，因此其幼叶吸收了这些水果花的香味。采茶者仅采摘每个新芽和第一片叶子。被覆有翠绿银毫的叶子和芽通过手工搓揉成螺旋形，茶汤呈黄绿色，具独特的清澈、鲜美、微甜的风味。有一嫩（芽叶嫩）三鲜（色、香、味）之称，是我国名茶中的珍品，以"形美、色艳、香浓、味醇"而闻名中外。

3）信阳毛尖。河南省多山的信阳地区潮湿、多云的气候，使得其生产的茶叶清香并具有淡淡的回味。手工捻茶很具技巧性，创制于清朝末年。信阳毛尖外形呈纤细、整齐的条状，茶汤香味清、口感鲜爽，呈橙绿色，以"色翠、味鲜、香高"著称。

4）太平猴魁。太平猴魁产于安徽黄山北麓的黄山区，由于产地低温、多湿，土质肥沃，云雾笼罩，故而茶质别具一格。其茶芽挺直，肥壮细嫩，外形魁伟，色泽苍绿，全身毫白，具有清汤质绿、水色明、香气浓、滋味醇、回味甜的优秀特征，是尖茶中最好的一种。太平猴魁是我国历史名茶，创制于1900年。太平猴魁在1915年巴拿马国际博览会上获得金奖及"万人品茶"专用茶等荣誉。"太平猴魁"的色、香、味、形独具一格，每朵茶都是两叶抱一芽，平扁挺直，不散，不翘，不曲，俗称"两刀一枪"，素有"猴魁两头尖，不散不翘不卷边"之称。叶色苍绿匀润，叶脉绿中隐红，俗称"红丝线"。全身披白毫，含而不露，入杯冲泡，芽叶成朵。茶汤幽香扑鼻，醇厚爽口，回味无穷，可体会出"头泡香高，二泡味浓，三泡四泡幽香犹存"的意境，有独特的"猴韵"。

5）六安瓜片。六安瓜片的产地十分促狭，只产于皖西大别山北麓的金寨县、霍山县的部分地区，仅方圆五六十里，而品质以金寨齐头山为最佳。六安瓜片是国家级历史名茶，中国十大经典名茶之一。

6）蒙顶茶。蒙顶茶产于四川蒙山。蒙顶茶品质特征为：外形紧卷多毫，嫩绿色润；内质香气馥郁，芬芳鲜嫩；汤色碧清微黄，清澈明亮，滋味鲜爽，浓郁回甜，叶底嫩芽秀丽、匀整。

7）黄山毛峰。黄山毛峰属烘青绿茶，产于安徽省黄山。黄山毛峰始创于清代光绪年间。特级黄山毛峰堪称我国毛峰之极品，其形似雀舌，匀齐壮实，峰毫显露，色如象牙，鱼叶金黄，香气清香高长，汤色清澈明亮，滋味鲜醇，醇厚，回甘，叶底嫩黄成朵。"黄金片"和"象牙色"是黄山毛峰的两大特征。

8）都匀毛尖。都匀毛尖又名"白毛尖""细毛尖""鱼钩茶""雀舌茶"，是贵州三大名茶之一，中国十大名茶之一，产于贵州省都匀市。都匀毛尖具有"三绿透黄色"的特色，即干茶色泽绿中带黄、汤色绿中透黄、叶底绿中显黄。成品都匀毛尖色泽翠绿、外形匀整、白毫显露、条索卷曲、香气清嫩、滋味鲜浓、回味甘甜、汤色清澈、叶底明亮、芽头肥壮。

9）珍眉。因叶子加工处理后成眉状而得名。采用特定的温度以及合适的炒揉时间使其成为"眉毛"状，需要极高的技巧。具有外形紧长、匀齐，呈翠绿色，茶汤清亮、微黄，口感爽醇的特征。多年来在外国消费者中深受欢迎。

10）珠茶。茶名来源于卷成紧密状的珠形，很似球状火药的样子，我国大多数珠茶产于浙江省的平水及周围地区。泡饮时小珠在热水中张开，产生的茶汤浓厚、醇和、呈黄绿色。

（3）乌龙茶（青茶）。乌龙茶又称青茶，属于"半发酵"茶，主要产于我国福建、台湾及广东东部。制作时，对鲜叶发酵程度的巧妙控制令其兼有绿茶之清芬与红茶之浓醇。乌龙茶的叶子采摘时间不必太早，重要的是叶子采摘后必须立即进行处理。其生产过程是这样的：先将叶子直接放在太阳下使其萎凋，然后在竹篮子中抖动，轻轻地擦伤叶子边缘，使其变色但不破损；接着交替抖动并铺开干燥直至叶表面转变为微黄；由于擦伤叶子中的茶多酚发生氧化反应，使得叶子的边缘转变为微红色，$1.5 \sim 2 \, h$ 后，通过杀青使发酵作用（$12\% \sim 20\%$ 发酵）立即停止。乌龙茶揉捻时，叶子完整、不破碎。我国台湾地区的乌龙茶要经过一个更长的发酵期（$60\% \sim 70\%$ 发酵），因此，其表面更黑，茶汤比其他乌龙茶的颜色更深，且偏红。乌龙茶具有绿叶红边、香气馥郁、滋味醇厚、鲜爽回甘的品质特征。

包种茶是另一种类型的轻微发酵茶，与乌龙茶相比其发酵时间更短，几乎在绿茶和乌龙茶之间形成了另一种类型。包种茶起源于福建省，但现在大部分是我国台湾地区生产的，它经常被用做茉莉花茶的窨花原料茶。

1）铁观音。铁观音产自福建省安溪一带。铁观音既是一种珍贵的天然茶饮，又有很好的美容、保健功能，是乌龙茶中的极品。其品质特征是茶条卷曲，肥壮圆结、沉重，红芽歪尾桃匀整，色泽砂绿，整体形状似蜻蜓头、螺旋体、青蛙腿。冲泡后汤色金黄、浓艳似琥珀，有天然馥郁的兰花香，滋味醇厚甘鲜，回甘悠久。铁观音茶香高而持久，可谓"七泡有余香"。粗大、掌形的叶子在沸水中展开，现出绿叶红镶边的叶子，茶汤浓醇、芳香、呈棕黄色。

2）凤凰单枞。凤凰单枞产于广东省潮州市凤凰山。该区濒临东海，气候温暖，雨水充足，茶树均生长于海拔 $1\,000 \, m$ 以上的山区，终年云雾弥漫，空气湿润，昼夜温差大，有利于茶树的发育与形成茶多酚和芳香物质。制成这种茶叶的叶子采摘自高大、树干笔直的茶树。当地人在小茶壶中把茶叶泡成浓茶，泡第一遍茶时，茶叶仅泡制 $1 \, min$；泡第二遍时，为 $3 \, min$；而第三遍则为 $5 \, min$。此茶为金黄色、花条形的叶子，泡制时在水中变成绿色，叶子边缘呈红棕色。茶汤呈橙黄色，泡制的第一遍茶汤味道很浓，而第二遍茶汤却芳香甜醇。

3）水仙。生产水仙的茶树高大、叶片大，树干少分叉，叶子色深，芽饱满呈黄绿色，并被覆有毫。在福建省，这种茶既可用来制成乌龙茶，也可用来制成白茶、红茶。水仙外形粗壮，呈蜻蜓头形。茶汤明亮，呈橙红色，茶味浓醇、馥郁。

4）包种茶。这种半发酵茶起源于福建省，后来生产方法传到了我国台湾。此茶茶叶呈条形，色泽黄绿带暗，茶汤清澈，呈琥珀色，鲜爽、甘醇。

5）武夷岩茶。产自福建的武夷山。武夷岩茶外形肥壮匀整，紧结卷曲，色泽光润，叶背起蛙状。颜色青翠、砂绿、密黄，叶底、叶缘朱红或起红点，中央呈浅绿色。品饮此茶，香气馥郁，滋味浓醇，鲜滑回甘，具有特殊的"岩韵"。大红袍则是武夷岩茶中品质最优异者。正宗的武夷岩茶大红袍，其茶树生长在武夷山九龙窠高岩峭壁上，那里日照短，多反射光，昼夜温差大，岩顶终年有细泉浸润流滴。特殊的自然环境造就了大红袍的特异品质，大红袍古茶树现存仅 6 株，树龄 350 年左右，每年产量极少，此茶可谓"一克茶叶抵万金"，早在 2007 年 20 g 大红袍就卖出 19.8 万元的高价，可谓茶类中的奢侈品。

6）台湾乌龙茶。产于我国台湾地区，条形卷曲，呈铜褐色，茶汤橙红，滋味纯正，天赋浓烈的果香，冲泡后叶底边红腹绿，其中以南投县的冻顶乌龙茶（俗称冻顶茶）知名度极高而且最为名贵。冻顶乌龙茶被誉为台湾乌龙茶中的极品，它属于发酵极轻的包种茶类，在风格上与文山包种相似。近年来，我国台湾地区的高山乌龙茶更是声誉鹊起，成为我国台湾乌龙茶中的珍品。

（4）红茶。红茶的鼻祖在中国，世界上最早的红茶由我国福建武夷山茶区的茶农发明，名为"正山小种"。属于全发酵茶类。红茶的种类和加工方法随着生产地区的不同而相应地发生变化，但加工过程通常包括四个基本步骤——萎凋、揉捻、发酵和烘制（或干燥）。生产更大颗粒茶叶的传统方法是这样的：把采摘下来的叶子铺开萎凋，直到充分柔软、易于揉捻而不会撕裂叶面（需初制的品种应置于阴凉处），在此阶段叶子散发出花香，几乎是苹果香味；接着，揉捻萎凋的叶子，使叶子中所含与茶叶色、香、味有关的物质充分揉出（在一些工厂，这个过程仍然采用手工）；揉捻后的茶叶须经解块，叶子在凉爽、湿润的空气中铺开 3.5～4.5 h 进行发酵，使揉叶发生化学变化，从而使它们由绿变为铜红色。

最后，对发酵叶进行干燥，以便控制其氧化，在此阶段，茶叶颗粒变黑并获得了公认的茶叶气味。传统的烘制是在炭火上的大锅中进行的，这种方法在一些工厂里仍然被采用，但大多数生产商现在采用使茶叶通过热空气干燥机进行烘干的方法。

通过 CTC（Cut，Tear and Curl，切碎、撕裂和卷曲）方法可制造更小的叶子颗粒。小颗粒茶叶泡茶更浓、更快，更利于装在茶袋中。加工时，萎凋完成叶通过以不同转速旋转的 CTC 机器的滚筒，或一台 LTP（卢里尔茶叶加工机）的锤磨叶子粉碎机，被撕裂或打碎成小颗粒，其余的加工过程类似于传统红茶。

1）祁门红茶。祁门红茶在 1915 年巴拿马国际博览会上获得金奖。它种植于安徽省，是一种"功夫茶"，由于生产这种条形红茶而不能弄碎，需花费很多工夫而得名。成品茶条形紧细苗秀、色泽乌润、金毫显露，这种细紧的红茶叶冲泡出的茶汤红艳，味醇厚，带有甜醇的花香，且香气清香持久，以似花、似果、似蜜的"祁门香"闻名于世，位居世界三大高香名茶之首。

2）正山小种。这种烟熏小种茶是福建省的特产。青叶经萎凋、揉捻、发酵完成后，再用带有松柴余烟的炭火烘干。正山小种茶外形呈黑色条状，茶汤具有明显的松烟味，呈深红色。

3）祁门毛峰。祁门毛峰产于安徽黄山。毛峰意思为"毫尖"，表示较标准的祁门茶叶及更为精致的条状手捻茶叶。最珍贵的祁门茶叶具有精心加工的漂亮的叶子，茶汤口味细腻、醇厚。

4）九曲乌龙（黑乌龙）。茶名源于产茶的地区——九曲溪，这是一种全发酵的功夫红茶，但由于它的名字，有时会被错误地标上乌龙茶。这种茶的茶叶精美，紧密弯曲，茶汤呈铜红色，具芳醇、清雅的风味。

5）川红。川红属于我国红茶中的一个品种，因产于四川而得名。其他类似的以产地所在的省份名进行命名的红茶还包括广东红茶、海南红茶、湖南红茶和福建红茶等。川红叶子有精美的毫尖，茶汤呈浓红色，香味醇和、口感滑爽、甘醇，具有花香味。

6）滇红。云南作为一个茶叶生产省份已有1 700多年的历史，茶树被认为是该地区土生土长的植物。生产滇红的茶树树高，芽叶肥大而柔软。滇红茶叶为黑色条形芽，有大量金色毫尖，茶汤浓烈、醇厚，气味芬芳。

（5）花茶。绿茶、乌龙茶和红茶都可被用于生产花茶。调味香料是在茶叶包装以前的最后阶段加入，并与加工后的茶叶进行拼配的。例如，茉莉花茶是将完整的茉莉花加到绿茶或红茶中，玫瑰包种或玫瑰功夫茶是将玫瑰花瓣与乌龙茶或红茶混合，水果风味的茶叶通常是采用水果香料油与加工好的茶叶进行混合。草本香料、水果和花等的汁液及汤液因不含有任何茶的成分，故不应与花茶或调味茶相混淆。这些草本香料等不是茶，不应打上茶叶的标签。

1）茉莉花茶。茉莉花茶主要产于福建和台湾地区。自宋朝以来，茉莉花茶一直是深受人们喜爱的中国茶。芳香馥郁的茉莉花一般是在早上最新鲜的时候采摘的，为了不使它们过快地凋谢，白天要把它们存放在低温环境中。晚上当茉莉花开放时，就把它们按照精确的比例堆放于用来加工的绿茶、乌龙茶或红茶中。茶叶吸收茉莉花香需要4 h。茉莉花茶具有美妙的香味，其茶汤高雅、淡薄，是一种全天或晚间的饮用茶，可以单独饮用，也可以同辛辣食物和禽肉食品配合饮用。还有很多其他值得品尝的茉莉花茶，如春风茉莉花茶、汾平茉莉花茶和湖北茉莉花茶等，这些都是由绿茶制作而成的；此外，还有半发酵的茉莉花包种茶、半发酵茉莉乌龙茶、白茉莉银毫以及云南茉莉花茶等。

2）荔枝红茶。荔枝红茶是一种红茶，它是用荔枝的汁作为香料制成的，茶汤具有特殊的柠檬味，可以在白天或晚上的任何时间单独饮用。

3）珠兰花茶。珠兰花茶是广东省高品质的绿茶，常散发出珠兰的花香，茶汤明亮，呈淡黄色，气味芳香，是一种提神和开胃的茶，适于任何时间饮用。

4）玫瑰红茶。玫瑰红茶是一种大叶红茶，带有玫瑰花的香味，茶汤呈紫红色，醇和、甘甜、芬芳。玫瑰红茶的饮法是不加牛奶，配合清淡的美味食品和甜食饮用，也可以作为提神、开胃饮料单独饮用。除以上花茶外，还有很多其他品种的花茶，如白兰花茶、菊花茶和桂花茶等。

现在市场上销售颇多的都是现代花茶，品种繁多，其中较为流行的有黑葡萄干茶、樱桃茶、柑橘茶、姜茶、柠檬皮茶、芒果茶、薄荷绿茶、橘皮茶、西番莲茶和红果茶等。日本也生产花茶，其中最著名的有玫瑰煎茶和具有樱桃香味的日本煎茶——樱花茶。还有很多茶叶公司都创造了自己特有的拼配茶，以满足不同消费者的口味以及一天中不同时间的需要。花茶的流行风味中常含有橘子、柠檬、芒果、薄荷、菊花、玫瑰、樱桃、山莓、草莓和生姜等具有香味成分的材料。

（6）黄茶。黄茶的特点是在鲜叶加工时有一个焖黄过程。在湿热焖蒸作用下，使叶绿素破坏而产生褐变，令成品茶叶呈黄或黄绿色。焖黄工序还使茶叶中游离氨基酸及挥发性醛类物质增加，使得滋味格外甜醇，香气浓郁，汤色呈杏黄或淡黄。其品质特征为黄汤黄叶，香气清纯，味甘醇爽口。黄茶名品有蒙顶黄芽、君山银针、鹿苑毛尖、莫干黄芽、平阳黄汤与广东大青叶等。

1）君山银针。产自湖南岳阳君山（又称洞庭山）。其外形芽头肥壮，紧实挺直，芽身金黄，满披银毫。汤色橙黄明净，香气清鲜，滋味甘甜、醇和。

2）霍山黄芽。产自安徽霍山。形似雀舌，芽叶细嫩多毫，呈嫩黄色。汤色黄绿、清明。香气鲜爽，有熟栗子香味，滋味醇厚、回甘。

3）远安鹿苑（又称鹿苑毛尖）。产自湖北远安鹿苑寺。其外形条索环状，白毫显露，色泽金黄，略带鱼子泡。汤色绿黄、明亮，香气香郁、高长，显栗香，滋味醇厚、回甘。

4）黄大茶。产自安徽霍山、金寨、六安、岳西等地。其外形梗粗叶肥，叶片成条，梗叶相连似鱼钩，色泽金黄显褐，油润，汤色深黄显褐，香气高爽，有焦香，滋味浓厚、醇和。

（7）黑茶。黑茶的特点在于讲究的渥堆工序。鲜茶经杀青、揉捻及初步干燥后，经过渥堆工序，通过氧化作用令其茶叶色泽变得油黑或深褐。渥堆时间长短视不同季节和花色品种而定。黑茶多作为紧压茶原料，加工成各种砖茶。黑茶的品质特征为色泽黑褐、油润，汤色橙黄或橙红，香气纯正，滋味醇和。

1）普洱茶。产自云南，广东也有少量生产。云南神奇的山水、灵动的云雾孕育了美妙的普洱茶。在千年的发展历史中，普洱茶逐渐走向成熟，成为世界茶叶的重要品牌代表。普洱茶生产在滇南澜沧江流域，在普洱、西双版纳、临沧等地分布着著名的古茶山。普洱茶以云南大叶种茶制成的晒青毛茶为原料，经过后发酵工艺加工各种紧茶和散茶。

据清康熙年间章履成编纂的《元江府志》所载："普洱茶，出普洱山，性温味香，异于他产。"清代是普洱茶最为兴盛的时期。普洱茶是一种后发酵茶，有生茶和熟茶两种。生茶外形色泽墨绿，香气清纯，茶味浓厚；熟茶外形色泽红褐，有独特的陈香味，茶味醇厚、回甘。普洱茶作为一种紧压茶，在形状上多种多样，最普及的是七子饼茶、砖茶、沱茶、竹筒茶、心形紧茶等多种。普洱茶也有散茶。普洱茶除了特有的陈香外，还具有降压、降脂、减肥、抗动脉硬化等诸多保健功能。与其他茶叶相比，普洱茶更加性温宜人。

2）六堡茶。产自广西苍梧。其外形条索长整尚紧，色泽黑褐光润。汤色红浓明净，香气醇陈带松烟味，滋味浓醇、甘和，有槟榔味。

3）黑毛茶。产自湖南安化等地。其外形条索尚紧、圆直，色泽黑润，汤色橙黄，香气带松烟味，滋味醇厚。

（8）紧压茶。紧压茶是以黑毛茶、老青茶、做庄茶等为原料，经过渥堆、蒸、压等典型工艺过程加工而成的砖形或其他形状的茶叶。紧压茶比较粗老，干茶色泽黑褐，汤色澄黄或澄红。在少数民族地区非常流行。紧压茶有防潮性能好，便于运输和储藏，茶味醇厚，适合减肥等特点。

唐朝的茶叶生产商最早开始把他们的绿茶经蒸煮后压缩成饼状或块状，再进行干燥，从而制成固态饼状茶。我国现代的红砖茶是由茶末经蒸热压制而成的约 0.9 kg 重的砖状茶。现在仍有供应的有砖茶、七子饼茶、茶球、沱茶等多种紧压茶。其中普洱茶广受欢迎。根据压制形状的不同，紧压茶有团茶、沱茶和砖茶等。沱茶的茶球被做成不同的大小，最小的约为乒乓球大小，小茶球具有焖熟味。沱茶源自云南，形状似鸟巢，是通过一定的模具把叶子挤压而成的，具有与其他普洱茶相同的浓厚、醇和的口味。砖茶的制作目的是便于携带和保存。它是利用砖形模具，经红茶末蒸热后紧压、烘焙而成的，是不具特殊品质的茶，但比精美的口味更具奇特的价值。

（9）有机茶。21 世纪是环保的世纪，也是人类发展与享用有机食品的美好时代。有机茶属纯天然无污染的茶叶。有机茶的栽培规则极其复杂且须严格控制，所有的肥料、杀虫剂、除虫剂必须绝对不含化学药品，必须完全依靠如粪肥、堆肥、天然有机物、能提供必要营养的植物和树、地被物等物质。有机种植园的目的是保证土壤肥沃和生产力长期稳定，保护生态环境，创造一定形式的有机微系统，用于生产完全没有化学药品、经济上可行的茶叶。

以上这些并不表明所有的非有机茶都含有化学药品，有机茶的生产主要是为了满足一些关心地球环境及其持续发展的消费者的需要，这样的消费者人数正在不断增加；同时，也是为了满足一些消费者鉴赏和品尝现在生产的高品质和好品味的有机茶的需要。1990年英国的有机农场主与种植者协会给大吉岭的马凯巴里（Makaibari）种植园颁发了证书，极力称赞其生产的茶叶具有独特的品质。莫卢托（Mollotor）是另一个大吉岭茶叶种植园，它从 1986 年就开始种植有机茶。坦桑尼亚的隆罗（Lonrho）种植园自 1989 年以来一直种植有机茶，其生产的茶叶曾在白金汉宫被饮用。斯里兰卡的里德伍德（Needwood）庄园现在也开始生产有机茶叶。我国自 1990 年开始进行有机茶的生产，不到 20 年的历史，尚属初级发展阶段。尽管我国有比较好的自然资源，且劳动力丰富，但对有机茶研究得不够深入，品牌影响力弱，国际竞争力差。所以，目前我国有机茶总体产量不高。北京是最早接受有机茶理念的一座城市，也是我国有机茶最重要的销售城市。而北京以外的销售区域则相应比较少，有机茶被接受的程度仍然较低。湖北红安县华家河镇高山有机茶示范基地、福建海堤生态科技园、北京更香茶叶公司是中国产茶区、中国茶企发展有机茶的先行者。

4. 茶的饮用

（1）茶具。水为茶之母，器为茶之父。茶具作为茶文化不可或缺的一个组成部分，其丰富的文化内涵正是中国茶文化源远流长的直接见证。在中国最早的饮茶历史中，茶叶是放在敞开的锅中煮沸的。隋唐之前，茶具还混同于饮食器具中；唐代饮茶之风开始盛行，茶具开始形制完备，配套齐全；到了宋代，以黑釉盏为广泛，以金银茶具为富贵；元代所制瓷器具有鲜明的蒙古族特点；明代普遍喜用白色茶盏，同时宜兴紫砂壶具崛起；清代青花瓷茶具独占魁首，成为彩色茶具的主流。盖碗的盖、碗、托三部分形制完备。

伴随茶艺和茶文化在我国的发展，现在市场上的茶具花式繁多、琳琅满目、材质多样。传统的有紫砂壶、瓷壶、盖碗、茶碗，时尚的有具有浸渍器的玻璃茶壶、具有活塞的茶壶、具有加热功能的茶杯，还有单独的浸渍器、茶叶过滤器、茶壶保暖罩等。到了 19 世纪，随着喝下午茶风气的兴起，银匠、陶瓷公司开始生产大量的全套茶具以满足高雅场合的需要。全套茶具少则由 6 件、8 件组成，多则由 15 件、18 件组成。除此以外，还有很多全套的功夫茶具。

（2）泡茶用水。泡茶所用的水会影响到一杯茶的外观质量和风味。唐代陆羽著《茶经》中明确提出水质与茶汤优劣的密切关系，认为"山水上，江水中，井水差"。水是茶的色、香、味、形的载体，历代茶人对泡茶用水十分讲究，"精茗蕴香，借水而发，无水不可与论茶也"。泡茶的水以活为佳，以甘为上。根据现代科学测定，每升水含 8 mg 以上钙、镁离子的称为硬水；反之则为软水。用软水泡茶，色、香、味三者俱佳。现在人们对水的要求是只要洁净、甘甜、清冽、无异味即可。

（3）茶礼。中国茶道自古以来都十分讲究茶的礼仪。宋代追求一种天然纯真的品味；明代的茶礼以保养元神、忘绝尘境为重，所以有茶前清淡、茶后余兴的礼仪；清代的茶礼更重视品茗环境，讲究竹篱茅舍，幽洁特异，瀹茗以进，瓷瓯精好；现代人除了继承传统茶礼，还与时俱进，融入精神教化，走出了一条现代茶道的路子。

（4）饮用方法

1）纯饮（直接冲泡）。通常选用洁净的优质矿泉水，也可用经过净化处理的自来水。煮水初沸即可，这样泡出的茶水鲜爽度较好。泡茶要掌握好水温。一般来说，泡茶水温的高低因茶类而别。绿茶、花茶宜用90～95℃开水冲泡，叶子细嫩的茶可用80℃左右开水冲泡。红茶应用95℃左右的开水冲泡。普洱茶、六堡茶、沱茶的冲泡一般要求水温要高，冲泡时间宜长一些为好。紧压茶（砖茶、饼茶等）通常适宜煮过以后再饮用。特别是高档绿茶，沏茶的水温要求在80℃左右最为适宜，茶与水的比例要恰当，通常茶与水之比为1：50～1：60（即1 g茶叶用水50～60 mL）为宜，这样冲泡出来的茶汤浓淡适中，口感鲜醇。绝大多数品种的茶都适合纯饮，越是高档的茶品越适合纯饮，因为这样最能品出茶叶的原汁原味，使其特色展现得淋漓尽致。纯饮所使用的茶具也非常讲究，各有不同，有瓷器茶具、紫砂茶具，也有玻璃茶具，有杯饮也有壶饮。

2）茶加牛奶。在茶中加入牛奶，俗称奶茶。茶中加牛奶一般都采用红茶。饮用奶茶，在英国较为盛行，英国人为什么要在茶中加入牛奶，并且什么时候开始在茶中加入牛奶已无从考证。原因可能是牛奶的加入可以减轻茶苦涩的味道，也可能由于其他原因。但英国人从开始喝茶起，茶中加入牛奶就成了他们的选择。到18世纪中叶，茶中加入牛奶又成了一种时尚。茶中加牛奶这种习俗在17世纪末传遍了整个英国，接着，由英国传到了其统治下的殖民地。如今开发出来的供应英国市场的大多数拼配茶都被设计成可与牛奶一起饮用的品种。但是茶中加入牛奶，牛奶会影响到一些茶的风味，如白茶、绿茶、包种茶、乌龙茶、大多数中国红茶（除云南茶以外）、大吉岭茶和花茶等。至于牛奶应当是在冲茶之前还是在冲茶之后加入杯中呢？传统做法认为牛奶应当在冲茶之前加入杯中，把茶冲入牛奶中确实能使茶与牛奶较好地混合，这是因为先加牛奶可使加入的茶水冷却，因此能减少牛奶中脂肪的破坏和损失。

3）茶中加糖。茶中加糖这种饮茶方式直到17世纪末才在欧洲发展起来，并且在英国这种饮茶方式更为普遍。由于喜好甜饮料的英国人不断增加，以至于到18世纪后期，英国对糖的消费量超过了法国及其他欧洲国家的10倍。茶匙、匙托、糖碗和糖钳也因此成了茶具中的标准组件，并且这种风尚也随着移民而传入北美、俄罗斯。在我国，很少有人在喝茶时加糖，仅有一部分地区在茶中加糖，最值得提及的就是武夷山地区，在那里人们把黄色硬糖加入茶中。但茶研究专家建议饮茶最好不要加糖，因为加糖会破坏茶汤原有的风味。

4）茶中加柠檬。在五彩缤纷的水果中，柠檬可以说是一种神奇的水果，对健康有很大的益处。柠檬具有强酸性，具有极好的保健作用，可以止咳、化痰、生津、健脾，而且对于血液循环及钙质吸收均能起到促进作用。现在越来越多的人喜欢喝柠檬茶了,因为它不仅瘦身,使肠胃通畅,而且富含维生素C,对保持皮肤张力和弹性十分有效。可使头脑清晰,思路敏捷,消除头昏及怠倦感,日常饮用获益良多。柠檬茶做法简单,多数采用红茶,在冲泡好的茶汤中放入两片柠檬片,再加少许糖或蜂蜜,一杯清香的柠檬茶就做好了,糖或蜂蜜的量根据个人的喜好放入,柠檬茶既可做成热饮,也可做成冰柠檬茶,柠檬茶根据个人喜好,也可放入压碎的新鲜薄荷,这样茶就更具清凉的口感了。需要注意的是:在红茶中不能同时加入柠檬和牛奶,因为柠檬含有很多维生素C,和牛奶在一起会凝结,不仅茶汤混浊、结块不美观,而且降低营养价值,这是因为橘汁和柠檬均属于高果酸果品,而果酸遇牛奶中的蛋白质会使蛋白质变性,降低其营养价值。因此,在喝红茶时最好别同时放入牛奶和柠檬。

5)搭配冲泡茶叶。调茶师们不仅掌握各色茶类的冲泡技法,而且擅长将不同产区的茶叶、不同品牌的茶叶、不同类型的茶叶进行混合,搭配冲泡出具有独特风味的混合茶。有些具有保健作用,成为保健茶、养生茶;有些具有美容、养颜作用,成为美容茶。

在搭配冲泡茶叶时,要掌握茶叶混合调配需注意滋味与香气的彼此均衡、协调的原则,且在茶叶的形体与大小上也最好协调一致,以利于冲泡。如著名的菊普茶就受到众多饮客的欢迎。有的人不习惯喝普洱茶,嫌味道"太浓",而菊花滋味清甜,有清肝明目的作用,普洱茶加菊花可谓相得益彰,在冲泡普洱茶的时候放上几朵菊花,这样不仅味道清新,而且对身体保健很有效。除此以外,各色花果茶、菊花枸杞茶、青梅绿茶、柠檬红茶等在餐厅和茶室受到广泛欢迎。

(5)茶与食物的搭配。茶是一种极有品味的饮料,能与各种类型的食物较好地搭配。如同酒可以被选择用来增加某些食物的风味一样,茶也可以与菜单上的风味或甜味食物很好地搭配。在选择不同类型的茶搭配时要认真、慎重,使茶的独特风味与真正的烹调体验密切结合,调配出极富特色的美味。在我国,茶叶入馔已久负盛名,著名的茶菜也因其独特的风味而备受消费者喜爱,著名的茶菜就有龙井虾仁、抹茶豆腐、茶香鸡、红茶牛肉、茶香鲫鱼、茶香酥饼等,此外还有各类抹茶蛋糕、抹茶冰淇淋、茶叶蛋等美味小吃在我国也是家喻户晓,人尽皆知。一般来说,喝茶时,清淡的食物可配喝红、绿、乌龙茶等;辛辣的食物可配茉莉花茶、祁门红茶、绿茶等;鱼类可配乌龙茶、小种红茶、绿茶等;肉食和野味可配茉莉花茶、正山小种红茶和普洱茶等;餐后可喝白茶、绿茶、祁门茶、乌龙茶等;较为甜腻的食物可配绿茶或普洱茶等。

(6)饮茶服务

1)沏茶。茶的泡制有四种方法,即煮茶法、点茶法、毛茶法、泡茶法。不同的茶采用不同的泡制方法,使用的器具也不同。沏茶的时候,茶壶盖仰放,把壶内冲洗干净,用茶勺将茶叶放入壶内（如没有茶勺应把茶叶倒入壶盖中，用壶盖送入壶内），沏茶时让开水滚落（沉淀水内矿物质），然后沏入壶内。茶叶的用量由喝茶的人数以及茶叶的质量决定。

2）斟茶。斟茶的时候，杯盖仰放，注意茶具的清洁卫生，用茶水将杯冲洗一下。如果在客人面前斟茶，可将茶杯拿起斟，量不宜太满，一般以七分满为宜。

3）让茶。让茶的时候，应用托盘，请客人自己拿杯或者由服务员按顺序进行。右手拿杯，左手做出让茶的姿势，放在客人的面前，手应拿杯的下部或杯把，杯把要偏向右方。

4）续茶。续茶时间不宜太频，也不能间隔时间太长，应根据需要掌握续茶的时间及次数，一般续茶的间隔时间为 20 min。如杯内水凉，应把水底倒掉，换上热茶。换茶时应注意茶杯的卫生，不要混淆客人的茶杯，如需要将茶壶放在客人的面前时，手拿壶把，壶嘴不能朝向客人，应朝外放，注意客人用过的茶杯要用热水冲洗或消毒后再用（饮红茶时需备垫盘和砂糖，把砂糖与搅拌勺、杯放在垫盘上）。

（7）饮茶益处

1）一般茶能使人精神振奋，增强思维和记忆能力。罗布麻茶则可以安神，松弛神经和提高免疫力。

2）茶能消除疲劳，促进新陈代谢，并有维持心脏、血管、胃肠等正常机能的作用；罗布麻茶可以强心抗郁、通便利尿。

3）饮茶对预防龋齿有很大好处。据英国的一次调查表明，儿童经常饮茶龋齿可减少 60%。

4）茶叶含有不少对人体有益的微量元素，罗布麻茶的微量元素补充正好就可以预防人体缺钙和缺素症。

5）饮茶能抑制细胞衰老，使人延年益寿。茶叶的抗老化作用是维生素 E 的 18 倍以上。

6）饮茶可延缓和防止血管内膜脂质斑块的形成，防止动脉硬化、高血压和脑血栓。

7）饮茶能兴奋中枢神经，增强运动能力，罗布麻茶可以安神助眠。

8）饮茶有良好的减肥和美容效果，特别是乌龙茶对此效果尤为明显。

9）饮茶可以预防老年性白内障。

10）茶叶所含鞣酸能杀灭多种细菌，故能防治口腔炎、咽喉炎以及夏季易发生的肠炎、痢疾等。

11）饮茶能保护人的造血机能。茶叶中含有防辐射物质，边看电视边喝茶，能减少电视辐射的危害，并能保护视力。

12）饮茶能维持血液的正常酸碱平衡。茶叶含咖啡碱、茶碱、可可碱、黄嘌呤等生物碱物质，是一种优良的碱性饮料。茶水能在体内迅速被吸收和氧化，产生浓度较高的碱性代谢产物，从而能及时中和血液中的酸性代谢产物。

13）防暑降温。饮热茶 9 min 后，皮肤温度下降 1～2℃，使人感到凉爽和干燥，而饮冷饮后皮肤温度下降不明显，尤其罗布麻茶可以清凉泻火、固气润肺。

二、咖啡（Coffee）

1. 咖啡的概念

咖啡属茜草科，常绿灌木或小乔木。浆果呈椭圆形，深红色，内藏种子两粒。原产于热带非洲，我国广东、云南等地有栽种。有小果咖啡（Coffee Arabica）、中果咖啡（C. canephora）、大果咖啡（C. liberica）等。种子经焙炒、研细，即为咖啡粉，作为饮料，也供药用。

世界上盛产咖啡的国家有许多，咖啡产量居世界第一的是巴西，占总产量的 30%，哥伦比亚次之，约占 10%。印度尼西亚、牙买加、厄瓜多尔、新几内亚等国家的产量也很高。我国云南省、海南省所产的咖啡豆的质量丝毫不比世界名咖啡逊色。

目前，全世界栽培咖啡的国家有七十余个，北回归线以南、南回归线以北这一片地带最适合种植咖啡，称为"咖啡带"。海拔 1 000～1 500 m 的高地则是最适宜种植咖啡的产地，采收的咖啡豆品质也最佳。

咖啡树是热带植物，属阿卡奈科常绿灌木，野生者高达 4～7 m，人工栽培者则修剪保持在 2 m 左右，从播种、移植幼苗至咖啡园内到长成成木，前后需 4～5 年，其经济寿命为 30 年左右。而从开花、结果到采收，前后需历经 12 个月，所以一株咖啡树一生约可采收 25 次。

咖啡的果实初生时呈暗绿色，历经黄色、红色，最后成为深红色的成熟果实。正常的果实内包含一对种子，这对种子就是"咖啡豆"。经过烘焙之后研煮，再加入各式调味料，就成为风靡全世界多彩多姿的咖啡。

2. 咖啡的起源和发展

东部非洲的埃塞俄比亚（Ethiopia）是咖啡的原产地，关于咖啡的发现有个历史故事。古代埃塞俄比亚西南部季马地区名叫卡法（Kaffa）的山区生长着一种结小红果的野生灌木，一位牧羊人发现他的山羊群吃了这种灌木果子后不停地欢闹。于是，他也好奇地摘下一些放在嘴里咀嚼，不多时便倍感精神兴奋，因为嚼得过多，他进入醉迷状态。消息传到附近的一座东正教修道院内，一群修道士怀着好奇之心试嚼之后，也产生同样的效力。于是四方的修道士纷纷前来采摘、咀嚼这具有非凡"魔力"的小红果，兴奋得长时间不能入睡，以至于影响了他们正常的宗教活动。于是教会视这种小红果为"魔鬼豆"，下令禁止其教徒食用。因此，在咖啡被发现后的一个相当长时间内，埃塞俄比亚人是不食用咖啡的，也不懂得制作咖啡茶。在当初发现咖啡时，这种野生的灌木还没有名字。当地人就以其生长地"卡法"为其命名。以后广传世界的"咖啡"之名就是从"卡法"演变而来的。

15世纪左右，咖啡从埃塞俄比亚传到国外。在埃塞俄比亚北方古都贡德尔的大集市，商人们用骆驼队载着咖啡豆往西北运到苏丹，传入埃及和地中海沿岸国家；往东穿过红海，传到也门和阿拉伯半岛。中东各国人民称为"阿拉伯咖啡"，从那时起咖啡被广泛饮用。后来，又传到远东，最后跨越太平洋传到美洲大陆。现在，巴西成为新的最大的咖啡产地。美国还有一个最大的埃塞俄比亚阿拉伯咖啡市场。

咖啡是从什么时候成为人们的饮料，其真实情况不得而知。10世纪初，在阿拉伯医师拉泽斯遗留的记录中有将干咖啡核研碎后用水煎服当药的记载。从那以后约100年，医学家、哲学家阿比森那将"咖啡"称为药。所以当初人们都说咖啡是妙药。在那以后很长时间，咖啡仅在伊斯兰清真寺内作为秘药，是通宵进行宗教仪式前消除困倦的灵丹妙药。将咖啡豆煎煮后饮用是偶然发生的。从13世纪开始，到1454年，一般门徒都知道了，就在清真寺周围设置露天咖啡店，成为门徒们参拜前必喝的咖啡。从那以后咖啡传到麦加、开罗、大马士革。1554年，世界上最古老的咖啡店"卡内斯"在康斯坦丁奇那普尔开设了。

对咖啡，人们曾有过赞否两方面的评论。在麦加，咖啡曾经被地方政府官员卡伊尔·贝明令禁止，这是对咖啡最早的禁止令。当时埃及国王撒尔丹自己非常喜欢咖啡，知道这件事后大怒，立即撤销禁止令，并宣布"喝咖啡不能称为违反古兰经和成为宗教上的犯罪"。从那以后，还发生过好多次禁止咖啡的事件。但人们对咖啡的日益迷恋却是不争的事实。16世纪中叶，咖啡传到土耳其，之后登上欧洲大陆。

从1615年的贝内奇阿开始，咖啡在欧洲逐步渗透，其势头非常凶猛。在当时的英国建起了很多咖啡店，成为绅士们的社交场所。男人们在这里议论政治、文学或洽谈生意。当时在咖啡店里只有男人，其中有些人整天泡在那儿，连家也不回。1674年家庭主妇们发起要求关闭咖啡店的活动。

在法国，是从1669年土耳其大使向路易十四献上咖啡开始的。在上层社会建起了很多咖啡沙龙，也就是新文学和艺术的诞生地，然后波及普通市民，在街边也有了咖啡店。特别是1686年卢索·巴尔扎克等文化人士相继参加，沙龙也随之兴旺起来。

不久在意大利有了蒸汽加压式咖啡壶，在法国有了滴落式咖啡壶的设想，喝咖啡的方式也就随之产生变化。

这些都是由饮咖啡而引起的，随之激发了栽种咖啡的兴趣。13 世纪，去麦加朝圣的人们带回很多生豆种到各地栽种。17 世纪的印度人巴巴·不丹到麦加朝圣时，从麦加偷回咖啡种，到印度南方麦索尔去栽种。另外，在 18 世纪前半叶，法国海军军官杜·库留用船将咖啡幼苗运到当时法国占领的马尔奇尼库岛上栽种，不久咖啡扩散到中南美洲以及全世界。

咖啡开始输入日本是在元禄年间的长崎出岛。真正到达人们手中是明治时代。日本人喝到咖啡的记录是在 1804 年。当时日本人只喜欢绿茶和日本酒，对咖啡的煳焦味、苦味是不能接受的。咖啡真正普及是从明治时代后期开始的。

3. 世界著名咖啡品种

咖啡含有脂肪、水分、咖啡因、纤维素、糖分、芳香油等成分。每一品种的咖啡都有它不同的特性，分别偏向酸、甜、苦、醇、香等不同的味道。有时，为适合不同的饮用口味，需要把不同味道的咖啡综合起来调配，使之能相互补充不足而产生新的特性。

（1）蓝山咖啡。它是咖啡中的珍品，味道清香、甘柔而滑口，不具苦味而略微酸，一般都单品饮用，是咖啡之中最好的品种。产于牙买加，因为产量极少，价格昂贵，一般人很少喝到真正的蓝山咖啡，多是用味道极近似的咖啡调制而成的。尽管如此，价格仍比一般咖啡昂贵。蓝山咖啡甘醇香，微酸、柔顺，带甘、风味细腻，口味清淡。

（2）哥伦比亚咖啡。具有酸中带甜、苦味中平的优良特性。尤其异香扑鼻，风味奇佳，有股地瓜皮的奇特风味，乃咖啡中的佼佼者，产于南美洲。哥伦比亚仅次于巴西，是世界第二咖啡生产国。最有名的种植地区是麦德林、阿尔梅尼亚。哥伦比亚栽种的咖啡多属阿拉伯种，很受欢迎，整体质量比较稳定。煎炒出来的咖啡豆体形大而整齐。微酸甘醇香，柔软香醇，微酸至中酸。

（3）巴西咖啡。产于南美洲，巴西是世界第一咖啡生产、出口国。巴西的咖啡几乎都是阿拉伯种，质量好，价格稳定。最有名的是"巴西·圣多斯"，它在很多年前就已成为混合调制中不可缺少的原料，属中性豆，其风味尤佳，泡饮时单味亦佳，调配其他咖啡更具独特风味。这种豆子焙炒时火候必须恰到好处，饮用时才能将其略酸、略甘、微苦及淡香味品尝出来。巴西咖啡中性、中苦，浓香微酸，微苦、内敛。

（4）曼特宁咖啡。产于印尼苏门答腊，苦醇香，香浓苦。属于强性品种，具有浓厚的香味，醇度特强。一般咖啡爱好者都喜欢单品饮用，是调配综合咖啡时不可缺少的品种。

（5）摩卡咖啡。产于非洲伊索比亚，阿拉伯港口，酸醇香，带润滑的中酸至强酸，甘性特性。具有特殊风味，其独特的甘、酸、苦味极为优雅，是一般人所喜爱的优良品种，一般单品饮用，饮之润滑可口，醇味经久不退，若调配综合咖啡，更是一种理想的饮品。

（6）爪哇咖啡。产于印尼爪哇岛，弱苦弱香、无酸。

（7）危地马拉咖啡。甘味甚佳，与哥伦比亚咖啡极为相似，可单品饮用，也可调配用，采用中美洲生产的中性豆制成。

（8）罗姆斯达咖啡。是调配综合咖啡最理想的品种，其酸性极少，苦味强烈，纯品饮用者较少，是南洋咖啡的代表品种。综合咖啡若调上罗姆斯达咖啡，可以使咖啡浓度增强，甘味增加。

（9）墨西哥咖啡。产品多为高地生产的水洗式豆，颗粒大，具有很好的芳香味和酸味，咖啡豆主要出口美国。

（10）古巴咖啡。古巴咖啡是 18 世纪中叶由法国人从海地引入的，属中大颗粒绿色优质咖啡，酸味、苦味、甜味平和适口。

（11）综合热咖啡（调配式）。一般皆以三种以上的咖啡豆调配成独具风格的另一种咖啡，可以依个人的口味选择出酸、甘、苦、香味适中的各种咖啡加以调配，如果能配出清香扑鼻、甘而滑口且咖啡颜色呈金黄色者，可谓上品。综合热咖啡（调配式）的配方一般为每 10 份中巴西咖啡 3.5 份、曼特宁咖啡 1 份、爪哇咖啡 2 份、哥伦比亚咖啡 2 份、摩卡咖啡 1.5 份。其味香、甘、苦、酸。

（12）综合冰咖啡（调配式）。其配方一般为每 10 份中曼特宁咖啡 2 份、哥伦比亚咖啡 2 份、爪哇咖啡 2.5 份、荷兰 1 号咖啡 2 份、摩卡咖啡 1.5 份。其味香、醇、苦。

（13）炭烧咖啡（独特的烘焙方式）。产于苏门答腊，其配方一般为每 10 份中哥伦比亚咖啡 2 份、巴西咖啡 2 份、曼特宁咖啡 1.5 份、爪哇咖啡 4.5 份。其味苦、醇。

4. 咖啡的冲泡

咖啡的冲泡同红茶冲泡一样，是浸、泡的意思。为了充分发挥出咖啡粉的香味、颜色及成分，浸泡在热水里的过程是不可或缺的。

咖啡正如同各国生活文化的不同，其饮用方法相异，咖啡的冲泡方法也因国度不同而产生各种不同的冲泡方法，如意大利的蒸汽加压式、荷兰的出水式等。由于冲泡方法的不同，咖啡味道也会有所不同。

（1）法兰绒滴流式（Flannel Drip）。它是指利用柔软且较厚的绒布滤出咖啡的抽出液的方式，属于滴流冲泡式的一种。只要简单的用具，使用双层过滤，故最富有冲泡咖啡的实在感，也最能享受冲泡咖啡的乐趣。从外观来看，此冲泡方法似乎平淡无奇。然而，平淡中却潜藏着深奥的技术。绒布使用多次之后，咖啡油便会堵塞住绒布的缝隙，使冲泡出来的咖啡更为香美可口。因此，这种冲泡方法深受欢迎。

（2）滤纸滴流式（Paper Drip）。滤纸冲泡方法起源于欧洲。由于有人嫌绒布冲泡式过于麻烦，故便想出这种更为简便的冲泡方式。正统的滤纸滴流冲泡方式是由一位德国妇女所发明的。

滤纸滴流式比起绒布滴流式要简单得多。滤纸是纸制品，用完即可丢弃，很容易处理。滤纸或过滤器的大小有很多种，也有一人份冲泡使用的，选择性较大。采用滤纸滴流法冲泡咖啡时，必要的用具有过滤器、容器、滤纸以及用来倒水的咖啡壶。

（3）虹吸管冲泡式（Siphon）。虹吸管冲泡式是真空过滤方式，其原理是在烧瓶内制造真空状态，借蒸汽压力冲泡出咖啡。烧瓶的沸水上升到漏斗中，浸泡出咖啡成分，再流回烧瓶内，其过程透过玻璃可一目了然，十分有趣。采用此方式冲泡咖啡，不但可享受阵阵咖啡香，而且可满足视觉美感，堪称一举两得。

虹吸管冲泡方式的原型是在 19 世纪中叶，由一位名叫那比亚的英国妇女发明的，而直到 20 世纪前半期，才改良成现在这种新款式。不过，冲泡过后所有的器具都应清洗干净。

（4）蒸汽加压冲泡式（Espresso）。蒸汽加压冲泡式是指利用蒸汽压力瞬间将咖啡成分冲泡出来的方式。此冲泡方式来自意大利。所冲泡出来的咖啡苦味强、味道浓，并会产生特殊的泡沫。由于味道浓苦，故一般都用小咖啡杯来饮用。蒸汽加压咖啡壶分成很多种，有电动式、瓦斯式，大小也不一。不过，所使用的咖啡粉末均为极细粒。

5. 花式咖啡

（1）香醇的热咖啡

1）爱尔兰咖啡（Irish Coffee）。材料为蓝山咖啡、爱尔兰威士忌（或爱尔兰利口酒）、起泡奶油、砂糖。制作方法：首先将爱尔兰威士忌（或爱尔兰利口酒）和糖加入爱尔兰咖啡专用杯中，加热使其融化，倒入冲泡好的热咖啡，上面倒入打好起泡的奶油。

2）亚历山大咖啡（Alexander Coffee）。材料为热咖啡、可可利口酒、起泡奶油、可可粉。制作方法：首先冲泡好热咖啡，倒入咖啡杯中，滴入少许可可利口酒，搅拌均匀，上面倒入打好起泡的奶油，再洒入可可粉。

3）卡布奇诺咖啡（Cappuccino）。材料为热咖啡、起泡奶油、柠檬皮、肉桂粉。制作方法：首先冲泡意大利热咖啡，将热咖啡倒入杯中，上面倒入打好起泡的奶油，再洒入切成细丁的柠檬皮，最后洒上肉桂粉。

4）皇家咖啡（Coffee Royal）。材料为蓝山咖啡、白兰地（干邑）、方糖。制作方法：首先冲泡好热咖啡，倒入杯中，用皇室汤匙（Royal Spoon）横放杯上，汤匙上放入方糖，倒入白兰地（干邑），点燃，将点燃的白兰地慢慢倒入杯中。

5）浓苦咖啡（Coffee Espresso）。材料为浓咖啡，放糖。制作方法：利用蒸汽加压冲泡式煮好咖啡，将又浓又苦的咖啡倒入小咖啡杯中，一般不加牛奶和其他东西，怕苦者可适量加糖。

6）拿铁咖啡（Latte Coffee）。"拿铁"是意大利文"Latte"的译音。拿铁是最为国人熟悉的意式咖啡品种。它是在沉厚、浓郁的 Espresso 中加进等比例、甚至更多牛奶的花式咖啡。有了牛奶的温润调味，让原本甘苦的咖啡变得柔滑香甜、甘美浓郁。就连不习惯喝咖啡的人，也难敌拿铁芳美的滋味。与卡布奇诺咖啡一样，拿铁咖啡因为含有多量的牛奶而适合在早晨饮用。意式拿铁咖啡纯为牛奶加咖啡，美式拿铁咖啡则将牛奶替换成奶泡。拿铁咖啡的材料为巧克力糖浆、焦糖糖浆、现煮的意式浓缩咖啡、蒸汽式奶沫。首先制作意式浓缩咖啡，在咖啡里加入巧克力糖浆和焦糖糖浆，搅拌均匀，将牛奶用蒸汽管打起奶沫，把奶沫倒在咖啡上，用星形裱花嘴将打发的鲜奶油挤在咖啡上作为装饰。再挤上巧克力糖浆并撒上可可粉作为装饰即可。

（2）清爽的冰咖啡。冰咖啡可以说是东方人特有的饮料。欧美人士喝咖啡只喝热咖啡，而咖啡传到了东方，却演变出各式各样的冲泡与饮用方法。冰咖啡堪称是东方特有的咖啡文化。

冰咖啡是指在咖啡中加冰饮用，一段时间后，冰会逐渐融化，使咖啡变淡。若能事先用咖啡来制作冰块，则不论它怎样融化也不会影响咖啡浓度。如冲泡好咖啡后，不直接加冰，而采用间接冷却法。首先在大锅中放满冰块，将装咖啡的小锅放入大锅中冷却，此时，需将盖子盖上，以阻隔空气，可防止咖啡氧化变味。要想让冰咖啡的口感清爽无比，取炒熟的咖啡冲泡，冲泡后快速加入冰块冷却。当表面冰块融化后，用起泡器快速打出泡沫，使泡沫浮在上方，小心将浮沫捞出，剩下的咖啡便不会再有丝毫的苦涩感，口感清爽无比。要想制作的咖啡颜色清澄，快速冷却是关键。泡好咖啡后，立刻在装咖啡的锅中倒满冰块，使之急速冷却，这样不仅可以保持咖啡颜色的清澄，且香味也不会溜走。

1）奶油冰咖啡。材料为冰咖啡、糖浆、起泡奶油、利口酒。制作方法：杯中先放入适量糖浆，倒入冰咖啡，加入适量利口酒，放入打好起泡的奶油。

2）咖啡浮舟（咖啡冰淇淋漂浮）。材料为浓冰咖啡、碎冰、咖啡冰淇淋、起泡奶油、白砂糖。制作方法：将冰咖啡倒入杯中，加入适量碎冰，加入冰淇淋球，放入起泡奶油，再撒入白砂糖。

6. 咖啡的饮用和服务

（1）烘焙。烘焙又称煎炒，是一种专门术语，其实就是炒豆子的程序。对生咖啡进行煎炒可使咖啡特有的颜色、味道、芳香展示出来。咖啡味道的80％由烘焙决定，所以说咖啡的好坏也取决于烘焙技术。目前，专业人员所使用的烘焙器多是以瓦斯加热的，其主要目的是在炒豆子的过程中提高咖啡豆的干燥程度，使其味道更佳。所需时间依各机器性能而异，一般为 20～30 min。

（2）研磨。研磨是指用专门的研磨机粉碎豆子的过程。咖啡豆必须经过研磨成为咖啡粉后才可以冲泡饮用。不同机器的研磨程度也是不同的，有的研磨成小颗粒状，有的研磨成粉末状。根据所磨成粉末粗细的程度分为细碾磨、中碾磨、粗碾磨三大类。

（3）咖啡器具。制作咖啡所涉及的器具大致有咖啡勺、咖啡杯、咖啡碟、奶盅、糖缸等。

（4）温杯。温杯是制作一杯好咖啡的先决条件。讲究喝咖啡的人都知道，温杯对一杯完美的咖啡而言至少占了20％的功劳。不管咖啡煮得多么好，只要倒入一个冰冷的杯子里，则咖啡的温度立刻降低，香气也抵消过半，好处全然消失；相反，如果温杯，即把咖啡杯加热，则咖啡倒入之后不但热度得以保存，杯子的温度更会使咖啡酝酿香气，把咖啡的香味完全释放出来。温杯有很多方法，如事先将咖啡杯放入烘碗机温热，或将热水倒入咖啡杯中等。

（5）冲泡。一杯好的咖啡必须是色、香、味俱全，而质量的好坏除与咖啡的品种有关外，还与冲煮的方法有密切的关系，咖啡的冲泡方式会因咖啡风格的不同、人们喜好的不同、各国咖啡文化的不同而冲泡方式各异。

（6）续杯。在很多地方点饮热咖啡可以免费续杯，续杯也是咖啡厅或酒店优质服务的一种体现。

（7）水质。制作咖啡要注意所使用的水质，一般采用纯水、净水、磁化水或蒸馏水，勿用矿泉水。因矿泉水中的一些矿物质会影响咖啡的口感和特色。冲泡咖啡的水温一般在80～90℃之间，冲煮时间也不宜太长。

（8）各式咖啡配酒和调味料。传统咖啡的配料和调味料最为经典的是牛奶和砂糖（或方糖）。所谓的"清咖"（或黑咖），是指喝咖啡时不在咖啡中添加砂糖、牛奶、咖啡伴侣等配料。很多欧洲人有这种习惯。由于清咖啡不加任何配料，所以很苦（尤其是高档咖啡），一般情况下亚洲人不太爱喝。法国人喜欢在咖啡中加足够的牛奶，而意大利人则喜欢在用蒸汽加压式咖啡壶冲泡的咖啡中加足够的糖。除此外，很多利口酒和配料都适合花式咖啡的调配，如咖啡酒、橙酒、香草酒、威士忌、白兰地、杏仁片、七彩米、豆蔻、肉桂粉等。

（9）咖啡的饮用时间。咖啡的饮用时间也比较讲究，一般来讲早晨喝咖啡，多加些牛奶，或将咖啡倒入牛奶中，而不是将牛奶加入咖啡中，提神又营养；下午三四时为饮茶时间，此时喝咖啡会使您消除疲劳，精神抖擞；晚餐后喝上一杯咖啡，加少许威士忌或白兰地酒，芳香可口，帮助消化。

（10）咖啡的保存。保存咖啡的正确方法是在早上即冲出一天所需的分量，在喝之前加温，剩余的咖啡让其自然冷却亦可，最好的方法是置于冰上让它快速冷却。再次加温时千万记住不可加热到沸腾的程度，在沸腾前即应熄灭火源，一次只加温自己所需的分量，切勿整壶三番两次地任它加温再冷却，这样的咖啡会走味。不过，现代人越来越讲究喝现磨咖啡，而咖啡机的种类也越来越多，完全能够满足现喝现制的要求，不仅使用起来非常方便，而且咖啡的口感也非常卓越。

7. 咖啡的功效

咖啡的魅力究竟是什么？咖啡首先有着适当的酸味、苦味和芳香味，其次就是咖啡因，如同酒精和香烟的陶醉感和刺激感一样，咖啡因具有兴奋剂作用。

咖啡因可刺激中枢神经和肌肉，因而具有缓解肌肉疲劳、控制睡眠、激发头脑的功能。一方面提高心脏机能，扩张血管，促进血流循环，镇静止头痛，使人感到清爽。另一方面，可刺激交感神经，使副交感神经兴奋引起的阵发性呼吸困难得到控制。

咖啡还有助消化作用，特别是在吃多了肉类的时候，使胃液分泌旺盛，促进消化，减轻胃的负担。因为咖啡因有分解脂肪的功效，所以吃过高热量的食物后，必须要喝些咖啡。咖啡对大蒜还有消除臭味的效果。吃了带蒜味的菜后喝些咖啡是必不可少的。咖啡还有除臭效果。在使用滴落式咖啡壶时，可将咖啡渣晒干后放入容器，放在冰箱的边角处除臭用。同样也可放入鞋柜里，作为除臭剂用。若垫在烟罐底下，还可去除香烟的异臭味。

另外，咖啡还可用做烧菜的调料。例如在煮排骨时，在汤里放些速溶咖啡，在烧肉时将肉上蘸些咖啡，烧出来的肉味尤为喷香。

咖啡里的咖啡因是否会对人体有害呢？可能有很多人心存疑虑。但是在2～3杯咖啡中的咖啡因的量是绝对没有问题的。何况适量的咖啡因还有疗效作用。

8. 饮用咖啡的注意事项

咖啡对人体也有许多不利的影响，饮用咖啡需要注意以下五点：

（1）孕妇及喂乳产妇应尽量避免饮用含咖啡因的饮料。

（2）有胃病者应尽量少喝咖啡，以免导致胃病恶化。

（3）过度摄取咖啡因，心脏跳动会加速，血压增高，故高血压与动脉硬化者需注意控制饮用含有咖啡因的饮料。

（4）皮肤病患者更要注意尽量避免饮用咖啡，以免使病症加速恶化。

（5）运动员也要节制饮用含有咖啡因的饮料，因为过度刺激与兴奋会比未刺激前更加疲劳。

9. 咖啡文化

咖啡不仅影响了我们的文化，甚至也可以说是现代文化的创造者。咖啡享有"思考者的饮料"之美誉。这一称号可追溯到18世纪的欧洲。咖啡馆在当时平等及宽容精神横扫欧洲大陆的过程中扮演着重要的角色。咖啡馆最早出现在伦敦，当时在位的英皇查理二世害怕咖啡馆的影响力，在 1676 年还禁止过咖啡馆，但收效甚微。在 1700 年之前，伦敦已经有了数百家咖啡馆，并且很快传到了巴黎。在现代社会中散落于城市中的咖啡馆，已形成独特的"咖啡文化"。不管是主题咖啡馆体现出的别样风情，还是各大会展中心和酒店里折射出的商务会晤氛围，都给休闲服务业增添了文化的气息。

咖啡在巴黎是优雅的生活品位，在意大利是文学灵感的源泉，不管在何处，在任何时刻，置身于音乐环绕的空间里，品尝着咖啡的味道，都是无法形容的美妙时刻，咖啡总是点缀在社交中，人们在咖啡时间中演绎着另一种"社会文化"。

三、可可（Cocao，亦作 Cocoa）

1. 可可的概念

可可属梧桐科，常绿乔木。果长呈卵圆形，红、黄或褐色。果壳厚而硬。种子扁平。原产美洲热带，中国广东、海南、台湾等地有栽培。种子焙炒、粉碎后即成可可粉，为巧克力原料，并可作饮料，或供药用，有强心、利尿功效。

2. 可可的起源和发展

17 世纪前，欧洲人尚不知晓可可。可可树扎根在中南美洲，一个离西方世界遥远的地方，"可可"和"巧克力"也源自于此。印第安人将可可豆制成饮料，并取名为"巧克力"。早在哥伦布抵达美洲前，热带中美洲居民，尤其是玛雅人及阿兹特克人，已知可可豆用途，不但将可可豆做成饮料，更用以作为交易媒介。16 世纪可可豆传入欧洲，精制成可可粉及巧克力，更提炼出可可脂（Cocoa Butter）。

可可主要分布在赤道南北纬 10°以内较狭窄地带。主产国为加纳、巴西、尼日利亚、科特迪瓦、厄瓜多尔、多米尼加和马来西亚。主要消费国是美国、德国、俄罗斯、英国、法国、日本和中国。1922 年，我国台湾地区引种试种成功，中国大陆现主要种植地在海南。

可可从南美洲外传到欧洲、亚洲和非洲的过程是曲折而漫长的。16 世纪前可可还没有被生活在亚马逊平原以外的人所知，那时它还不是可可饮料的原料。因为种子十分稀少珍贵，所以当地人把可可的种子（可可豆）作为货币使用，名叫"可可呼脱力"。16 世纪上半叶，可可通过中美地区传到墨西哥，接着又传入印加帝国在今巴西南部的领土，很快为当地人所喜爱。他们采集野生的可可，把种仁捣碎，加工成一种名为"巧克脱里"（意为"苦水"）的饮料。16 世纪中叶，欧洲人来到美洲，发现了可可并认识到这是一种宝贵的经济作物，他们在"巧克脱里"的基础上研发了可可饮料和巧克力。16 世纪末，世界上第一家巧克力工厂由当时的西班牙政府建立起来，可是一开始一些贵族并不愿意接受可可做成的食物和饮料，甚至到 18 世纪，英国的一位贵族还把可可看作是"从南美洲来的痞子"。可可定名很晚，直到 18 世纪瑞典的博学家林奈才为它命名。后来，由于巧克力和可可粉在运动场上成为最重要的能量补充剂，发挥了巨大的作用，人们便把可可树誉为"神粮树"，把可可饮料誉为"神仙饮料"。可可豆中还含有咖啡因等神经中枢兴奋物质以及丹宁，丹宁与巧克力的色、香、味有很大关系。其中可可碱、咖啡因会刺激大脑皮质，消除睡意、增强触觉与思考力以及可调整心脏机能，又有扩张肾脏血管、利尿等作用。

3. 可可树和可可豆

可可树遍布热带潮湿的低地，常见于高树的树荫处。树干坚实，高可至 12 m，其椭圆形呈皮革状之叶长至 30 cm，伸展如伞盖。花粉红色，小而有臭味，直接长在枝干上。菁葵果长 35 cm，直径 12 cm，呈卵形，表面有 10 条脊，黄棕色至紫色，可可果含种子（可可豆）20～40 粒。豆长约 2.5 cm，包于粉红色有黏性的果肉中。可可树栽培 4 年后，每年每株产豆荚 60～70 枚。采收后，豆自荚中取出，发酵若干天，经一系列之加工程序，包括干燥、除尘、烘焙及研磨，乃成为浆状，称巧克力浆；再压榨出可可脂和可可粉，或另加可可脂及其他配料，制成各种巧克力。

可可豆是可可树的荚果。栽种后的第三年或第四年，可可树结果。它常年开花，树上有 10 000～15 000 朵无香的小花，每朵可结 20～40 个可可果。可可豆荚直接生长在树干或粗枝上，类似一个橄榄球，长约 20 cm，直径约 10 cm，其中有 20～40 个果实。

可可每年有两季收成，一个旺季和一个中熟季。用砍刀砍下茎秆上成熟的可可豆荚，剖开，挖出连肉的果实，收于箱内或堆成一堆，并盖好。这样，可可豆四周薄薄的一层果肉开始受热发酵，称作发酵过程。翻扒可可豆，排干所有的水分可控制发酵，此时，可可豆芳香四溢，色泽加深。发酵后，可可豆不再发芽。发酵时间一般七天。可可豆干燥后，发酵随即终止，当然以在阳光下晒干最佳。之后，就能起运可可豆。

4. 可可制品的种类

可可是巧克力的主要原料，也有其半制成品和制成品。如碎可可、可可浆、可可液或汁、可可脂、可可饼和可可粉，可可也可用做化妆品的原料，另可作为动物饲料，还可酿酒等。可可豆中 50%～60% 的成分是可可脂、可可碱和咖啡因。

（1）可可原液。可可原液是所有可可产品的基础。制造可可原液时，先剔尽沙子、灰尘、碎石或纤维等杂物。然后按照特殊配方，混合不同品种的可可豆。用红外线加热，以利去壳。剥壳后，可可仁经干燥、烘焙，最终磨制成可可原液。在烘焙中或烘焙后，可可仁通常用碱处理，此项技术是在 19 世纪由荷兰人范·霍顿（Van Houten）发明，因此，国际上称之为"荷兰工艺"。碱处理最主要的目标是改善可可的色泽，可从浅棕色变为深棕，从淡黄棕色变为淡红棕，或变为其间的任何一种颜色。碱处理同时也改变了可可的口味，原本的酸涩味消失了，可可味既润泽饱满，又芬芳无比。

（2）可可脂。可可原液在高压下能压榨成可可脂和可可油饼。产品经过过滤，除去残剩的细可可粒。若客户要求，还可对可可脂施以除味法，保证可可脂的纯正风味。可可脂多用作巧克力的配料。由于它受热便融化，所以可可脂也在化妆品和药品（如：药膏、唇膏）中占有一席之地。

（3）可可粉。将压榨成的可可油饼磨成极细的粉，即为可可粉。生产的优质可可粉能用于许多食品之中，如饼干、巧克力饮料、布丁、奶油、夹心糖、巧克力糖点、冰淇淋等。

（4）热巧克力。热巧克力（亦可称为热可可/饮用巧克力）是一种饮料，一般是热饮。典型的热巧克力由牛奶、巧克力或者可可粉和糖混合而成。一般热可可不含有可可脂，而热巧克力含有可可脂。热巧克力从新大陆引进欧洲后非常受欢迎。由白巧克力做成的热巧克力，则称为白热巧克力。有的热巧克力在顶部会加生奶油。

如今，热巧克力流行于世界。它在欧洲尤其盛行，欧洲热巧克力十分浓稠，如意大利和德国的热巧克力都很浓稠，这种风格也逐渐渗入美国。在美国传统上，热巧克力是一种冬季饮料，常与风雪、雪橇联系在一起。美国的热巧克力，一般是将热水或牛奶冲泡配好的热巧克力粉（含可可粉、糖和奶粉），比欧洲热巧克力稀很多，美国人经常在上面加上几颗棉花糖。英国的热巧克力是巧克力粉混合热牛奶制成。而可可在英国是指另一种饮料，用热牛奶与可可粉冲泡，然后根据个人口味加糖。在比利时咖啡馆，热巧克力是热牛奶和苦巧克力片分开上的，然后由客人自行调配。热巧克力会配以黄蛋糕、姜饼或比利时巧克力。然而在西班牙，热巧克力和西班牙油条是工人的传统早餐。这种西班牙式的热巧克力很浓，有热巧克力布丁的黏稠度。如今在西班牙的城市如马德里，人们会以西班牙油条沾热巧克力结束夜生活，这已经成为一项传统。

四、酒吧常用软饮料

1. 碳酸饮料

碳酸饮料，主要成分包括：碳酸水、柠檬酸等酸性物质、白糖、香料，有些含有咖啡因，人工色素等。除糖类能给人体补充能量外，充气的"碳酸饮料"中几乎不含营养素。

碳酸饮料的生产始于18世纪末至19世纪初。最初的发现是从饮用天然涌出的碳酸泉水开始的。就是说，碳酸饮料的前身是天然矿泉水。矿泉水的研究始于15世纪中期的意大利，矿泉水最初用于治疗目的。以后证实，人为地将水和二氧化碳气混合一起，与含有二氧化碳气的天然矿泉水一样，具有特异的风味，这大大推动了碳酸饮料制造和研究进程。1772年英国人普利斯特莱（Priestley）发明了制造碳酸饱和水的设备，成为制造碳酸饮料的始祖。他不仅研究了水的碳酸化，还研究了葡萄酒和啤酒的碳酸化。他指出水碳酸化后便产生一种令人愉快的味道，并可以和水中其他成分的香味一同逸出。他还强调碳酸水的医疗价值。1807年美国推出果汁碳酸水，在碳酸水中添加果汁用以调味，这种产品受到欢迎，以此为开端开始工业化生产。以后随着人工香精的合成、液态二氧化碳的制成、帽形软木塞和皇冠盖的发明、机械化汽水生产线的出现，才使碳酸饮料首先在欧、美国家工业化生产并很快发展到全世界。

我国碳酸饮料工业起步较晚，但发展迅速，由于碳酸饮料具有独特的消暑解渴作用，这是其他饮料包括天然果蔬汁饮料不能取代的，因此其总产量仍在不断提高。

碳酸饮料（汽水）可分为果汁型、果味型、可乐型、低热量型、其他型等，常见的如可乐、雪碧、芬达、七喜、美年达等。其中果汁型碳酸饮料指含有2.5%及以上的天然果汁，如柠檬汽水、橙汁汽水、苹果汽水；果味型碳酸饮料指以香料为主要赋香剂，果汁含量低于2.5%；可乐型碳酸饮料则含有可乐果、白柠檬、月桂、焦糖色素；其他型碳酸饮料如乳蛋白碳酸饮料、冰淇淋汽水等。

汤力水类的碳酸饮料也是酒吧必不可少的配料，这种类型的汽水原料中小苏打的含量较高，很少单饮，常常作为冲缓液，冲缓烈酒的浓度，中和酒的酸性和烈性。常见的有：苏打汽水（Soda Water）、干姜汽水（Dry Ginger Ale）、汤力汽水（Tonic Water）等。

2. 果汁

简单地说，果汁即各种水果的原汁，但从专业角度讲，果汁可分为纯果汁和甜果汁两种。纯果汁即水果原汁，是最营养健康的天然饮品。甜果汁则是果汁加上糖浆制成的，多半用来作为调制花式果汁的原料。

（1）果汁的制作方法。一般制作果汁的方法有六种，简述如下：

1）腌制法。将水果切成薄片或块状，撒上糖，腌制数小时或1～2日即可取用。也是甜果汁的一种。

2）挤压法。使用挤压工具来榨取果汁，事前必须先去除果皮、果核等物。

3）直接取汁法。剖开水果，直接挤取原汁。

4）煮取法。去除果皮、果核，切块煮成浓汁后储存。

5）先煮后压。取汁备用。

6）先腌后挤。取汁备用。

制作时必须注意：制取果汁的工具和盛放果汁的容器必须干燥、干净；含维生素 C 丰富的果汁，如柠檬汁、柳橙汁等极易变质，最好现做现喝，不宜久置。此外，苹果等水果富含铁质，遇空气容易变色，也宜即榨即饮。

（2）果汁的分类。根据果汁的浓度，可将果汁分为四类，即浓缩果汁（Concentrate），成分为400％；果汁糖浆（Syrup），成分为180％～200％；新鲜果汁（Juice），成分为100％；果汁饮料（Juice Drink），果汁成分为20％～30％。

1）浓缩果汁。浓缩果汁是在水果榨成原汁后再采用低温真空浓缩的方法，蒸发掉一部分水分做成的，在配制100％果汁时须在浓缩果汁原料中还原进去果汁在浓缩过程中失去的天然水分，制成具有原水果果肉的色泽、风味和可溶性固形物含量的制品。它的浓度较高，不能直接饮用，需加一定比例的水稀释，兑水的比例因需要而定，其口味不如鲜榨果汁和罐装果汁，酒吧使用较少，家庭使用较多。常见品牌如"新的"。

2）果汁糖浆。也是浓度较高的果汁品种，多用于调制花式果汁、花式咖啡及鸡尾酒，其口味丰富。

3）新鲜果汁或酒吧经常出售的鲜果汁有：橙汁（Orange Juice）、菠萝汁（Pineapple Juice）、柠檬汁（Lemon Juice）、西柚汁（Grapefruit Juice）、苹果汁（Apple Juice）、青柠汁（Lime Juice）、雪梨汁（Pear Juice）、草莓汁（Strawberry Juice）、椰子汁（Coconut Juice）、葡萄汁（Grape Juice）、桃汁（Peach Juice）、甘蔗汁（Sugar Cane Juice）、番茄汁（Tomato Juice）、西瓜汁（WaterMelon Juice）等。有些罐装果汁。它也是100％的原果汁，只是由浓缩果汁稀释还原而成，酒吧中常用来调制鸡尾酒和混合饮料，比较容易存放。常用品种有：橙汁、菠萝汁、西柚汁、苹果汁、葡萄汁、番茄汁等。常见品牌有汇源、大湖、都乐等。

4）果汁饮料。果汁饮料多为罐装或盒装。常见品种有椰汁、橙汁、柠檬汁、柚子汁、番茄汁等。一般只作为纯饮，不作为酒吧中调酒配料。

随着人们需求的变化和提高，酒吧除了出售各种新鲜果汁以外，越来越多的人们喜爱上各种花式果汁（综合果汁）和果蔬汁饮料，即用多种水果或水果与蔬菜混合在一起榨汁，不仅使果汁的口味变化无穷，也改变了一种果汁营养单一的状况，各种花式果汁变化万千，营养又美味。如西芹苹果汁、蜂蜜西瓜汁、双瓜汁、番茄西芹柠檬汁、台湾干笋汁、凉瓜雪梨汁等。

（3）新鲜果汁的饮用。新鲜果汁应低温饮用，最佳饮用温度为10℃，用果汁杯或高杯斟至8分满即可，不需加冰块。鲜榨果汁现喝现榨，也有在酒吧营业前将果汁榨好，放入冰箱冷藏的，但一定要在当天使用，隔天的鲜榨果汁因不能确保新鲜度而不能使用。番茄汁在饮用时可以加一片柠檬，以增加香味。

3. 矿泉水

矿泉水亦称"矿水"。从地下深处涌出或人工开采出且未受污染的、来自深部循环而具有某些特殊理化特性，因而有益于人体健康、可供饮用或医疗用的地下水。饮用矿泉水以天然含有适量浓度的某种特定成分的矿物盐、微量元素或二氧化碳气体为特征，可供直接饮用，也可用作配制饮料的水基。

矿泉水是自然界比较稀少的水资源，所以市场上矿泉水品种很少。天然矿泉水来自受保护的地下水源，经过大自然的过滤、矿化，而不是通过工厂工业化处理而成的，富含对人体有益的天然矿物质和微量元素。这与纯净水、矿物质水是完全不同的。

在地球北纬36°～46°的这一地带因盛产世界知名的天然矿泉水而被业内誉为"黄金水源带"。该地带分布了阿尔卑斯山、昆仑山、大云雾山等世界名山，法国依云、美国布岭、中国昆仑山、意大利索莱、瑞士瑞梭等珍稀矿泉水均产于这一带。阿尔卑斯山、昆仑山等黄金水源带高海拔地区因常年冰雪覆盖，地质条件独特，远离人类污染，而成为世界上不可多得的珍稀水源地。

（1）饮用矿泉水的分类。矿泉水根据其成分不同有多种分类方法，下面介绍两种方法：

1）根据矿泉水的酸碱性分类，可分为酸性水、中性水、碱性水。

2）根据产品中二氧化碳含量分为：含气天然矿泉水、充气天然矿泉水、无气天然矿泉水、脱气天然矿泉水。

（2）矿泉水的鉴别。色泽与水体鉴别：优质矿泉水洁净，无色透明，无悬浮物和沉淀物，水体不黏稠；气味与滋味鉴别：优质矿泉水纯净、清爽无异味，有的带有该品的特殊滋味，如轻微咸味等。

（3）矿泉水的饮用

1）最佳饮用矿泉水的方法。饮用矿泉水时应以不加热、冷饮或稍加温为宜，不能煮沸饮用。因矿泉水一般含钙、镁较多，有一定硬度，常温下钙、镁呈离子状态，极易被人体所吸收，起到很好的补钙作用。如若煮沸时钙、镁易与碳酸根生成水垢析出，这样既丢失了钙、镁，还造成了感官上的不适，所以矿泉水最佳饮用方法是在常温下饮用。比较讲究的饮用矿泉水的方式是低温饮用，而且是不加冰的，有条件的话可放一片柠檬片，使水的味道更好。在酒吧，调酒师经常将矿泉水用来稀释酒类饮料，如威士忌。但高档的乃至被称为奢侈品的矿泉水则最宜低温纯饮，所用载杯以晶莹剔透的玻璃杯或水晶杯为佳。

2）矿泉水宜冷藏不宜冷冻。由于矿泉水在冰冻过程中出现钙、镁过饱和的条件，并随重碳酸盐的分解，而产生了白色的沉淀，尤其是对于钙、镁含量高，矿化度大于

400 mg/L 的矿泉水，冷冻后更会出现白色片状或微粒状沉淀。实验室的分析数据也证明了这一点，经对多种矿泉水进行冷冻后与原水分析比较，由于产生白色沉淀，测定冷冻后的水，其中重碳酸盐和钙离子明显降低，但是冷冻后水中其他成分，特别是矿泉水中所富含的对人体有益的微量元素，如偏硅酸，锶等，均无明显变化，因此冷冻后的矿泉水饮用对人体并无害处，对那些贪凉的人，愿喝冷冻水也无妨。

3）婴儿不适合饮用矿泉水。人们经常用"水灵灵"来形容宝宝，这是有原因的。在婴儿体内，水分占其体重比例高，对于婴儿来说水显得更为重要。矿泉水采自地底深处，富含矿物盐和微量元素，是人体所需要的营养物质。但保加利亚的医学专家却提出了警示：矿物质含量高的矿泉水会威胁婴儿的健康。这主要是，婴儿的生理结构与成年人具有较大差异，消化系统发育尚不完全，滤过功能差，有些矿泉水中矿物质含量过高，对婴儿来说是一个很大的难题。婴儿饮用矿泉水容易增加肾脏负担。

4）饮用桶装矿泉水注意事项。在饮用桶装矿泉水时应注意做到以下几点：饮水机一定要放在阴凉避光的地方，千万不能放在阳光直射的地方，以免滋生绿藻；打开的水桶秋冬季要在 2～4 周内喝完，春、夏季最好在 7～10 天内喝完；饮水机不要长时间通电加热、反复烧开。反复烧开的水不宜饮用；用过的空桶要放置在干净的地方，不要往里面倒脏水、扔污物，而造成矿泉水厂清洗、消毒困难；饮水机要定期消毒，最好半年一次。避免二次污染，保证饮水安全卫生有益健康。

5）合理地饮用矿泉水大有讲究。孕妇须多饮用矿泉水，其中的微量元素有助于胎儿的发育和母体健康；老年人有时深夜惊醒，往往是脱水的缘故，睡前喝上一小杯矿泉水，并在床头放一小杯以备及时补充；运动者在剧烈运动后，能量消耗多，饮用矿泉水能立即吸收适量电解质，从而保持旺盛的体力；清晨起床，经过一夜代谢，人体特别需要水分，此时空腹饮用矿泉水最佳，最好以一杯为量；饱餐之后饮用矿泉水，有利于营养成分的吸收，排泄食物中有害物质和多余脂肪；饮酒之后，饮用矿泉水，稀释酒精浓度，减轻肝肾负担；焦虑不安，少饮矿泉水可松弛大脑，有利入眠；中老年人频饮矿泉水，冲淡黏稠的血液，防止脑血栓或心肌梗塞发生；空腹饮用矿泉水能溶石、排石，并促进肠蠕动。

（4）国外矿泉水品牌

1）依云矿泉水（Evian）。15 年来，来自法国的依云矿泉水将"水"的魅力演绎得越来越华丽，甚至让收藏家们都如痴如醉。它延续了与国际知名时装设计大师合作的惯例，每年都会推出一款纪念限量版的矿泉水瓶。如 2000 年千禧年，依云矿泉水特别推出全新水滴型系列；2007 年，推出了珍藏纪念瓶"不老雪山，青春源泉"。玻璃瓶身晶莹剔透，雪山造型，惊艳登场，象征依云之源——阿尔卑斯雪域之巅，不规则的瓶身设计，令光影幻化成绚丽的色彩，简约澄明的玻璃瓶身，令每一滴依云矿泉水都流露着冰川的纯净透彻。2008 年，推出了花冠纪念瓶。2009 年，依云与世界顶级时装大师 Jean Paul Gaultier 携手打造倾城制作——2009 依云 Jean Paul Gaultier 云海瓶。2010 年与创意十足的英国时装设计大师保罗·史密斯携手合作，打造出充满青春活力的依云 X 保罗·史密斯特别纪念瓶，晶莹剔透的玻璃瓶身上披上保罗·史密斯标志性的鲜艳彩色条纹。据说，依云水的名字就是拿破仑三世赐予的，以纪念法国依云镇出产的这种矿泉水。

2）巴黎水（Perrier）。巴黎水是一种天然有气矿泉水。制作巴黎水的水源位于法国南部，靠近尼姆的 Vergeze 镇内，是天然有气矿泉水与天然二氧化碳及矿物质的结合。"Perrier" 在法语中意指 "沸腾之水"。巴黎水在有气矿泉水品牌中首屈一指。Perrier 天然泉水是数百万年前地质运动的产物，是天然有气矿泉水与天然二氧化碳及矿物质的完美结合。百年来，巴黎水的历史、特质及天然风味使其成为一代传奇。巴黎水独特奇异的口感来自其丰富的气泡和低度钠及小苏打成分。在近代巴黎水更是被推销为 "矿泉水中的香槟"。巴黎（Perrier）矿泉水可用来代替苏打水调制混合饮料，目前是酒吧的必备品。

3）法国伟图（Vittel）矿泉水。它是一种无泡矿泉水，略带碱性，产于法国的大自然保护区，没有任何工业和农业污染。雨水和融雪不断从无数层岩缝渗过，在极深的地底汇聚成伟图矿泉水天然的泉源，其水质纯正，被公认为世界上最佳的纯天然矿泉水。伟图矿泉水的水质受到欧共体及法国的天然矿泉水法律的严格管制。欧洲的法律规定，使用 "Natural Mineral Water"（天然矿泉水）标志的矿泉水其水源不得再经处理，且装瓶过程必须受到严格监督。因伟图矿泉水具备独有品质，所以深受世界各国消费者的信赖。伟图矿泉水在我国销售量也很大。

4）日本神户天然矿泉水（Fillico）。号称全世界最奢侈的矿泉水，其昂贵之处在于瓶身的霜花装饰图案，由施华洛世奇水晶和黄金涂层完美结合而成，贵气十足。瓶盖设计也叫人惊叹不已，设计师选择两种款式天使翅膀以及皇冠与瓶身相应配备，这种矿泉水零售价每瓶 100 美元，而且每月限售 5 000 瓶。

5）萨奇苦味矿泉水（Zajecicka Horka）。萨奇苦味矿泉水来自欧洲捷克，产于布拉格市西北百公里处的波西米亚地区野兔村内。几百年以来，萨奇苦味矿泉水一直被欧洲皇室贵族及高端消费群体所钟爱。它内含 30 多种对人体有益的矿物质且含量极高，其中部分矿物质是同类产品的几百倍甚至上千倍，堪称水中极品。由于资源有限，政府限量采集，每月极小产量对于国外的需求者来说堪称 "一水难求"。

6）Antipodes 矿泉水。来自新西兰人迹罕有的 Rotomo Hills 清泉，味道清爽，矿物含量轻微，有"神仙水"之称。

7）Veen 矿泉水。美国制造的奢侈矿泉水，水质软，矿物质含量低，其源头位于芬兰北部科尼萨娇（Konissajo）泉区。那是一口自流泉，发现于 1950 年。泉水经过丘陵和砂质土壤的过滤，流出泉口的温度为 3～4℃，并在泉口旁直接装瓶。

8）法国国水 CHATELDON。这个法国的顶级气泡矿泉水，多为贵族王室享用的矿泉水，源自于 1650 年法国国王路易十四。在位期间，路易十四定期找侍卫到法国中南部地区 CHATELDON 采水，再送到凡尔赛宫供王室享用，是第一瓶受法国政府保护的矿泉水。

9）Badoit 矿泉水。波多含气天然矿泉水来自法国 St. Galmier 优质水源，自 1837 年起以瓶装出售。水源地受到高度保护，水源品质纯净而不受污染，自 1778 年起便享有盛誉。其矿物质含量独特，饮用后令人心旷神怡，精神焕发。其含气矿泉水拥有的独特的细腻滋味，持久完好的气泡带来绝妙的爽口感觉。美誉为法国含气天然矿泉水的第一品牌，备受知名厨师和调酒师的推崇。

10）Equa 矿泉水。巴西亚马逊天然矿泉水，号称地球上矿物质含量最低的一种水，瓶身非常可爱。

11）"芙丝"矿泉水（Voss）。挪威的顶级奢侈矿泉水，只能在高级酒店、会所等场合买到。它的瓶身是请 Calvin Klein 的前创意总监设计的，借用香水工业的品牌塑造经验，让这款矿泉水有着"水中劳斯莱斯"的美誉。

12）加拿大无气天然矿泉水（1 Litre）。加拿大无气天然矿泉水，干净典雅的外观，很像是大牌香水的包装级奢侈矿泉水，只能在高级酒店、会所等场合买到。

13）Aquadeco Water。浮雕装饰与塑料水瓶包装技术相结合的集大成者。

14）威尔士无气天然矿泉水（Ty nant）。LV、PRADA 等一线品牌的 VIP 专供水，同时也是英国皇家马球俱乐部指定用水，流线型的瓶身仿佛就是一滴水。

15）Apollinaris 矿泉水。来自德国的拥有 150 年历史的著名矿泉水品牌，红三角是其最显著的特点。1852 年德国人 Kreuzberg 在一次竞拍中购得一块葡萄园。但是好景不长，由于酸性土的原因，使产量锐减。一开始以酿酒为目的的愿望刹那间就破灭了。他想挖地找到原因，在挖地的时候到了 50 英尺，竟然发现了高质量的矿泉水，他把它命名为 Saint Apollinaris，一直流传至今。目前，公司的日产量达到 100 万瓶的能力。

16）420 Volcanic 矿泉水。藏于班克斯半岛的死火山底深处，穿过 200 m 火山岩石层源源不断涌出。独特的酒瓶设计和色彩赋予了它的身份更合适在湖畔或高雅餐厅中品味，且看它每升 99 美元的标价就足以知其弥足珍贵了。

17）Waiwera 矿泉水。Waiwera 是新西兰著名的温泉区，水取自地下 1 500 m 深的源头，矿物质味道明显，在口中有微沙的感觉，余味甘甜。

18）Sole 矿泉水。Sole 矿泉水来自于意大利北部的 Lombardy。水里含有非常低的钠等矿物质成分，含有天然 Oligominerale 丰富的钙、镁、钾，微量的钠提供促进人体新陈代谢所需的矿物质，喝起来有点甜。没有添加二氧化碳的 Sole 是一杯美酒的最佳伴侣。在古罗马时期，军队就开始在 Sole 的水源地附近囤积水。并且在中世纪，Sole 就因为它对身体有各种益处而名扬四海。

19）Agua De Loewe。这款由 Toni Arola 设计的 Agua De Loewe 香水瓶装载着的 Solan De Cabras 纯天然结晶矿泉水限量 1 000 瓶，每一瓶都附有自己的编号，而且只在 3 个西班牙城市的 Loewe 专卖店内贩卖。

20）OGO Oxygen 矿泉水。被称为会呼吸的水，是一款将氧气和纯净水相结合的理想的天然水饮料。每升 OGO 里，浓缩了 200 毫克氧气，它的含氧量比普通水高 35 倍。

21）Belu 矿泉水。这是一个比较新的英国瓶装矿泉水品牌，具有三大特点：独特的；源自什罗普郡深山；经历多层顽石过滤。其水瓶是很棒的环保的设计，以玉米为原料制作。

22）Ydor Sourotis 天然矿泉水。希腊著名矿泉水品牌 Souroti 旗下的一款高端的天然矿泉水品牌。

23）Acqua Panna 无气天然矿泉水。来自靠近佛罗伦萨的宁静的托斯卡纳山脉。

24）Fine。日本的奢侈水品牌。

25）10BC。"史前一万年"世界顶级矿泉水之一。

（5）国内矿泉水品牌。中国国内矿泉水品牌有娃哈哈、农夫山泉、雀巢、景田、怡宝、昆仑山、崂山、5100 西藏冰川、康师傅、五大连池等。其中，昆仑山、"5100"已成为中国高端矿泉水品牌。

4. 纯净水

纯净水简称净水或纯水，是纯洁、干净，不含有杂质或细菌的水，是以符合生活饮用水卫生标准的水为原水，通过电渗析器法、离子交换器法、反渗透法、蒸馏法及其他适当的加工方法制成，密封于容器内，且不含任何添加物，无色透明，可直接饮用。市场上出售的太空水、蒸馏水均属纯净水。如屈臣氏蒸馏水。

纯净水的溶解性很强，可以做饭熬汤，更好地溶解营养成分；蔬菜、水果用纯净水浸泡，可以更好地祛除农药化肥；用纯净水洗脸更好地祛除污物；使用纯净水保护各种用水电器，更能保护家具；可以养鱼。饮用纯净水，不但解渴，而且更好地溶解体内的杂质和毒素并排出体外。

5. 牛奶（Milk）

牛奶是食品，也是最古老的天然饮料之一。在不同国家，牛奶也分有不同的等级，目前最普遍的是全脂、低脂及脱脂牛奶。目前，市面上含添加物的牛奶也相当多，如高钙低脂牛奶，就强调其中增添了钙质。

牛奶种类：

（1）巴氏消毒奶。采用巴氏消毒法灭菌，需全程在 4～10℃冷藏，目前较为流行。最大程度地保留牛奶中营养成分。保质期较短的牛奶多为巴氏消毒法消毒的"均质"牛奶，用这种方法消毒可以使牛奶中的营养成分获得较为理想的保存，是目前世界上最先进的牛奶消毒方法之一。

（2）常温奶。采用超高温灭菌法，能将有害菌全部杀灭，保质期延长至 6～12 个月，无须冷藏。但营养物质会受很大损失。

（3）还原奶。奶粉不得用于巴氏消毒奶，但常温奶、酸奶及其他乳制品可用，但必须标明原料为"复原乳"或"水和奶粉"。

（4）生鲜牛奶。在许多发达国家，未经杀菌的生鲜牛奶是最受消费者欢迎的，但价格也最为昂贵。新挤出的牛奶中含有溶菌酶等抗菌活性物质，能够在 4℃下保存 24～36 h。这种牛奶无须加热，不仅营养丰富，而且保留了牛奶中的一些微量生理活性成分。

（5）灭菌牛奶。不少生产厂家为了满足上班族的需要，生产出保存时间较长的百利包。保存时间较长的百利包牛奶在加工过程中已经全面灭菌，对人体有益的菌种也基本被"一网打尽"了，牛奶的营养成分因而也被破坏掉。这种牛奶的包装和鲜牛奶非常相像，保质期长。灭菌奶一般味道比较浓厚，但是营养物质有一定损失。

6. 其他软饮料

（1）茶饮料。茶饮料是指用水浸泡茶叶，经抽提、过滤、澄清等工艺制成的茶汤或在茶汤中加入水、糖液、酸味剂、食用香精、果汁或植（谷）物抽提液等调制加工而成的制品。多用茶叶的萃取液、茶粉、浓缩液为主要原料加工而成，具有茶叶的独特风味，含有天然茶多酚、咖啡碱等茶叶有效成分，兼有营养、保健功效，是清凉解渴的多功能饮料。

茶饮料按其原、辅料不同分为茶汤饮料和调味茶饮料，茶汤饮料又分为浓茶型和淡茶型，调味茶饮料还可分为果味茶饮料、果汁茶饮料、碳酸茶饮料、奶味茶饮料及其他茶饮料。

中国茶饮料市场自 1993 年起步，2001 年开始进入快速发展期。2002 年，全国茶饮料的总产量接近 300 万吨，2003 年，这一数字已超过 400 万吨。在中国台湾，在日本，茶饮料已超过碳酸饮料成为市场第一大饮料品种。截至 2005 年，中国约有茶饮料生产企业 40 家，其中大中型企业有 15 家，上市品牌多达 100 多个，有近 50 多个产品种类。而与此同时，中国茶饮料消费市场的发展速度更是惊人，几乎以每年30%的速度增长，占中国饮料消费市场份额的20%，超过了果汁饮料而名列饮料市场的"探花"，大有赶超碳酸饮料之势。

随着茶饮料的出现及市场的繁荣，中国茶产业将迎来更加美好的前景。常见的茶饮料品种有绿茶饮料、红茶饮料、花茶饮料、麦茶饮料、混合型茶饮料、凉茶饮料、功能性茶饮料等。其中，统一、康师傅、麒麟、加多宝、三得利、雀巢、娃哈哈、广贝的市场占有率达到九成左右。

（2）功能饮料。功能饮料是指含各种营养要素的饮品，满足人体特殊需求。功能饮料主要作用为抗疲劳和补充能量。运动饮料是功能饮料的一种，是指营养素的组分和含量能适应运动员或参加体育锻炼、体力劳动人群的生理特点、特殊营养需要的软饮料。市场上出现的各种运动饮料的成分大体相同。它们都含有一定量的糖，因为糖是人体最直接的主要能源物质。运动饮料能及时补充水分，维持体液正常平衡；迅速补充能量，维持血糖稳定；及时补充无机盐，维持电解质和酸碱平衡，改善人体的代谢和调节能力。常见运动饮料品牌有红牛、脉动、力保健、英菲动力、佳得乐、农夫山泉尖叫、宝矿力水特等。功能饮料除了运动饮料以外，还有维生素饮料、益生菌和益生原饮料、低能量饮料等。

（3）草本饮料（中国式饮料）。是以各种草本植物为原料加工而成，具有清凉解暑、去湿生津、解毒降火、消除疲劳功能的中国式饮料。中国式饮料首选凉茶饮料。凉茶文化的悠久历史和广泛的民间性、公认的有效性、严格的传承性及巨大的后发效应，使其成为世界饮料的一匹"黑马"。目前，凉茶产量已达200万吨（含港、澳地区），2006年，凉茶销量已超过可口可乐在中国大陆的销量。2007年产销量达600万吨，销售范围已覆盖全国及美国、加拿大、法国、英国、意大利、德国、澳大利亚、新西兰等近20个国家。常见品种有各种凉茶、菊花茶、枸杞茶等。

第3节 酒的概述

一、酒的起源和发展

1. 酒的概念

酒是用高粱、麦类、大米等粮食作物或葡萄及其他水果等发酵或发酵蒸馏制成的饮料。如白酒、黄酒、啤酒、葡萄酒、果酒。

酒的主要化学成分是乙醇，一般含有微量的杂醇和酯类物质。我国是最早酿酒的国家，早在 2000 年前就发明了酿酒技术，并不断改进和完善，现在已发展到能生产各种浓度、各种香型、各种不同种类的含酒精的饮料，并为工业、医疗卫生和科学试验制取出浓度为 95％ 以上的酒精和 99.99％ 的无水乙醇。

酒是物质和精神结合的产物，酒的历史贯穿于人类整个文化发展进程当中。人类对酒的探索可考的历史有上万年，其酿制工艺也在不断地改进和完善，酒文化的发展凝聚了整个人类的智慧。一斑窥豹，从酒的历史中可以解读出人类发展的历史。酒并不是人类有意为之的发明，而是自然的产物。在大自然神奇的作用下，人们发现了酒的存在，并不断总结提高，形成了今天工艺复杂、品种繁多的庞大的酒家族，也形成了重要的酒文化。

2. 酒的起源

人类造酒的历史久远，甚至在人类有文字之前就产生了酒。从人民的口耳相传，到有文字和典籍，都有各种关于酒的记载和传说。

酒的起源和发展可能有很多的方式和途径，也应该是很多人不断摸索、不断发现的结果。里面融入了我们祖先的聪明智慧，也见证了社会的不断发展进步。造酒的故事反映了人们对社会的认识，也折射了人们对酒的心理感受。造酒的传说有很多，不同的地域、不同的民族、不同的酒类都有很多不同的故事。

（1）上天造酒说。中国人自古以来就敬重天地，看到浩渺的银河就浮想联翩，总会把遥远的星辰看作有生命的神灵，天空是另一个世界，还是充满神秘的、具有神性的世界。天空高高在上，象征着无限的神力，星辰就是神仙的化身，所以即使美酒，也要归结成天上的星辰降临人间。酒在远古人们的心中因其独特的风味和生理作用，酿制过程物质的变化，被看作是一种很神奇的饮料，那就一定是神仙下到凡尘，给人们送来天上的琼浆玉液。酒是来自天上的神仙所赐，天上也就自然要有专门管理酒的星辰神仙。宋朝窦苹在所撰的《酒谱》一书中，也有酒乃"酒星之作也"的文字，记载酒是天上"酒星"所造的说法。

古人普遍认为，酒星下凡赐给民间美酒，或者使用魔力使果品和粮食变化成酒，或者教会百姓酿酒。在远古时代，人们无法了解普通的果品或者粮食，怎么经过一段时间的发酵不仅没有腐烂变臭，还产生那么神奇的液体，自然也就相信酿制过程中有一种神力的存在。这就是为什么很多酿酒作坊在开始酿酒时，都要举行一定的庄严仪式。酒星造酒不仅说明了人们对酒的喜爱程度，而且在众多的民间故事里，天上的神仙酷爱美酒，也佐证了酒与生活的密切程度。

（2）猿猴造酒说。在人们的心中，猿猴是有灵性的神秘动物，与人有很多的相似之处。人们喜酒爱酒，猿猴也不例外。人类造酒工艺繁复，酿制技术需要相互学习，代代相传。而山野之外的猿猴，没有什么酿制设备，却也会得到美酒，仿佛得天之助。

酒是一种由发酵所得的饮品，是由酵母菌分解糖类产生的。酵母菌是一种分布非常广泛的菌类，在广袤的大自然中，野果遍布原野山林，尤其在含糖分较高的水果当中，这种酵母菌更容易繁衍滋长。原始社会野果生长范围广，不易保管，由此可以推论出，酒的起源，当由野果发酵开始，因为它比粮谷发酵容易得多。

明代李日华在他的作品中记载："黄山多猿猴，春夏采花果于石洼中，酝酿成酒，香气溢发，闻数百步。野樵深入者或得偷饮之，不可多，多即减酒痕，觉之，众猴伺得人，必嬲死之。"清代李调元在他的著述中也有"琼州多猿……常于石岩深处得猿酒，盖猿酒以稻米与百花所造，一百六轧有五六升，味最辣，然极难得"这样神奇的记载。清代的一本笔记小说中也有同样的描述："粤西平乐等府，山中多猿，善采百花酿酒。樵子入山，得其巢穴者，其酒多至数百。饮之，香美异常，名曰猿酒。"《安徽日报》也曾刊登过著名画家程啸天游览黄山，在险峰深谷猿猴出没之处觅得"猴儿酒"的故事，正好与几百年前李日华的记载相互印证了黄山"猴儿酒"的存在。这些不同时代人的发现，都证明了在猿猴的聚居之处，常常有类似"酒"的东西被发现。山林中野生的各种水果，是猿猴的主要食物。很多动物都知道储藏食物，猿猴的智商很高，在水果成熟的季节，就采集收储大量的水果于"石洼中"。堆积的水果如果摆放不好，或者受环境温度等特殊因素的作用就很容易受到自然界中酵母菌的作用而发酵，在石洼中变成一种被后人称为"酒"的液体析出。

（3）仪狄造酒说。关于"仪狄造酒"之说在《吕氏春秋》《战国策·魏策》《世本》等典籍中均有记载。"昔者，帝女令仪狄作酒而美，进之禹，禹饮而甘之，曰：'后世必有人以酒亡其国者。'"仪狄因造酒有术，成为专门司掌造酒的官员。关于仪狄造酒，东汉许慎在《说文解字·酒字条》中也有同样的说法，在《太平御览》中也说："仪狄始作酒醪，变五味。"另有一种说法叫"仪狄作酒醪，杜康作秫酒"。"酒之所兴，肇自上皇，成于仪狄"是说自上古三皇五帝时候，就有各种各样的造酒方法流传于民间，是仪狄将这些方法进行收集整理，使之得以流传后世。关于仪狄造酒，最神奇的说法是天界的酒曲神星以神授的方法传仪狄以酿酒之术，让他奉天命降临凡间造酒。

（4）杜康造酒说。历史上杜康确有其人。"杜康，字仲宁，相传为县康家卫人，善造酒"。杜康在中国的爱酒者中可以说有着极高的知名度，"何以解忧？唯有杜康"，杜康不仅是酒的别名，也是很多人心目中的酒神。东汉许慎在《说文解字条》中有"杜康作秫酒"的描述。他在"帚"字条记："古者少康初作箕帚，秫酒。少康，杜康也。葬长垣。"晋代江统《酒诰》曰："酒之所兴，乃自上皇。或云仪狄，一曰杜康。有饭不尽，委余空桑。郁积成味，久蓄气芳。本出于此，不由奇方。历代悠远，经口弥长。稽古五帝，上迈三皇。虽曰贤圣，亦咸斯尝。"在农耕社会，如果有吃不了的米饭要保存起来，却没有什么器物可以盛放，就只好倒在有空洞的桑树里才可以不被鸟雀和小动物偷吃，阴凉的树洞还可以保持米饭不会霉变。可是时间久了总会有一些特殊的情况发生，保存的剩饭在当时的气候温度等一定条件的作用下，被发酵成酒，散发出馥郁的香气，从而形成细细的甘洌的米酒。在生活的无意之间，在杜康的有心之后，酒被杜康发现，使他成为酿酒的始祖。

在民间还有很多种关于杜康造酒的传说，有的充满了神奇，有的充满了智慧，有的充满了曲折。如杜康造酒刘伶醉，杜康是酒星下凡等。

（5）黄帝造酒说。黄帝是少典之子，本姓公孙，长期居住在姬水，因而改姓姬；后来他又迁到轩辕之丘，故也称轩辕氏；又因为出生、创业与建都都在熊这个地方，也有叫熊氏，因有土德之瑞，故号黄帝。关于黄帝的记载有很多。

有很多史籍和传说从不同角度证实，在黄帝时代我们的祖先就已开始酿酒。黄帝时代是人类发展的黄金时代，当时的物质文明达到一定程度，对民智开发也起到至关重要的作用，不断激发人们对未知的求索欲望，来满足社会不断发展的需求。在此基础上，就形成了百舸争流的大发明时代。传说是黄帝发明了"酒泉之法"，并曾有"汤液酒醪"的见解。史书中还提到一种特别古老的，用动物的乳汁酿成的甜酒醴酪，也是一种奶酒。《黄帝内经素问》篇中记载了黄帝与岐伯讨论如何酿酒，并得出结论，人如果身体虚弱，可以喝点酒用以疗养。从传统文化角度来说，黄帝作为民族始祖，也是道教之中的古圣真人，具有无边法力，这两者都具有崇高的地位。以黄帝的神力，在民众心里自然会认为他造酒也是轻而易举的事情。

（6）世界上其他国家关于酒起源的传说。古代希腊人把宙斯之子狄奥尼索斯（Dionysus）尊为酒神，认定他是奥林帕斯诸神中专门与酒打交道的神仙；古代埃及人则认为酒是由奥西里斯（Osiris）首先发明的，因为他是死者的庇护神，酒可以用来祭祀先人，超度亡灵；古代美索不达米亚人推崇诺亚（Noah）为酿酒始祖，诺亚不仅在洪水之后重新拯救了人类，而且还赐给人类美酒以躲避灾难，美索不达米亚甚至还确定了酿酒始地——埃丽坊；古代罗马人根据古希腊的传说，认定酒神是象征放荡之神的巴克斯（Bacchus）。

信奉精神至上的宗教人士对酒的起源有另一种看法。如佛教和伊斯兰教认为酒是"万恶之源"，是恶的精神的化身，主张禁酒；而在西方社会里，酒和精神同为一词，即"spirit"，他们把酒当作某种精神来看待。

（7）现代学者对酿酒起源的看法。酒是天然产物。人类不是发明了酒，而仅仅是发现了酒。酒里的最主要的成分是酒精，（学名乙醇，分子式为 C_2H_5OH），许多物质可以通过多种方式转变成酒精。如葡萄糖可在微生物所分泌的酶的作用下，转变成酒精；只要具备一定的条件，就可以将某些物质转变成酒精。大自然完全具备产生这些条件的基础。我国晋代的江统提出剩饭自然发酵成酒的观点，是符合科学道理及实际情况的。江统是我国历史上第一个提出谷物自然发酵酿酒学说的人。总之，人类开始酿造谷物酒，并非发明创造，而是发现。方心芳先生则对此作了具体的描述："在农业出现前后，储藏谷物的方法粗放。天然谷物受潮后会发霉和发芽，吃剩的熟谷物也会发霉，这些发霉发芽的谷粒，就是上古时期的天然曲蘖，将之浸入水中，便发酵成酒，即天然酒。人们不断接触天然曲蘖和天然酒，并逐渐接受了天然酒这种饮料，于是就发明了人工曲蘖和人工酒，久而久之，就发明了人工曲蘖和人工酒。"现代科学对这一问题的解释是：剩饭中的淀粉在自然界存在的微生物所分泌的酶的作用下，逐步分解成糖分、酒精，自然转变成了酒香浓郁的酒。在远古时代人们的食物中，采集的野果含糖分高，无须经过液化和糖化，最易发酵成酒。1987年8月23日《新民晚报》报道山东出土了距今5000多年的酿酒器具。这一发现表明了我国酿酒在5000年前就已经开始，而酿酒的起源当然还在此之前。在远古时代，人们可能先接触到某些天然发酵的酒，然后加以仿制。这个过程可能需要一个相当长的时期。

果酒和乳酒——第一代饮料酒。人类有意识地酿酒，是从模仿大自然的杰作开始的。我国古代书籍中就有不少关于水果自然发酵成酒的记载。如宋代周密在《癸辛杂识》中曾记载山梨被人们储藏在陶缸中后竟变成了清香扑鼻的梨酒。元代的元好问在《葡萄酒赋》的序言中也记载某山民因避难山中，堆积在缸中的葡萄也变成了芳香醇美的葡萄酒。古代史籍中还有所谓"猿酒"的记载，当然这种猿酒并不是猿猴有意识酿造的酒，而是猿猴采集的水果自然发酵所生成的果酒。远在旧石器时代，人们以采集和狩猎为生，水果自然是主食之一。水果中含有较多的糖分（如葡萄糖、果糖）及其他成分，在自然界中微生物的作用下，很容易自然发酵生成香气扑鼻、美味可口的果酒，另外，动物的乳汁中含有蛋白质，乳糖极易发酵成酒，以狩猎为生的先民们也有可能意外地从留存的乳汁中得到乳酒。在《黄帝内经》中，记载有一种"醴酪"，即是我国乳酒的最早记载。根据古代的传说及酿酒原理的推测，人类有意识酿造的最原始的酒类品种应是果酒和乳酒。因为果物和动物的乳汁极易发酵成酒，所需的酿造技术较为简单。

3. 酒的发展

（1）上古酒史

1）贾湖遗址中的酒文化遗存。人们在位于河南舞阳的贾湖遗址中发现了距今约9000年的世界上最早的乐器、最早的酒、最早的契刻符号等几项世界最早的文明成果，从而轰动世界。研究成果中表明，距今约9000年前贾湖人已开始酿酒，其成分主要是稻米、山楂、蜂蜜、葡萄等。

2）神农时代的酒文化。在距今大约 7000 多年前的新石器时期，也就是神农时代，我们的祖先已经开始了定居，并开始了比较稳定的农耕生活，也为酿酒提供了丰富的物质保证。《淮南子》中有"酒之美，始于耒耜"的说法，是说酿造美酒，是在耕耘土地之后才开始的。在公元前 4800 年至公元前 2870 年之间，裴李岗文化和河姆渡文化遗址中，还出土了大量的杯、觚、壶等器形，可见，当时已经存在酒器，这足以说明饮酒历史之长。

（2）三代酒史。夏商周三代，是中国奴隶社会的鼎盛时期。在这三代中，酒在整个社会得到了普遍重视。尤其是统治阶级和贵族，更是酒的迷恋者，由于他们，酒开始展示自己豪华奢靡的一面。

1）夏代。现代科学考古出土了大量的夏朝陶制酒器，如尊、罍、斝等作为煮酒、盛酒、饮酒的器物。由此可见，夏朝的经济文化已经发展到一定程度，酿酒、饮酒已成为人们生活的一部分。

2）商代。商朝的农业和畜牧业发展都比较快，尤其是手工业得到前所未有的发展，青铜器的冶炼与制造也相当成熟，各种日常生活的器具和礼器、酒器都十分精美。在商王朝的职官中，设有专门掌酒的"酒正"一职。

3）周代。周王朝有过很长一段时间的社会文化繁荣时期，社会制度、道德礼仪都得到前所未有的发展，酒成了很多仪式上必不可少的用品。不仅有专门掌酒的职官，还有限制民众饮酒的"酒法"。周公旦辅政时期发布了《酒诰》，规定王公诸侯不准非礼饮酒，并对民众饮酒也规定了严酷的法令。

（3）春秋战国酒史。春秋、战国时代虽然战乱频繁，却是中国文化极其灿烂的时期。期间涌现了很多影响深远的思想家、哲学家，如孔子、孟子、老子、庄子、列子、韩非子等。春秋、战国的经济发展，使当时的物质财富更为丰富，这就为酒的进一步发展提供了物质基础。酒的大量生产，促进了人们的生活和生产，酒渗透到了生活的方方面面，不仅是饮用品，也是社会文化的一个重要组成部门。在春秋战国时期的不少书籍中，都有不同角度对酒的记载。如《论语》中有"有酒食，先生馔"。是说酒食用以敬长。还有"惟酒无量，不及乱"。要求饮酒有度。此外《孟子》《史记》《九歌》《诗经》《礼记》《吕氏春秋》等书籍中，都有关于酒的记载，这不仅说明酒在当时是人们普遍饮用的饮料，还被赋予了更多的酒文化。

（4）秦汉酒史

1）秦代。公元前 221 年，秦始皇完成中国的统一大业，结束了自春秋起五百年来分裂割据的局面。秦王朝延续时间很短，所以相对来说，有关酒的发展内容较少。

2）汉代。汉高祖喜爱饮酒，酒后有著名的"大风起兮云飞扬，威加海内兮归故乡，安得猛士兮守四方！"的诗句。汉代酒的消耗量很大，据《史记》中统计，汉代酿酒是可以致富的第一等行业，可见当时酒类的利润之高。公元前138年，张骞出使西域带回当地葡萄，并引进酿酒工艺，中原的酿酒技术开始与西域的酿酒技术交流融合。《史记》《方言》《续齐谐记》等大量历史文献记载和出土文物证实，汉代人饮酒，在继承传统的基础上，形成了自己独特的饮酒习俗，为中国传统酒文化增添了异彩。汉代饮酒逐步与祭祀和各种节日饮酒、上巳饮酒、婚礼饮酒、大脯饮酒等结合起来。

（5）魏晋南北朝酒史

1）三国两晋。220年，曹魏掌政之后，力革汉代律令繁苛之弊，对经济文化军事进行改革，使魏国境内社会安定、生产发展，从而交通便利，商贸发达，城市繁荣。经济的发展带来了文化科技的繁荣。文学上，曹操和曹丕、曹植兄弟与王粲、陈琳等建安七子在诗歌创作中留下了许多名篇，在他们的诗歌中，就有很多著名的诗篇写到了酒。到了晋朝，有了祭祀用酒和贡酒。

2）南北朝。在南北朝时期，民间可以自由酿酒，当时市场上酒的买卖很活跃，《崔氏食经》中，记有各种酿酒工业。最有名气的当属洛阳刘白堕所酿的"鹤觞酒"。期间，随着酿酒业的蓬勃发展，相应的著作也有不少。北魏贾思勰的专著《齐民要术》堪称世界上最早的酿酒工艺学著作。书中记载当时的酿酒工艺已达到相当高的水平。由于酿酒技术并不复杂，当时私人自酿自饮的现象相当普遍，且数量可观。著名的田园诗人陶渊明便是如此。

（6）隋唐酒史。隋唐时期是中国封建社会的兴盛时期，社会生产力得到进一步发展，社会财富极大丰富。对外交流日益频繁，社会生活水平大幅度提高，因而，酿酒和饮酒在整个隋唐时期得到了一个前所未有的发展。

1）隋代。在隋统一全国后，曾一度取缔官家酒作坊，这无疑促进了私人酒坊、酒店的发展。

2）唐代。李渊于618年建立唐朝，以长安为都。唐朝是中国历史上，也是当时世界上最强盛的国家之一。经过贞观之治和开元盛世，酿酒业及相关行业都得到较大发展，大小酒肆、酒店遍布城乡。《唐会要》《开元遗事》《唐国史补》等书中，都有关于酒的记载。与其他朝代诗人相比，唐朝的诗人更是留下了无数的有关美酒的诗句。使美酒与唐朝的诗歌一起得以千古不朽。李白、白居易、王维、王翰、杜甫都留下了不朽诗句。

（7）两宋辽金元酒史

1）两宋。宋朝的酿酒业是从唐朝的基础上发展起来的，并有了明显的提高和进步。宋代酒的种类繁多，对酒的质量有固定的衡量标准，按质量等级论价。许多地方都有了自己代表性的名酒。当时的官府，都曾组织过类似评酒促销的活动。酒在宋朝历史上曾起过很大作用。建隆二年（961）7月与开宝二年（969）10月，宋太祖利用"杯酒释兵权"，进行了军事改革、以文官带兵。

2）辽代。与宋朝有很多的经济文化来往，在文化习俗上受汉代影响很大。亦有很多书籍记载酿酒、饮酒等酒事。

3）金代。金代禁止私酿，只在婚丧时候允许自己造酒。

4）元代。在元代，当时首都及各地酒店、酒楼买酒数量巨大。忽思慧《饮膳正要》、李时珍《本草纲目》都有很多关于酒的记载。在元朝由于与各国的文化交流，使得制酒的技术得到很大的丰富和提高。

（8）明清酒史

1）明代。明朝建国之初，朱元璋曾下令禁酒，后又以"海内太平，思与民同乐"而取消。在此期间，经济恢复得很快，全国各地的酒店、酒楼得到很大的恢复和发展。在明朝中叶，商业得到了快速发展，具有了资本主义经济的一些特征，从而在某种程度上改变了很多人的思想观念。很多书中记录了当时人们纵情诗酒，声色犬马的时代缩影。对于酒的记述，当以中国明代伟大的药物学家李时珍的《本草纲目》、科学家宋应星的《天工开物》、戏曲作家高濂的《饮馔服食笺》中的文字记载最为详细。万历元年（1573），泸州的酒坊建成酒窖，这也是中国建造最早、连续使用时间最长、保护最完整的老窖池群，称为酒中至宝。

2）清代。清代饮酒，酒令的多样化是显著特征之一。当时的书籍中对喝酒掷骰已有记载。在清代，还有很多著名的酒坊。如沈永和酒坊。据传，在汉代，今茅台镇一带就有了"枸酱酒"。西风东渐，清朝末年，一些西方国家人们喜爱的酒种酒厂也在中国扎根。光绪十八年，上海创立了正广和汽水公司。光绪二十一年，张振勋在山东烟台创设张裕酿酒公司，开始生产葡萄酒、白兰地。光绪二十六年，俄罗斯技师在哈尔滨建立中国第一家啤酒作坊。光绪三十年，英、德两国的资本家合资在青岛创办英德麦酒厂，也就是后来的青岛啤酒厂的前身。光绪三十年，在哈尔滨建立东三省啤酒厂，这是中国民族资产阶级自己建立的最早的啤酒生产企业。

（9）近现代酒史

1）民国时期的酒业。1914年，在哈尔滨建立五州啤酒厂，这是中国自己建立的第二家啤酒厂。1915年，茅台酒在巴拿马国际博览会上荣获金奖，这是中国第一次参加国际赛会并获得最高奖。1916年，山西汾酒在巴拿马国际博览会上荣获一等优胜金奖。1921年，山西酒厂建立，其主要目的是生产自己民族的葡萄酒以代替舶来品。1929年，南京国民政府公布了《洋酒类税暂行章程》，规定在国内销售的外国洋酒，从价征收30％的税金。1945 年 1 月，共产党领导的晋冀鲁豫边区政府公布《关于造酒的规定》《关于统一造酒决定》及《造酒业完全由政府直接经营》等规定，规范造酒行业。1946 年 8 月，国民政府颁布《国产烟酒类税条例》。1947 年，茅台酒首次在香港试销，立即被抢购一空，自此茅台酒开始走向国际市场。

2）新中国成立后的现代化酿酒。1949 年，中华人民共和国成立。对于酒类的生产和销售，随着国家的经济体制变化，经常有所调整。1951 年 5 月，中央财政部颁发了《专卖事业暂行条例》，规定专卖品为酒类和卷烟用纸两种。1952 年，第一届全国评酒会在北京举行，评选出四大名酒：茅台、汾酒、泸州老窖特曲酒和西凤酒。1994 年，中国啤酒产量跃居世界第二位。2002 年，中国啤酒产量完成 2 386.83 万吨，一举超越美国成为世界第一啤酒大国。人类的历史不会停止，科学发展，人们对事物的认识也在深化，酒的历史也一定会与时俱进。虽然我们还无法想象未来酒的变化，但一定会朝着对人类有更大的益处、更小的弊端，味道更加醇美的方向发展。1949 年新中国成立至今，中国酒业经历了四个阶段，即产业恢复期、快速发展期、产业调整期（"九五""十五"期间）和繁荣发展期。

目前，在中国酒品市场，中国白酒占据主导地位。近 5 年来白酒行业高效发展。首先，宏观经济增长带动消费升级，启动了白酒消费的大盘；其次，白酒企业通过采取一系列措施提升了核心竞争力，老名酒焕发了新生机，区域强势品牌群雄并起，这是行业快速发展的内在原因；再者，白酒通过充分竞争，淘汰落后产能，产业结构得到了优化；同时，国家"扶优限劣"的产业政策因素为白酒行业长期稳定发展奠定了基础。

但中国白酒在发展中，仍然面临以下的现状和挑战：全国性品牌越来越难以有成功的机会；地方名酒成为全新势力；消费者消费趋向多元化和名酒化，喝好酒成为一种时尚；高端产品成为地方白酒的热点和企业未来的支柱；社会精英人士成了买酒的主力军；流通环节的利润大于企业的利润在白酒行业体现得更明显；品牌成了消费者的不二选择，但品牌的打造越来越难以成功；大品牌、大经销商的联合在行业里面越来越紧密，小经销商的生存空间被压缩。即便如此，预计未来 10 年将成为中国白酒业的稳定发展时期，随着人民群众健康意识的提高，以及相关法律法规的健全，未来阶段，中国白酒业面临的主要挑战之一将是食品安全问题。

4. 酒文化

酒文化是指酒在生产、销售、消费过程中所产生的物质文化和精神文化总称。酒文化包括酒的制法、品法、作用、历史等酒文化现象。既有酒自身的物质特征，也有品酒所形成的精神内涵，是制酒饮酒活动过程中形成的特定文化形态。酒文化在中国源远流长，不少文人学士写下了品评鉴赏美酒佳酿的著述，留下了斗酒、写诗、作画、养生、宴会、饯行等酒神佳话。酒作为一种特殊的文化载体，在人类交往中占有独特的地位。酒文化已经渗透到人类社会生活中的各个领域，对文学艺术、医疗卫生、工农业生产、政治经济各方面都有着巨大影响和作用。

中国是卓立世界的文明古国，中国是酒的故乡，中华民族五千年历史长河中，酒和酒文化一直占据着重要地位，酒是一种特殊的饮品，是属于物质的，又是属于精神的。酒文化作为一种特殊的文化形式，在传统的中国文化中有其独特的地位。在几千年的文明史中，酒几乎渗透到社会生活中的各个领域。首先，中国是一个以农业为主的国家，因此一切政治、经济活动都以农业发展为立足点。而中国的酒，绝大多数是以粮食酿造的，酒紧紧依附于农业，成为农业经济的一部分。粮食生产的丰歉是酒业兴衰的晴雨表，各朝代统治者根据粮食的收成情况，通过发布酒禁或开禁，来调节酒的生产，从而确保民食。

中国是酒的王国。酒，形态万千，色泽纷呈；品种之多，产量之丰，皆堪称世界之冠。中国又是酒人士的乐土，地无分南北，人无分男女老少，饮酒之风，历经数千年而不衰。中国更是酒文化的极盛地，饮酒的意义远不止生理性消费，远不止口腹之乐；在许多场合，它都是作为一个文化符号，一种文化消费，用来表示一种礼仪，一种气氛，一种情趣，一种心境；酒与诗，从此就结下了不解之缘。不仅如此，中国众多的名酒不仅给人以美的享受，而且给人以美的启示与力的鼓舞；每一种名酒的发展，都包容劳动者一代接一代的探索奋斗，英勇献身，因此名酒精神与民族自豪息息相通，与大无畏气概紧密相连。这就是中华民族的酒魂。与欧洲标榜的"酒神"，堪称伯仲。似乎可以认为，有了名酒，中国餐饮才得以升华为夸耀世界的饮食文化。

酒，在人类文化的历史长河中，已不仅仅是一种客观的物质存在，而是一种文化象征，即酒的精神的象征。

在中国，酒神精神以道家哲学为源头。庄周主张，物我合一、天人合一、齐一生死。庄周高唱绝对自由之歌，倡导"乘物而游""游乎四海之外""无何有之乡"。庄子宁愿做自由的在烂泥塘里摇头摆尾的乌龟，而不做受人束缚的昂首阔步的千里马。

世界文化现象有着惊人的相似之处，西方的酒的精神以葡萄种植业和酿酒业之神狄奥尼苏斯为象征，到古希腊悲剧中，西方酒神精神上升到理论高度，德国哲学家尼采的哲学使这种酒神精神得以升华，尼采认为，酒神精神喻示着情绪的发泄，是抛弃传统束缚回归原始状态的生存体验，人类在消失个体与世界合一的绝望痛苦的哀号中获得生的极大快意。

在文学艺术的王国中，酒神精神无所不往，它对文学艺术家及其创造的登峰造极之作产生了巨大深远的影响。因为，自由、艺术和美是三位一体的，因自由而艺术，因艺术而产生美。

"李白斗酒诗百篇，长安市上酒家眠，天子呼来不上船，自称臣是酒中仙。"（杜甫《饮中八仙歌》）；"醉里从为客，诗成觉有神。"（杜甫《独酌成诗》）；"俯仰各有志，得酒诗自成。"（苏轼《和陶渊明〈饮酒〉》）；"一杯未尽诗已成，涌诗向天天亦惊。"（杨万里《重九后二月登万花川谷月下传觞》）；南宋政治诗人张元年说："雨后飞花知底数，醉来赢得自由身。"以酒助兴而成传世诗作，这样的例子在中国诗史中俯拾皆是。

5. 酒与养生

人类最初的饮酒行为虽然还不能够称之为饮酒养生，但却与养生保健、防病治病有着密切的联系。

（1）酒的性能。酒有多种，其性味功效大同小异。一般而论，酒性温而味辛，温者能祛寒、疏导，辛者能发散、疏导，所以酒能疏通经脉、行气活血、蠲痹散结、温阳祛寒、宣情畅意；又因酒为谷物酿造，故还能补益肠胃。此外，酒能杀虫辟邪、驱恶逐秽。此外酒还可与药物结合用于保健。同时酒也有防腐作用，一般药酒都能保存数月甚至数年时间而不变质，这就给饮酒养生者以极大的便利。

（2）饮酒注意事项

1）饮量适度。适度即无太过，亦无不及。太过伤损身体，不及等于无饮，起不到养生作用。

2）饮酒时间。一般认为酒不可夜饮。夜饮后休息，不利于酒精的挥发。

3）饮酒温度。在这个问题上，一些人主张冷饮，而也有一些人主张温饮，但不要热饮。至于冷饮、温饮何者适宜，这可随个人情况的不同而区别对待。

4）不要一次大量饮用混酒。各种酒类因原料和制作方法不同而酒的特性各异。在同一时间大量饮用混酒，各种酒的酒精含量不同，一会儿喝啤酒，一会儿喝白酒、葡萄酒，身体对这样的不断变化是难以适应的。酒类不仅酒精含量不同，各种酒的组成成分也不尽相同。常喝混酒，会给肝脏造成过重负担。严重者还会引起头晕、恶心、呕吐等，甚至会引起其他中毒症状。

5）辨证选酒。根据中医理论，饮酒养生较适宜于年老者、气血运行迟缓者、阳气不振者，以及体内有寒气、有痹阻、有淤滞者。

6）坚持饮用。饮酒养生因人而异，任何养生方法的实践都要持之以恒，久之乃可受益，饮酒养生亦然。

（3）常用药酒。常用药酒有：长生固本酒、养生酒、五精酒、十全大补酒、百益长寿酒、大补药酒、状元红酒、参茸酒、枸杞酒、周公百岁酒、何首乌回春酒、五加皮酒、黄精酒、菊花酒、参苓白术酒、茯苓酒、首乌金樱酒、定志酒、养容酒。

二、酒的特性、酿酒原理及工艺

1. 酒的特性

酒的本质就是乙醇，是从粮食植物里提纯出来的，不同的工艺提纯出来的酒精度数不一样。乙醇的分子式 C_2H_5OH，俗称酒精，它在常温、常压下是一种易燃、易挥发的无色透明液体，它的水溶液具有特殊的、令人愉快的酒味，并略带刺激性。标准状态下，燃点 $75℃$，冰点 $-117℃$，沸点 $78.3℃$。能与水、甲醇、乙醚和氯仿等以任何比例混溶。酒的冰点很低，比水低但比纯乙醇高，具体要视乙醇的比例而定，乙醇比例越高则冰点越低。

2. 酿酒原理

（1）糖化原理。用于酿酒的原料并不都含有丰富的糖分，而酒精的产生又离不开糖，因此将不含糖的原料变成含糖原料，就需要进行处理，而淀粉很容易变成葡萄糖。淀粉质原料通过蒸煮以后，把颗粒状态的淀粉变成了溶解状态的糊精，这时的糊精还不能被酵母直接利用，发酵产生酒精和二氧化碳，还必须采取添加糖化剂（麸曲、液体曲、糖化酶）的办法，把醪液中的淀粉、糊精转化为可发酵性糖等物质后，才能被酵母所利用，发酵产生酒精。这个将可溶性淀粉、糊精转化为糖的过程，生产中就叫做糖化。

淀粉糖化的目的，是通过糖化剂中的曲霉菌体里所具有的各种酶作用，将淀粉、糊精进行水解。糖化的作用也就是把溶解状态的淀粉、糊精转化为能够被酵母利用的可发酵性物质，降低醪液的黏度，有利于酵母的发酵和酵液的输送。

（2）酒化原理。酒精的形成需要具有一定的物质条件和催化条件，糖分是酒精发酵最重要的物质条件，而酶则是酒精发酵必不可少的催化剂。在酶的作用下，单糖被分解成酒精、二氧化碳和其他物质。1810 年，法国化学家盖·吕萨克（Gay Lussac）首次提出了葡萄糖酒化的化学反应式，后来，科学家们又测得每 100 g 葡萄糖理论上可生产 51.14 g 酒精，而实际生产中受多种因素的影响所得酒精的量要比理论值低。

3. 酿酒工艺

（1）发酵工艺（Fermenting）。发酵是指含有淀粉或糖质的原料在酶的作用下直接被分解成酒精、二氧化碳和其他物质。1857 年，法国的著名微生物学家路易斯·巴斯德（Louis Pasteur）发现酒精发酵是在没有氧气的条件下进行的一种生化反应。今天我们已很清楚这些发酵的条件，并能加以人工控制。

（2）蒸馏工艺（Distilling）。除了发酵酒，烈酒和高度酒都需要蒸馏得到，其原理亦早被人们所掌握，酒精在78.3℃时即可汽化，冷却后可凝结成酒液。不同的温度下冷却出来的酒液中杂质的含量亦不同，以在78.3～100℃下蒸馏得到的酒液质量最好。

（3）陈化工艺（Aging）。刚蒸馏出来的酒精，是无色辛辣的。蒸馏后的酒精若被放入橡木桶中进行陈化，酒精里的有机物质会发生变化，使酒精变得更成熟与芳醇，当然也不同程度地改变了酒的颜色。同时因有氧气渗入，通过氧化作用可以促使酒中的酯类物质和酸发生一些变化，并且逐步地成熟，酿成独特的酒品。不同的酒类陈化的时间不一样，但并不是陈化时间越长酒的质量就越好。

（4）勾兑工艺（Blending）。在古老的酿酒生产过程中，虽然是酿造同一种酒，甚至是同一个牌子的酒，由于酿酒原料质量的不稳定，气候、温度等生产条件的不同，操作工人的技术差别，得到的酒品的质量也不同。当时，制造商就采用在酿酒的最后阶段将不同质量的酒液加以混合的方法，勾兑出口味比较一致，颜色、香味、浓度都符合标准的酒液。一般做法是：将不同地区的酒液混合，或是将不同品种的酒液混合，也可以是用不同年份的酒液混合，也有将几种方法合并使用的。实行这一操作的人称为勾兑师。他们勾兑的配方和方法是保密的，而勾兑出来酒品的质量也同勾兑师的经验有关。这些勾兑师控制着酒厂生产酒品的质量。好的勾兑师，可以分辨出几百种不同酒品的味道。在勾兑时，勾兑师需要在安静的、没有干扰的环境下操作，有的甚至喜欢在温馨的古典音乐环境下调酒，以便激发创作灵感。

（5）装瓶工艺（Bottling）。这是整个酿酒过程中的最后一道工艺，也是酒品质量和形态的最后定型。不同的酿酒商都有其独特的装瓶工艺，但不论采用何种装瓶工艺都应符合以下要求：

1）严格符合卫生标准；

2）符合酒品的保存特点；

3）体现酒品独特的装饰风格和酒品级别；

4）便于安全运输。

三、酒度表示方法

乙醇在酒中的含量用酒度表示。

在古代，没有先进的分析手段和仪器，酿酒人检测酒精含量的方法是用火，他们把等量的酒与火药混合，然后用火点燃。如果火药不起火，证明酒精含量很低；如果火焰很明亮，证明酒精含量很高；如果火焰中等而且呈蓝色，证明酒精含量中等。这种方法在英文里称为"proved"（验证），由此演化而来，酒里酒精含量的多少用"proof"来表示，它的含义是酒精含量的多少或纯度。目前，国际上使用的酒度表示法有三种：

1. 标准酒度（Alcohol ％ by Volume）表示法

标准酒度是法国著名化学家盖·吕萨克（Gay Lussac）发明的，又称为盖·吕萨克法（GL 度表示法）。它是指在 20℃的条件下，每 100 mL 酒液中含有酒精的毫升数，通常用"％ Vol"或"GL"表示。当每 100 mL 酒液中含有 1 mL 酒精时，其酒度就是 1°，即"1％ Vol"或"1 GL"。

2. 英制酒度（Degrees of Proof UK）表示法

英制酒度是 18 世纪由英国人克拉克发明的一种酒度表示法，现在在一些英联邦国家使用，用"sikes"表示。

3. 美制酒度（Degrees of Proof US）表示法

美制酒度用"proof"表示。

英制酒度和美制酒度的出现都早于标准酒度，它们三者之间的换算关系是：

1GL＝2proof＝1.75 sikes

中国白酒采用的酒度表示法是标准酒度，即规定在 20℃时，每 100 mL 酒液中含有 1 mL 酒精，酒度即为 1 度，还可以用"1°"表示。

四、酒的分类

按照不同的分类标准，可以对酒进行不同的分类，比如可以按照生产工艺、西餐的餐饮搭配、酒精含量、酒吧习惯等不同的标准进行分类，以下是几种常用的酒分类方法。

1. 按生产工艺分类

按照生产工艺可以把酒分为发酵酒、蒸馏酒、配制酒三类。

（1）发酵酒。发酵酒就是把含有淀粉和糖质的原料发酵而成的酒，又称"酿造酒""原汁酒"。发酵酒的主要原料是谷物和水果，其特点是酒精含量低，酒精含量通常在 15％以下。常见的发酵酒有葡萄酒、啤酒、水果酒、黄酒、米酒等。

（2）蒸馏酒。蒸馏酒是将发酵得到的酒液经过蒸馏提纯所得到的酒精含量较高的酒。常见的蒸馏酒有白兰地、威士忌、金酒、伏特加、朗姆酒、特基拉以及中国的白酒等。

（3）配制酒。配制酒是以发酵酒或蒸馏酒为基酒，加入药材、香料等物质，通过浸泡、混合、勾兑等方法加工而成的酒。常见的配制酒有味美思酒、比特酒、甜食酒，以及中国的人参酒、药酒等。

2. 按酒精含量分类

按照酒精含量的多少，可以把酒分为低度酒、中度酒、高度酒三类。

（1）低度酒。酒度在 20°以下的酒称为低度酒，发酵酒如啤酒、葡萄酒、黄酒、米酒等都属于低度酒。

（2）中度酒。酒度在20°～40°之间的酒称为中度酒，如开胃酒、利口酒、国产的竹叶青等都属于中度酒。

（3）高度酒。酒度在40°以上的酒称为高度酒或烈酒（因中国白酒的度数大多较高，故在中国习惯将50°以上的称为高度酒），白兰地等国外六大类蒸馏酒和国产的茅台酒、五粮液、二锅头等都属于高度酒。

3. 按餐饮搭配分类

按照西餐的餐饮搭配可以把酒分为餐前酒、佐餐酒、甜食酒和餐后甜酒四类。

（1）餐前酒。餐前酒也称开胃酒（Aperitif），是指在餐前饮用的，喝了以后能刺激人的胃，使人增加食欲的饮料。开胃酒通常为干型，多用药材浸制而成。

（2）佐餐酒。佐餐酒也称葡萄酒（Wine）、桌酒（Table Wine）。是西餐配餐的主要酒类。外国人就餐时一般只喝佐餐酒不喝其他酒。不像中国人那么无拘束，任何酒都可以配餐喝。佐餐酒包括红葡萄酒、白葡萄酒、玫瑰红葡萄酒和汽酒，都是用新鲜的葡萄汁发酵制成，其中含有酒精、天然色素、脂肪、维生素、碳水化合物、矿物质、酸和丹宁酸等成分，对人体非常有益。

（3）甜食酒。甜食酒（Dessert Wine）一般是在配佐甜食时饮用的酒品。其口味较甜，常以葡萄酒为基酒加葡萄蒸馏酒配制而成。

（4）餐后甜酒。餐后甜酒（Liqueur）是餐后饮用的，是糖分很多的酒类，有帮助消化的作用。这类酒有多种口味，原材料有两种类型：果料类和植物类。果料类包括水果、果仁、果籽等，植物类包括药草、茎叶类植物、香料植物等。制作时用烈酒加入各种配料（果料或植物）和糖配制而成。

4. 按酒吧习惯分类

（1）餐前酒，或称开胃酒（Aperitif）

（2）雪利酒和波特酒（Sherry and Port）

（3）鸡尾酒（Cocktail）

（4）威士忌（Whiskey）

（5）朗姆酒（Rum）

（6）金酒（Gin）

（7）伏特加（Vodka）

（8）干邑（Cognac）

（9）利口甜酒（餐后甜酒）（Liqueur）

（10）啤酒（Beer）

（11）特选葡萄酒（House Wine）

5. 按生产原料分类

各类酒按生产原料分类，可分为植物类酿造酒、粮食类酿造酒、水果类酿造酒及其他（乳酒）酒类。

6. 按商业分类

商业分类法是现代酒的一类分类方法，是按照成品酒在市场上销售的基本类别划分的。根据这种分类方法，中国目前的酒可以划分为白酒、黄酒、啤酒、葡萄酒、果酒、洋酒。

五、酒的风格

所谓酒的风格，即酒的色、香、味、体作用于人体并给人们留下的对于酒的一种综合印象。酒品的风格是由酒的颜色、酒的口味、酒的香气和酒体组成的，不同的酒品，具有不同的风格。

1. 酒的颜色

酒的颜色是人们首先接触到的酒品风格。世界上酒的颜色种类繁多，酒液中的自然色泽主要来源于酿酒的原料，如红葡萄酿出来的酒液呈宝石红或深红色，这是葡萄原料的本色，自然色给人以新鲜、朴实的感觉。在可能的前提下，酿酒者都希望尽可能多地保持原料的本色。

酒品色泽形成的另一个重要原因是生产过程中自然生色。由于温度的变化、形态的改变等原因，原料本色也随之发生了变化，如蒸馏白酒在经过加温、汽化、冷却、凝结之后，改变了原来的颜色而呈无色透明。自然生色在不少酒品的酿造过程中是不可避免的现象，如果产生出来的新色泽对消费者没有什么影响，生产者一般不会采取措施去改变或限制自然生色的形成。

酒品色泽形成的第三个主要原因是增色。增色有两种方式：一是非人工增色，二是人工增色。非人工增色大多发生在生产过程中，酒液改变了原来的色泽，但并非生产者有意识的行为，比如陈酿中的酒染上容器的颜色。非人工增色有有利的一面，但是不少病变或质变也会导致色泽的改变，比如酒液中微生物繁衍，会导致浑浊；又比如被有害物质污染而产生色变（铜锈可使酒液发蓝）。人工增色则是生产者有意识的行为，目的在于使酒液色泽更加美丽，以迎合消费者心理，愉悦消费者，不少酒品生产者所使用的调色剂在人工增色时也会产生不利影响，如生产者滥用调色剂会使酒色风格呈现不协调，甚至于使酒的香、味、体等风格也受到干扰和影响。故饮用者往往对人工调色剂持有一定的戒心。

酒的色泽千差万别，表现出的风格情调也不尽相同。消费者对各种色泽的爱好也不一样，若要确定哪种酒品色泽风格最好，是很难的。专家们一般认为：凡是符合设计要求的色泽，凡是消费者满意的色泽，都是可取的。好的酒品色泽应该能充分表现出酒品的内在质地和个性，使人观其色就产生嗅其香和知其味的感觉。在审度酒品色泽风格时，要注意到外界因素的影响，比如光的强度、包装容器的衬色、室内的采光度等。

2. 酒的香气

香是继色之后作用于人的另一酒品风格。我国酒品生产十分讲究香的优雅，尤其是白酒生产更为注重香型风格。人们甚至以酒品香型特点来归类划分白酒的品种。区别酒品香型要靠嗅觉。嗅觉部分位于鼻黏膜的最上部。当气味分子接触鼻黏膜后，便溶解于嗅腺分泌液中而刺激嗅神经、嗅球及嗅束延至大脑中枢，从而产生嗅觉。为了获得明显的嗅觉，最好的方法是头部略微低下，把酒杯放于鼻下。酒中香气自下而上进入鼻子，使香气在闻的过程中容易在鼻子中产生空气涡流，使香味分子较多接触鼻黏膜。

在呼气时也能感到香味物质，它是随着呼出的气流由咽喉通过鼻子呼出的。酒由口而入时产生的香，似乎与鼻子的嗅觉无关，我们一般认为是"味感"，但实际上当咽下酒时，挡住鼻咽的小舌张开，香气会由此进入鼻子，所以香气仍然是由嗅觉来决定的。在品酒时，所称的"后味"不仅是由滋味组成，而且也包括用嗅觉判断的香气。

3. 酒的口味

味在酒品诸风格中给人的印象最深，是饮者最关心的酒品风格。酒味的好坏，基本上确定了酒的身价。名酒佳酿大都味道醇厚。人们常常用甜、酸、苦、辛、咸、涩、怪七味来评价酒品的口味风格。

（1）甜。世界各种酒品中，以甜为主要口味的酒数不胜数，含有甜味的酒就更多了。甜味可以给人以舒适、滋润、圆正、醇美、丰满、浓郁、绵柔等感觉，深受饮者的喜爱。酒品甜味主要来源于酒中含有的糖分、甘油和多元醇类物质，这些物质或本身具有甜味，或有助于甜味的突出。入口以后，使人感到甜美。糖分普遍存在于酿酒原料之中，果类中含有大量葡萄糖，茎根植物中含有丰富的蔗糖，谷类中的淀粉在糖化作用下会转变成麦芽糖和葡萄糖。它们没在发酵中耗尽，酒液就会有甜味。再者，人们常有意识地加入这样或那样的糖粉、糖汁、糖浆，以改善酒品的口味。

（2）酸。酸味是世界酒品中另一主要口味。现代消费者都十分偏爱非甜型酒品，由于酸味酒常给人以醇厚、干洌、爽快、开胃、刺激等感觉，尤其相对甜味来说，适当的酸味不粘挂，清肠沥胃，尤其使人感到干净干爽，故常以"干"字替之。干型口味中固然还包括了辛、涩等味，但酸乃其主体味感。酸性不足，酒便寡淡乏味；酸性过大，酒呈辛辣粗俗。适量的酸可对烈酒口味起缓冲作用并在陈酿过程中逐步形成芳香酯。酒中的酸性物质可分为挥发性和不挥发性两类，不挥发酸是导致醇厚感觉的主要物质，挥发酸是导致回味的主要物质。

（3）苦。苦味并不一定是不好的口味，世界上有不少酒品专以味苦著称，比如法国和意大利的比特酒；也有不少酒品保留一定的苦味，比如啤酒中的许多品种。苦味是一种特殊的酒品风格。苦味不可滥用，它具有较强的味觉破坏功能，人的苦觉可以引起其他味觉的麻痹。酒中恰到好处的苦味给人以净口、止渴、生津、祛热、开胃等感觉。酒中的苦味一方面由原料带入，比如含单宁的各类香料；另一方面产生于酿酒过程中，比如过量的高级醇会引起酒味发苦发涩，又如生物碱所产生的苦味等。

（4）辛。辛又称为辣，酒品的辛味虽不同于一般的辣味，但由于它们给人的感受很接近，人们常以辛辣相称，辛不是饮者所追求的主要酒品口味。辛给人以强烈的刺激，有冲头、刺鼻、兴奋、颤抖等感觉。高浓度的酒精饮料给人的辛辣感受最为典型。酒质中的醛类是辛味的主要来源，另外，过量的高级醇或其他超量成分，也会引起辛味的感觉。

（5）咸。一般来说，咸味不是饮者所喜好的口味。咸味的产生大多起因于酿造工艺的粗糙，使酒液中混入过量盐分。可是，少量的盐分，可以促进味觉的灵敏，使酒味更加浓厚。如墨西哥人常在饮酒时，吸食盐粉，以增加特基拉酒的风味。

（6）涩。涩味常与苦味同时发生，但并不像苦味那样使饮者青睐，这是由于涩给人以麻舌、收敛、烦恼、粗糙等感觉。原料处理不当，会使过量的单宁、乳酸等物质融入酒液，产生涩味。

（7）怪。凡不属于上述口味风格而又为某些饮者喜欢的口味，人们称为怪味。怪味和杂味都是不常见的口味。怪味最大的特点是与众不同，给人难以名状的感受。怪味是个含混不清的概念，因为一些人可以称某一种口味为怪，而另一些人则不以为然，这恐怕也是怪味之所以"怪"的缘故。

4．酒体

酒体是酒品风格的综合表现。国内国外都用"酒体"这个词，可是赋予酒体的含义却略有区别。酒体简而言之有淡体、浓体之分，但往往在综合评级一种酒的时候，又不能仅仅用浓、淡两字来描述和形容。总而言之，酒体是酒的整体风格的表现，不同的品酒师对酒体的评述也不尽相同。我国酒界人士谓之"体"，专指色、香、味的综合表现，侧重于全面的评价；法国人常说"某某酒具有酒体"指的是口感丰富、味浓、醇厚、回香等风格印象。不论是综合评价，还是实体感受，酒体总带有汇集印象的含义，一种酒品酒体的好坏，主要讲的是人对酒品风格的概括性感受。酒体讲究的是协调，各路风格恰到好处，"红花有绿叶扶持""干冽有甜润相衬"，酒品某方面个性的表现也应有一定的陪衬。

第4节 世界名酒介绍

一、发酵酒

1. 葡萄酒

葡萄酒是用葡萄酿制而成的酒。分为红葡萄酒和白葡萄酒两种。前者由带皮的红葡萄发酵酿成，含花色素而成红色；后者由不含色素的葡萄果汁发酵酿成，故无色。按含糖量，可分为干葡萄酒和甜葡萄酒。具有葡萄的芳香和酒的醅香。酒精含量通常为 8%～12%，亦有多至 20% 以上的。法国、意大利、西班牙、德国、美国、澳大利亚等都是世界著名的葡萄酒生产国。

（1）葡萄酒的发展。没有人知道是谁"发明"了葡萄酒。它可能是一个偶然的发现。在收获后，有些葡萄被留在了容器里经过了冬天，天然的酵母和葡萄中的糖把葡萄汁变成了葡萄酒。尽管考古学家追溯葡萄酒起源到几千年前，但最早的葡萄酒证据是在大概公元前一万年，在一个伊朗的黏土罐里发现的。

在国外，基督文化的传播促进了葡萄酒的传播发展，《圣经》中至少有 521 次提及。在西方，葡萄酒具有深厚的文化底蕴，已经形成完善的制度体系。已融入社会、政治、经济发展的方方面面。

目前，葡萄酒拥有两个分支，即新世界葡萄酒和旧世界葡萄酒。

1）新世界葡萄酒。以美国、澳大利亚为代表，还有南非、智利、阿根廷、新西兰等，基本上属于欧洲扩张时期的原殖民地国家，这些国家生产的葡萄酒被称为新世界葡萄酒。生产工艺上主张迎合消费者的口感需求，口感重点突出果香味，品种鲜明，在酒标上标明葡萄酒的品种。同时，新世界酒庄还大规模地把休闲旅游引入酒庄，更利于向葡萄酒爱好者推广葡萄酒文化。中国作为葡萄酒的新兴市场，其葡萄酒也被认为是新世界的葡萄酒。

2）旧世界葡萄酒。以法国、意大利为代表，还包括西班牙、葡萄牙、德国、奥地利、匈牙利等，主要是欧洲国家，这些国家生产的葡萄酒被称为旧世界葡萄酒。旧世界葡萄酒注重个性，通常种植为数众多、各种各异的葡萄。在葡萄园管理方面主要依赖人工，并严格限制葡萄产量来保证葡萄酒的质量。采用传统的生产工艺，口感中单宁味较重，重点突出产品的产地产区及等级，一般在酒标上标注产品的产区和级别。

法国是世界上葡萄酒生产历史最早的国家之一，葡萄酒的产量、销量和质量是世界上首屈一指的。波尔多、勃垦地、香槟区称为法国三大葡萄酒产区。著名品牌有：拉斐特·罗氏查尔德堡（Chateau Lafit Rothschild）、拉图堡（Chateau Latour）、玛高堡（Chateau Margaux）、吉夫海·香百丹（Geverey－Chambertin）等；德国盛产世界著名的白葡萄酒；意大利葡萄酒以数量大、品种多而著称，著名品牌有巴罗鲁（Barrolo）、巴巴里斯科（Barbaresco）等。

中国葡萄酒在20世纪80年代后进入较快的发展阶段，现有葡萄酒厂总数在500家左右，主要的企业有张裕、长城、王朝、威龙、华夏等，均引进国际著名葡萄品种提高质量。2 000 km，这是中国葡萄酒产区从东到西，从南到北相距的距离；－40℃，这是中国最寒冷的通化产区冬季的最低气温；45℃，这是世界炎热的吐鲁番产区夏季的最高温度；1 500 m以上，这是云南高原米勒产区的海拔高度。中国各葡萄酒产区可谓差异巨大，从而使具有不同风格，不同种类，不同风味的葡萄酒在中国都可以生产。目前，在我国业内已经形成一种共识：葡萄酒产区共有九个。分别是东北产区、渤海湾（昌黎）产区、银川产区、怀涿盆地产区、清徐（黄河故道）产区、烟台产区、吐鲁番产区、云南高原产区、甘肃武威产区。而这九大产区又被划分为东部、中部、西部三大块。而各大产区可谓各领风骚。

虽然国内红酒（葡萄酒）消费和销量逐年攀升，却鲜有人真正了解红酒文化，国际上一共有256位世界级的红酒大师，没有一个在中国。在国外红酒专业是有博士学位的，不是国人理解的"仅仅是喝酒"。怎么种葡萄、怎么酿酒、怎么装瓶、用什么塞子、怎么品尝，这些都是学问。但不可否认，葡萄酒在中国的发展之路将会越来越广阔，据中粮酒业的预测，红酒的发展速度在中国将会超过白酒，因为红酒可以保健，对人的心血管非常好。

中国葡萄酒畅销品牌有长城、张裕、王朝、威龙、通化、新天、丰收、香格里拉、华夏五千年、云南红滇云等。

（2）葡萄酒的种类

1）根据含糖量分可分为干型、半干型、甜型、半甜型。

2）根据颜色分可分为红、白、桃红三种。

3）根据是否含二氧化碳分类。按酒中二氧化碳的含量（以压力表示）和加工工艺可分为平静葡萄酒、起泡葡萄酒、特种葡萄酒三类。

①平静葡萄酒：20℃时二氧化碳压力小于0.5 bar（巴）的葡萄酒；

②起泡葡萄酒：20℃时二氧化碳压力等于或大于0.5 bar（巴）的葡萄酒；

③特种葡萄酒：按特种工艺加工制作的葡萄酒。

（3）葡萄的品种。讲到葡萄酒，必须要讲葡萄的品种，因为葡萄的品种对酿造葡萄酒至关重要，不同的葡萄品种可以酿造出丰富多彩、个性分明的葡萄酒。常用来酿造葡萄酒的品种有：

1）解百纳苏维农（赤霞珠）（Cabernet Sauvignon）。

2）梅洛（Merlot）。

3）色拉子（也称西拉）（Syrah）。

4）黑皮诺（Pinot Noir）。

5）仙芬黛（Zinfandel）。

6）莎当妮（Chardonnay）。

7）白苏维农（Sauvignon Blanc）。

8）薏丝琳（雷司令）（Riesling）。

葡萄品种是决定葡萄酒好坏的重要因素，除此外，气候、土壤、湿度、葡萄园管理、酿酒技术是决定葡萄酒好坏的关键。

（4）葡萄酒的艺术

1）饮用时间。理想的品酒时间是在饭前，品酒之前最好避免先喝烈酒、咖啡、吃巧克力、抽烟或嚼槟榔。专业性的品酒活动，大多选在早上 10 点至 12 点之间举办，据说这个时段，人的味觉最灵敏。

2）选用酒杯。葡萄酒杯的杯口应该收小，以便酒香能在杯中聚集；杯肚应该大一点，可以让酒在杯中作充分的晃动；杯子必须有一个杯脚，这样手的温度不会加热杯中的酒；酒杯体应该清晰透明，可以很好地观察酒的颜色。

3）开酒。优美的开瓶动作是一种艺术。开酒时，先将酒瓶擦干净，再用开瓶器上的小刀沿着瓶口凸出的圆圈状的部位切除瓶封，注意最好不要转动酒瓶，因为可能会将沉淀在瓶底的杂质"惊醒"。切除瓶封之后，用布或纸巾将瓶口擦拭干净，再将开瓶器的螺旋状钢丝钻尖端插入软木塞的中心（如果钻歪了，容易拔断木塞），沿着顺时针方向缓缓旋转以钻入软木塞中，用手握住木塞，轻轻晃动或转动，轻轻地、安静地拔出木塞。再用布或纸巾将瓶口擦干净，就可以倒酒了。

4）醒酒。葡萄酒的香气通常需要一些时间才能明显地发散出来。醒酒的目的是散除异味及杂味，并与空气发生氧化；开酒后应该倒一些在杯子里，然后轻摇，这样对酒味的散发有很大的帮助，在旋转晃动的时候，酒与空气接触的面积也就加大了，加速氧化作用，让酒的香味更多地释放出来。

5）闻酒。第一次先闻静止状态的酒，然后晃动酒杯，促使酒与空气接触，以便酒的香气释放出来。再将杯子靠近鼻子前，再吸气，闻一闻酒香，与第一次闻的感觉做比较，第一次的酒香比较直接和轻淡，第二次闻的香味比较丰富、浓烈和复杂。

闻酒时，应探鼻入杯中，短促地轻闻几下，不是长长的深吸，闻闻酒是否芳香，是否有清纯的果香或气味粗劣、闭塞、清淡、新鲜、酸的、甜的、浓郁、腻的、刺激、强烈或带有羞涩感。

6）品尝。让酒在口中打转，或用舌头上、下、前、后、左右快速搅动，这样舌头才能充分品尝三种主要的味道：舌尖的甜味、两侧的酸味、舌根的苦味；整个口腔上颚、下颚充分与酒液接触，去感觉酒的酸、甜、苦涩、浓淡、厚薄、均衡协调与否，然后才吞下体会余韵回味；或头往下倾一些，嘴张开成小"O"状，此时口中的酒好像要流出来，然后用嘴吸气，像是要把酒吸回去一样，让酒香扩散到整个口腔中，然后将酒缓缓咽下或吐出。

7）上酒和斟酒。上酒：如果您宴请客人时，可以先上白葡萄酒，后上红葡萄酒；先上新酒，后上陈酒；先上淡酒，后上醇酒；先上干酒，后上甜酒；酒龄较短的葡萄酒先于酒龄长的葡萄酒。

斟酒：宴会开始前，主人先给客人斟酒，以示礼貌。斟酒时不宜太满，给客人斟完酒后，主人才能自己倒。

2. 啤酒

（1）啤酒的概念。啤酒英语称为"Beer"，德语称为"Bier"，法语称为"Bitre"。啤酒是历史最悠久的谷类酿造酒。

啤酒最早出现于公元前3000年左右，于古埃及和美索不达米亚（今伊拉克）地区。这一历史事实可以在王墓的墓壁上得以证实。史料记载，当时啤酒的制作只是将发芽的大麦制成面包，再将面包磨碎，置于敞口的缸中，让空气中的酵母菌进入缸中进行发酵，制成原始啤酒。公元6世纪，啤酒的制作方法由埃及经北非、伊比利亚半岛、法国传入德国。那时啤酒的制作主要在教堂、修道院中进行。为了保证啤酒质量，防止由乳酸菌引起的酸味，修道院要求酿造啤酒的器具必须保持清洁。公元11世纪，啤酒花由斯拉夫人用于啤酒。1516年，由巴伐利亚联邦的威廉四世提出世界著名的"啤酒纯粹法"。1480年，以德国南部为中心，发展出了"下面发酵法"，啤酒质量有了大幅提高，啤酒制造业空前发展。1800年时期，随着蒸汽机的发明，啤酒生产中大部分实现了机械化，生产量得到了提高，质量比较稳定，价格较便宜。1830年左右，德国的啤酒技术人员分布到了欧洲各地，将啤酒工艺传播到全世界。纵观当今啤酒消费的情况，可称为消费大国的有捷克斯洛伐克、德国、澳大利亚、比利时、荷兰、英国、丹麦、爱尔兰、法国、瑞士、奥地利、美国、加拿大、墨西哥、古巴、日本、中国等。它的色、香、味及酒度与众不同，是一种很特殊的酿造酒。目前，世界上啤酒产量较高的国家是美国和中国。

（2）啤酒的酿造。啤酒含有四种基本成分：麦芽、啤酒花、水和酵母，这四种材料创造出世界级的酿造制品。在比利时、英国、德国和法国等国家，这种简单的配方已经经历了几个世纪的应用，至今仍在使用。即使有些厂家在技术、防腐剂和添加剂上有改进，那也只是为了使酿造成本更低，酿造速度更快一些而已。

啤酒是一种变化多端的复合物，虽然只有四种简单的材料，但却能配制出千变万化的组合，而且在酿造过程中会遭遇不同的难题，这正是酿造师们充分发挥其水平的地方。凭着对各种成分的深刻认识和它们彼此之间的相互影响，酿造师们往往会细致地设计配方，选择适当的谷物、酒花和相应酿造风格的酵母，适当调整酿造用水中的矿物质含量。然而，如果要鉴别最终的酿造结果，那只能纯粹凭"啤酒大师"的知识和经验了。这种技艺在工艺啤酒的酿造过程中显得尤其重要。

在酿造过程中，首先必须把谷物充分碾碎，才能完全萃取出其中的糖分，但须注意，谷物若被碾成了面粉，所制成的麦芽汁就无效了。下一步应选择合适品种的啤酒花，它们必须是新鲜的，并且具备与所酿造啤酒相一致的苦味度、风味和香味。酵母必须是鲜活的、未被污染的，与所酿啤酒的风味特征相匹配，因为酵母品种对最终啤酒的风味和特征影响极大。在整个制造麦芽汁、添加啤酒花和发酵的过程中，所用的水必须有合适的 pH 值、纯度和精确的金属离子平衡值。

1）麦芽。在人类的历史中，啤酒酿造有很久远的传统，因为人为的啤酒酿造过程中所需的谷物发芽和发酵最早只是一种自然的变化过程。尽管在现代酿造过程中制麦技术得到了改进，但其原理就像是谷物落在地下浸入雨水后发芽一样，谷物开始发芽时，它将依赖其积蓄的淀粉向上发芽、向下生根。同样，在啤酒酿造过程中，制麦设备会细致地模仿和控制这样一个过程来促进其发芽，当产生了足够的淀粉酶时即停止其进程，此时，淀粉复合物就会转化成单糖。绿麦芽在输送到酿造车间之前先要置于干燥炉中烘干，然后在麦芽车间轻轻地碾碎并立刻注入热水加以搅拌。于是，就产生了"麦芽汁"，这个过程称为"麦芽制备"，麦芽中的酶起着降解催化作用，它使复杂的淀粉链分解成能够进入酵母细胞内的可发酵的单糖小分子，以利后续的发酵过程。

2）啤酒花。在欧洲，最早的啤酒花栽培记录可追溯至公元 768 年，它出自一位基督教修士的手笔。目前，这些档案已被位于德国魏亨斯特芬著名的巴伐利亚州酿造学院所收藏。档案中并没有记载啤酒花是否已经用于啤酒的酿造。不过，可以肯定的是这位修士一定是在做试验，因为几乎每一种苦药草都被尝试过用于啤酒酿造。大约在公元 1500 年，佛兰德斯的酿造师们首创了目前广泛使用的啤酒花。许多年来，虽然在英国的荷兰移民一直在酿造啤酒中使用啤酒花，但英国人始终认为如果使用这种外国的药草，是对纯真的爱尔（Ale）啤酒的掺假。于是，亨利八世国王曾下令禁止在任何爱尔啤酒中使用啤酒花，如果是属于那些被称作"Beer"的啤酒则可例外。其主要目的是为了使消费者对其选择的啤酒特性能够一目了然。在那个年代，爱尔啤酒的酿造师们主要采用的药草包括苦薄荷、甜杨梅、酒蹄草、睡菜和各种树的树皮来调节啤酒的甜度和麦芽汁味道。

啤酒花的果实是一种长在雌性植株上的圆锥形球果，这些球果含有蛇麻腺体，后者能够提供芳香味和苦涩味来调节麦芽的甜度，并起到防腐剂和自然清净剂的作用。英语中啤酒花"Hop"这个单词来自于盎格鲁撒克逊语言中的"hoppan"，意为向上攀登。

啤酒花的风味和香味主要来自植物中的香精油，而其苦味则主要来自蛇麻腺松脂中所含的阿尔法酸，这些阿尔法酸还起到延缓变质的防腐作用。阿尔法酸的含量常常被用来计量此种酒花的苦度和防腐度。用作酿造啤酒的啤酒花具有不同的形态：散装的酒花、浓缩的酒花栓剂、粉末状酒花弹丸和酒花萃取物。为了不同的酿造目的所需，啤酒花又可分成"滋苦型酒花"和"滋香型酒花"两种类型。一般来说，阿尔法酸含量较高的酒花常用来滋苦；反之，则常被用作产生香味等滋香的目的。这样分类法只是一种绝对和简化的概念，实际上，大多数啤酒花只要合适的量或适当地把各种品种相混合，就能达到上述的双重效果。

3）酵母。啤酒酵母是一种单细胞细菌，它能把麦芽糖转化成酒精、二氧化碳和其他副产品，赋予啤酒一种独特风味。曾经有好几个世纪，人们未能真正认识到酵母在啤酒酿造中的重要性。酿造啤酒的修道士们只是模糊地认为酵母所产生出的效果只是某种奇迹。正是路易巴斯德（法国近代微生物学的创始人）对酵母活性的分析和爱米尔·汉森（丹麦酵母学家）在嘉士伯酿造厂对纯粹酵母品种的分离和培育，才使酵母发酵技术走出神话而成为高科技的微生物学的一部分。

一般来说，有两类主要的啤酒酵母。一种是用于爱尔啤酒发酵的称作上发酵酵母，它们比较适应暖温环境，在发酵过程的后期浓集于啤酒液上部；另一种是所谓的下发酵酵母，又称拉格（Lager）酵母，它们适应低温环境，在发酵阶段沉入发酵罐底部。但这并不是说它们只是在顶部或底部进行发酵，其实整个发酵过程贯穿了全部酒液。无论是爱尔啤酒酵母还是拉格啤酒酵母，它们还有许多不同的品种，每一品种都使其发酵的啤酒在风味、酒体和香味等方面显示出独特性。

4）水。专业的酿酒师通常把酿造啤酒用水称为"酿造水"，水要占到成品啤酒95％，极大地影响着啤酒的口味和酿造过程。酿酒师会特别关注水中的6种主要盐含量成分：碳酸氢盐、钠盐、氯化物、硫酸盐、钙盐和镁盐，只有精确地平衡这些成分，才能得到所需要的风味和高质量的产品。

在酿造水中，碳酸氢盐的含量是最重要的考虑因素，其含量太低会导致麦芽汁偏酸性，尤其是在酿造黑麦芽时。而过高的情况会造成糖化困难，在谷物由淀粉转化为糖分的过程中，和谐适当的pH值会调节酶的效率。钠盐则是赋予啤酒浓郁、厚泽的物质。氯化物能发挥出麦芽的甜度，就像钠盐一样，全面提升啤酒的口感和柔和度。水中的硫酸盐是影响酒花滋味的主要元素。如果酿造中的苦味度（BU）偏高的话，啤酒的苦味就会偏干涩。钙盐在啤酒酿造过程中的沸腾阶段易引起蛋白质的沉淀。镁盐主要对啤酒酵母的滋养作用有利。

5）酿造过程。首先把发芽的大麦在滚筒碾碎机中碾碎，注入热水混合，旋转入麦芽汁桶（这是一种置于酿造车间的铜制或木制或不锈钢制的大容器）。麦芽汁就像燕麦粥，呈金黄色，有点甜。煎熬麦芽汁的方法是由德国的酿酒师针对他们的麦芽类型而开发的，他们先把麦芽汁抽入一个罐中，煮沸促使蛋白质分解，然后再抽回到麦芽汁桶，几个小时内慢慢地上升温度。这个方法起初应用于德国白啤酒和德国巴克黑啤酒的酿造，那是为了酿制一种厚泽麦芽风格的啤酒。现在，许多啤酒厂在传统方法的基础上又做了一些调整，其麦芽汁加温过程只在一个容器中进行，所不同的是温控步骤精确多了。麦芽汁制备完成以后，甜甜的麦芽汁被过滤后流入酿造罐，通常再用热水喷射麦芽汁沉淀物，以带走剩余的麦芽汁。

萃取过麦芽汁的谷物渣或被丢弃，或被用作牲畜的饲料。接下来，在酿造罐中，再煮沸麦芽汁并添加啤酒花，通常要煮 1.5～3 h。然后，过滤掉啤酒花沉淀，再用离心法分离掉沉淀的蛋白质，冷却至发酵温度，把麦芽汁输送至初级发酵罐中，在那里加入一定量的新鲜酵母。大多数情况下，发酵过程要持续 5～10 天，然后"清"啤酒被注入后熟罐，在那里需要进一步净化和老化 1～2 周。拉格啤酒通常要经过更长的发酵期：两周的初级发酵，两周的二级发酵以及 1～6 个月的后熟。

在熟啤酒离开啤酒厂之前，有时还得经过过滤和各种不同的灌装过程。给啤酒灌气有很多方法，许多啤酒厂是直接往后熟罐中注入二氧化碳，而德国有些啤酒厂则是加入一定量的活性酶。另一种方法是在发酵停止前进行灌装，相当于变相带入啤酒中一定量的二氧化碳。对于瓶内后熟型啤酒，就是加入一定量的酵母和糖水，使其在瓶中自然发酵和汽化。

（3）啤酒的分类

1）根据生产工艺分类

①干啤酒。20 世纪 80 年代末由日本朝日公司率先推出，一经推出大受欢迎。该啤酒的发酵度高，含糖低，二氧化碳含量高。故具有口味干爽、杀口力强的特点。

②全麦芽啤酒。遵循德国的纯粹法，原料全部采用麦芽，不添加任何辅料。生产出的啤酒成本较高，但麦芽香味突出。

③头道麦汁啤酒。由日本麒麟啤酒公司率先推出，即利用过滤所得的麦汁直接进行发酵，而不掺入冲洗残糖的二道麦汁。具有口味醇爽、后味干净的特点。目前，麒麟公司在

中国珠海的厂中已经推出该种啤酒，名为一番榨。

④黑啤酒。麦芽原料中加入部分焦香麦芽酿制成的啤酒。具有色泽深、苦味重、酒精含量高的特点，并具有焦糖香味。最著名的为司陶特黑啤酒。

⑤低（无）醇啤酒。基于消费者对健康的追求，减少酒精的摄入量所推出的新品种。美国规定酒精含量少于 2.5％（V/V）的啤酒为低醇啤酒，酒精含量少于 0.5％（V/V）的啤酒为无醇啤酒。他们的生产方法与普通啤酒的生产方法一样，但最后经过脱醇方法，将酒精分离。脱醇的方法较多，目前常用的为蒸馏方法脱醇。

⑥冰啤酒。由加拿大拉巴特（Labatt）公司开发。将啤酒冷却至冰点，使啤酒出现微小冰晶，然后经过过滤，将大冰晶过滤掉。通过这一步处理解决了啤酒冷浑浊和氧化浑浊问题。处理后的啤酒浓度和酒精度并未增加很多。

⑦绿啤酒。啤酒中加入天然螺旋藻提取液，富含氨基酸和微量元素，啤酒呈绿色。国内已有生产，如天目湖绿啤。

⑧暖啤酒。属于啤酒的后调味。后酵中加入姜汁或枸杞，有预防感冒和胃寒的作用。

⑨果汁啤酒。有菠萝啤酒和沙棘啤酒。菠萝啤酒是在后酵中加入菠萝提取物，适于妇女、老年人饮用；沙棘啤酒是在啤酒中加入沙棘果汁，啤酒中有酸甜感，富含多种维生素、氨基酸。酒液清亮，泡沫洁白细腻，属于天然果汁饮料型啤酒。

⑩白啤酒。以小麦芽为主要原料的啤酒，酒液呈白色，清凉透明，酒花香气突出，泡沫持久，适合于各种场合饮用。

2）根据啤酒色泽分类

①淡色啤酒（Pale Beers）。淡色啤酒是各类啤酒中产量最多的一种，按色泽的深浅，淡色啤酒又可分为淡黄色啤酒、金黄色啤酒和棕黄色啤酒三种。淡黄色啤酒大多采用色泽极浅，溶解度不高的麦芽为原料，糖化周期短，因此啤酒色泽浅，其口味多属淡爽型，酒花香味浓郁；金黄色啤酒所采用的麦芽，溶解度较淡黄色啤酒略高，因此色泽呈金黄色，其产品商标上通常标注 Gold 一词，以便消费者辨认，其口味醇和，酒花香味突出；棕黄色啤酒采用溶解度高的麦芽，烘焙麦芽温度较高，因此麦芽色泽深，酒液黄中带棕色，实际上已接近浓色啤酒。其口味较粗重、浓稠。

②浓色啤酒（Brown Beers）。浓色啤酒呈红棕色或红褐色，酒体透明度较低，产量较淡色啤酒少。根据色泽的深浅，又可划分成三种：棕色、红棕色和红褐色。浓色啤酒口味较醇厚，苦味较轻，麦芽香味突出。

③黑色啤酒（Dark Beers）。黑色啤酒的色泽呈深棕色或黑褐色，酒体透明度很低或不透明。一般原麦汁浓度高，酒精含量 5.5％左右，口味醇厚，泡沫多而细腻，苦味根据产品类型而有轻重之别。此类啤酒产量较少。

3）根据原麦汁浓度分类

①低浓度啤酒（Small Beers）。原麦汁浓度在 2.5%～9.0% 之间，酒精含量 0.8%～2.5% 之间的属低浓度啤酒。无醇啤酒属此类型。

②中浓度啤酒（light Beers）。原麦汁浓度在 11%～14% 之间，酒精含量 3.2%～4.2% 之间的属中浓度啤酒。这类啤酒产量最大，最受消费者欢迎。淡色啤酒多属此类型。

③高浓度啤酒（Strong Beers）。原麦汁浓度在 14%～20% 之间，酒精含量 4.2%～5.5%，少数酒精含量高达 7.5%，这种啤酒均属高浓度啤酒。黑色啤酒即属此类型。这种啤酒生产周期长，含固形物较多，稳定性强，适宜储存或远销。

4）根据灭菌情况分类

①鲜啤酒。又称生啤酒，是不经巴氏消毒而销售的啤酒。鲜啤酒中含有活酵母，稳定性较差。

②熟啤酒。熟啤酒在瓶装或罐装后经过巴氏消毒，比较稳定，可供常年销售，适于远销外埠或国外。

5）根据啤酒的风格（酵母性质）分类

①上发酵啤酒。又称英式爱尔麦芽啤酒（Ale），是利用浸出糖化法来制备麦汁，经上面酵母发酵而制成。用此法生产的啤酒，国际上有著名的爱尔淡色啤酒、爱尔浓色啤酒、司陶特啤酒以及波特黑啤酒等。爱尔啤酒的主要特征是上面发酵，和拉戈啤酒相比具有更高的酒精度，香味强，体态丰满，酒花味突出，苦味较大，偏酸。爱尔常作为上面发酵的代名词，因此把司都特、波特等上面发酵的啤酒都归于爱尔型。

②下发酵啤酒。又称拉戈啤酒（Lager），是利用煮出糖化法来制取麦汁，经下面酵母发酵而制成。拉戈一词起源于德文 Lager，原意为储存，用于啤酒是指后酵期长，有"陈酿"的意思，传统的拉戈啤酒后酵期都在 3 个月左右，至少不短于四周，后酵期越长，啤酒的风味越完美，储存期越长。拉戈啤酒的另一个特点是酒精含量较低。该法生产的啤酒，国际上有皮尔逊淡色啤酒、多特蒙德淡色啤酒、慕尼黑黑色啤酒等。拉戈啤酒是世界上产量最大的啤酒。我国生产的啤酒均为下面发酵啤酒。

（4）啤酒的储藏。选购好啤酒后，需要正确地储藏。下发酵的拉戈型啤酒应保存在 4～5℃ 左右的阴凉处。特别是生啤更应该如此。爱尔啤酒应该保存在凉暗处。对于一些有沉淀物的比利时爱尔啤酒，应置放在地窖的上层，或置于 13～16℃ 的室内。可能的话，放在啤酒储藏专用冰箱里是最好的。一般的冰箱温度是 2～4℃，这温度对于拉戈啤酒来说太冷了，如果从冰箱中取用啤酒来饮用，至少应在常温下回暖 15 min。有一些冰箱会有恒温调节器，可以将温度调节到拉格啤酒的储藏温度或接近 7℃ 的饮用温度。对爱尔啤酒，可以把储藏温度调到 10～13℃。储藏啤酒切记不要放在太阳底下暴晒，在运输过程中也尽量不要剧烈振荡，特别是针对一些玻璃瓶装的啤酒，否则很有可能引起玻璃瓶的炸裂。

（5）啤酒的盛器。只有适当的啤酒盛器才能最大限度地从工艺啤酒中得到感官享受。那些爽口的、特征性不强的、大规模生产的拉格啤酒不管你怎么品尝，都会觉得其口味差不多，但是，啤酒酿造中所赋予啤酒的不同独特特征是需要相当特别的盛器来体现其不同的本性。就像啤酒的种类越来越多，与啤酒配套的啤酒杯也从当初最简单的大啤酒杯和中世纪的陶制啤酒壶发展到了几乎为不同啤酒设计不同啤酒杯的地步。代表性的啤酒杯大致以下分类：笛形、高脚酒杯形、郁金香花形、张开的郁金香花形、心形、有把手的大酒杯形、无柄平底玻璃杯形、矮脚小口酒杯形、直边平底玻璃杯形、皮尔森啤酒杯形、波纹边酒吧马克杯形、酒吧调酒品脱杯形、陶制啤酒杯形和中间膨胀品脱杯形。

1）笛形细长酒杯。这种杯子最适合盛水果风味（如山莓）的啤酒和那些有葡萄芳香味的啤酒，高高的杯形使多泡的拉比克啤酒的细泡冉冉上升，并把啤酒的芳香味集中起来，顺着杯子直冲鼻子。

2）心形杯。这种杯子适合少量饮酒使用，用于盛装那些特别烈性或者用作睡前酒或餐后酒的那种强烈滋味的啤酒。这种杯子适合饮用者慢慢啜饮。

3）波纹边酒吧马克杯。如果在边用餐边喝酒时不容易把握住酒杯，那么这种大马克杯的波纹形很容易把握。这种杯子比较大，容易释放出英国酒花的花草芳香和水果、麦芽香。

4）张开的郁金香花形杯。这种杯子就像盛白兰地的小口杯一样，都有一个张开的杯口，啤酒很容易从泡沫下流出而进入口中，这样可以充分享受到啤酒的芳香。

5）高脚酒杯。高脚酒杯比较适合品尝那些香味难以捉摸的啤酒，它的形状同样也适合一些富含二氧化碳的爱尔啤酒，既易保持泡沫又易于品尝。

6）中间膨胀品脱杯。这种杯子有一种丰满的、强有力的和富有的感觉，适用于许多场合，是一种高贵的品脱杯。它在接近杯口的外壁逐渐凸起，容易使人把握，并且也容易品味英国酒花的清新和泥土香，以及果实发酵带来的酯味芳香。

7）皮尔森型杯。这种杯子不管是有颈的、圆锥的还是有些突出的、都有着高雅的形状，能导出酒花的香味，清晰的杯体能够透出灿烂的金色和可爱的气泡流。

8）酒吧调酒品脱杯。此杯原设计是用作调酒师调酒的工具，现在已引伸出广泛的用途，尤其是在酿造酒吧（啤酒酒吧），把它用作一种结实而好看的容器来盛装酒吧自酿的淡色爱尔啤酒、司陶特黑啤、波特黑啤和琥珀色拉格啤酒。

9）矮脚小口酒杯。这种杯子被许多人用来嗅探诸如比利时拉比克啤酒、修道院杜拜尔啤酒等芳香味啤酒。因为杯子的设计有利于香味沿着杯壁渗透出来。同样，如果你用手掌温暖杯体就能闻到更多的香味，否则举着杯颈则能保持啤酒清凉。

10）除以上常用杯具外，还有陶制啤酒杯（曾流行于德国）、有把手的锡杯、平底玻璃杯、白啤酒平底玻璃杯等。白啤酒平底玻璃杯是长而渐渐向上张开的杯子，易于在杯口形成大量的泡沫，使啤酒的香味直冲鼻孔。这种杯子也很适合酵母型德国小麦啤酒、邓克尔小麦黑啤和巴克尔小麦黑啤。往这种杯子倒啤酒的正确方式是，先把杯子倾斜成几乎水平状，啤酒慢慢沿着杯壁倒入，当倒入 1/4 啤酒后就竖直杯子，这样能够做到杯口有 7～8 cm 的泡沫。

（6）啤酒杯的清洗。啤酒杯要尽可能地用手洗，可用洗涤剂或漂洗剂来彻底清洗。然后让空气风干，成为一个清澈透明的杯子。在饮用前，杯子应该用冷水冲一下，这样做是为了把可能会粘着啤酒气泡的脏物或毛絮从杯壁上清除掉，以形成恰当的泡沫层。啤酒杯可以事先在冰箱中冷藏，但不能冷冻，因为这样会把杯壁所结的冰带进啤酒中冲淡啤酒，而且，过低的温度除了带来冷味和啤酒碰壁时的嘶嘶声外，还会掩盖啤酒原有的风味和应有的感觉。

（7）啤酒的饮用温度和泡沫。总体来说爱尔啤酒适合在 10～13℃饮用，拉格啤酒适合在 7～10℃饮用。特别是鲜啤酒，温度过高就会失去其独特的风味。但是啤酒冷冻的温度又不宜太低，太凉了会使啤酒平淡无味失去泡沫。饮用温度过高会产生过多的泡沫，甚至苦味太浓。

许多人困惑啤酒是否应该有泡沫，在美国，许多人在年轻的时候就学会了如何使啤酒杯的上层没有一点泡沫痕迹的技巧。由于啤酒的复杂性，啤酒泡沫量的适当程度将取决于所喝啤酒的种类和当地的习惯。

啤酒的泡沫层与酿造过程中的碳酸化程度有关。在英国南部的酒吧中，一杯传统的原味苦啤酒只有薄薄的一层泡沫，这种爱尔啤酒酒精度较低，为了酿造出一批好的啤酒，往往只是轻度碳酸化。换句话说，这种啤酒能够喝上好几个小时或相当大的量，而不会有醉感或有撑饱感。在英国北部的约克郡地区，同级别的苦啤酒却常常有着一层厚厚的泡沫层。而许多比利时爱尔啤酒是相当烈性的，常常在较长的一段时间内只能饮用有限的量，其丰富的二氧化碳能够使其慢而稳定地释放出香味，这些爱尔啤酒在饮用时常常带有一大块耸立的泡沫层。拉格啤酒的泡沫程度则介于上述两者之间，大多数我们所见到的啤酒泡沫层在 25～76 mm，皮尔森型的啤酒花香味通过泡沫能够很好地得到释放，而浓色巴克黑啤酒的麦芽酯味通过泡沫也会有一股淡淡的飘香。

总之，啤酒的泡沫量随不同风格的啤酒而不同。但是，一层适当的泡沫装饰带给饮用人的并非仅仅是一种风味，它还带出了酒花、麦芽和酵母的奇妙香味。

（8）啤酒斟酒和配餐要求。在啤酒服务过程中必须注意斟酒的技巧，特别是在酒店、宾馆，待客服务过程中必须针对不同的客人进行斟酒，沿杯壁倒酒，泡沫不宜过多也不能太少，应该注意，通常啤酒的泡沫在 25～76 mm。另外，还应注意永远使用新杯具为客人添酒，以保证啤酒应有的口味。在配餐方面，除浓奶油做的菜和甜食、海鲜外，任何食物都能够与啤酒相配，最适合的佐食是肉类食物。

（9）啤酒的鉴赏

1）外观。啤酒外观的评估是在开瓶前。要评估其外观，可把一瓶未开启的啤酒对着光线来观察其顶端大气泡的模样。这样做可以鉴别该瓶啤酒是否振荡过，否则开启时会喷涌。如果是这种状况，理想的情况最好是把它放置 1～2 天后再开启，特别是对于富含二氧化碳的啤酒或瓶中后熟的啤酒更应如此。同样，还要检查瓶中后熟啤酒的瓶底沉淀物，它应该是薄薄而密集的一层沉淀，如果该瓶啤酒呈朦胧和模糊状，那表明该啤酒近来曾遭到激烈震动，需要 1～2 天的竖立放置。当倒出啤酒后，不同的品种会产生特定的泡沫层，应让其静置片刻，一杯好的全麦芽啤酒一般在 1 min 内至少还保持有一半泡沫层，这种能力与"泡沫保持力"有关。当喝一些啤酒，泡沫落去后应该在杯壁上留下泡沫的痕迹，这种现象常常叫做"爱尔兰带"或"布鲁塞尔带"。啤酒的外观还包括其颜色，实际上啤酒的颜色是随着啤酒形式的微妙变化而变化的，不过，各种类型的啤酒都有相应的参考标准。

2）芳香。啤酒的芳香一般与啤酒的基本麦芽成分和谷物填充物成分的味道有关。这些芳香常常可描述成有坚果味道的、甜的、有谷物味的和有麦芽味的。来自谷物发酵的芳香味被叫做酯味，它有一种醇美的水果味特征，即挥发出成熟水果如香蕉、梨、苹果、葡萄干和红醋栗的香味。有时候"芳香味"和"味道"这些词常用作描述一杯啤酒的完整的气味，包括酒花、麦芽和酯。

3）香味。啤酒的香味即啤酒闻上去的味道。这与酒花带给啤酒的风味有关，酒花香味或者称作"酒花味道"只是在啤酒刚倒出来的时候能辨别出，不过很快就消失了。酒花的香味并非在每一种风格的啤酒中都能体现出来。而且，不同的酒花带给啤酒的香味也是不同的。用来描述酒花香味的词有：带草本味、带松木味、带花香味、带树脂味和带香料味。

4）后熟感。"后熟感"这个词常常与"碳酸化"这个词相互替换使用，它是用来描述啤酒中二氧化碳的含量。尽管不少啤酒厂常常是通过人为注入二氧化碳的手段使啤酒碳酸化，可不少工艺啤酒是通过瓶中后熟的方法使啤酒碳酸化，因为适当的瓶中后熟将带给啤酒丰富的成分，赋予啤酒更生机勃勃的质量。不过，后熟时间太长的话常会掩饰啤酒的口感，并调和了各种滋味。后熟时间太短的话则会使啤酒显得过甜，失去平衡感或变得无味。

5）口感。啤酒的口感是指对酒体的知觉。受啤酒中蛋白质和糊精的影响，使其口感会明显有淡或浓之分。

6）风味。啤酒的风味是一种最主观的标志，但也是啤酒令人享受最明显的体现。特定风味的啤酒应该具有其共有的口味特征。一杯经过完美调和的啤酒，应该有麦芽甜度和酒花苦味之间仔细的风味协调。

7）回味。回味是指咽下一口啤酒后在口中所保持的味道，适当的回味也是与其他质量一样重要的风格式样。不过，大多数情况下回味通常是希望能够调和和消除啤酒花的苦味。

（10）世界著名啤酒品牌

1）中国。1900年，俄国人在哈尔滨建立了中国的第一个啤酒厂；1906年英德商人在青岛建立了英德啤酒公司；1915年由中国人创建了北京双合盛啤酒厂等。这些商标如今都已很难收集了。中国啤酒商标大约有三种类型：一是仿青岛啤酒的椭圆形；二是突出地方色彩的啤酒商标，如天津的长城、北京的天坛、桂林山水等，多以名胜古迹、秀水灵川作为题材；三是合资浪潮下一些外国啤酒商标的使用，融入了一些洋名称和异国情调。著名的品牌有：青岛啤酒（TsingTao），青岛啤酒股份有限公司生产；雪花啤酒，华润雪花啤酒（中国）有限公司生产；燕京啤酒，北京燕京啤酒股份有限公司生产；珠江啤酒，广州珠江啤酒集团有限公司生产；哈尔滨啤酒，哈尔滨啤酒集团有限公司生产；金威啤酒，深圳金威啤酒集团有限公司生产；金星啤酒，河南金星啤酒集团有限公司生产。

2）美国。百威啤酒（Budweiser）、蓝带啤酒（Blue Ribbbon）、米勒啤酒（Miller）、布什（Busch）、帕布斯特（Pabst）、圣达菲白啤酒（Santa Fe Pale Ale）、铁锚（Arrowhead）、安得克（Anderker）、老米尔沃基（Old Milwaukee）、美乐（Miller）、奥林匹克（Olympia）、库斯（Coors）、雪来兹（Schlitz）等。

3）德国。贝克（BECK'S）、凯斯（Kostritzer）、唯森（Weihenstephan）、芦云堡（Lowenbrau）、伯丽那（Berliner weiss）、富斯坦伯格（Fursterberg）、多特蒙德（Dortmund）、海宁格（Henninge）、库尔姆巴赫（Kulumbacher Monschof）、斯巴登（Spaten）、郝勒斯坦（Holsten）、慕尼黑（Munchen）、波拉那（Paulaner）等。德国被誉为是"躺在啤酒桶上过日子"的民族，德国有1300余家啤酒厂，几乎遍及每个城镇，是世界上啤酒厂最多的国家之一。

4）俄罗斯。波罗的海啤酒（Baltika）、斯坦利（Stary Melnik）。

5）荷兰。喜力啤酒（Heineken）。

6）丹麦。嘉士伯（Calsberg）、图波（Tuborg）。

7）英国。纽卡索（Newcastle）、盖尼斯（Guiness）、姜啤（Ginger Beer）、巴斯（Bass）。

8）加拿大。莫尔森（Molson）、淡啤酒（Coors Light）、世界尽头（La Fin du Monde）、驯鹿头（Moosehead）。

9）瑞士。卡贝（Karbacher）、红衣主教（Cardinal）。

10）日本。三得利（Suntory）、朝日啤酒（Asahi）、麒麟啤酒（Kirin）、札幌啤酒（Sapporo）、沃利安（Orion）。

11）比利时。时代啤酒（Stella Artois）。

12）澳大利亚。维多利亚苦啤酒（Victoria Bitter）、皇冠啤酒（Crown Lager）、富仕达啤酒（Fosters Lager）。

13）菲律宾。马尼拉（Manila）、生力（San Miguel）。

14）新加坡。锚牌（Anchor）、虎牌（Tiger）。

15）墨西哥。科罗娜啤酒（Corona）。

16）泰国。Cheers 啤酒。

17）巴西。安贝夫啤酒（Ambev）。

18）南非。卡斯特（Castle Lager）。

19）新西兰。斯坦尔（Stein Lager）。

20）西班牙。圣马丁（San Martin）。

（11）啤酒饮用方法和服务要求

1）啤酒要冰镇后饮用，最佳饮用温度在8～10℃左右。啤酒所含二氧化碳的溶解度是随温度高低而变化的。温度高，二氧化碳逸出量大，泡沫随之增加，但消失快；温度低，二氧化碳逸出量少、泡沫也随之减少。啤酒泡沫的稳定程度与酒液表面张力有关，而表面张力又与温度有关。因此，啤酒的饮用温度很重要，适宜的温度可以使啤酒的各种成分协调平衡，给人一种最佳的口感。

2）啤酒决不能冷冻保存。啤酒的冰点为－1.5℃，冷冻的啤酒不仅不好喝，而且会破坏啤酒的营养成分，使酒液中的蛋白质发生分解、游离。同时，啤酒是经过人工气体加压制成的饮料，在过度冷冻中，由于水溶液冰冻体积膨胀，造成瓶内气压上升，容易发生瓶子爆裂，造成伤害事故。

3）饮用啤酒应该用符合规格的啤酒杯。最好选用专用啤酒杯，也可使用一般的水杯，杯具容量大小要适宜，不宜过小。油脂是啤酒泡沫的大敌，能消蚀啤酒的泡沫。因此，盛啤酒的容器、杯具要清洗干净，保持清洁无油污。服务时，切勿用手指触及杯沿及杯内壁。

4）开启瓶啤时不要剧烈摇动瓶子，要用开瓶器轻启瓶盖，并用洁布擦拭瓶身及瓶口。倒啤酒时有桌斟和捧斟两种。以桌斟方法为佳，桌斟倒酒时，瓶口不要贴近杯沿，可顺杯壁注入，泡沫过多时，应分二次斟倒。酒液约占 3/4 杯，泡沫约占 1/4 杯。

5）啤酒不宜细饮慢酌，否则酒在口中升温加重苦味。因此喝啤酒的方法宜大口饮用，让酒液与口腔充分接触，以便品尝啤酒的独特味道。

6）不要在喝剩啤酒的杯内倒入新开瓶的啤酒，这样会破坏新啤酒的味道，最好的办法是喝干杯子中的啤酒之后再倒。

（12）啤酒饮用注意事项

1）忌饮用过量。长期过量饮用啤酒，会导致体内脂肪堆积而阻断核糖核酸合成，影响心脏功能和抑制破坏脑细胞。

2）忌运动后饮啤酒。人在剧烈运动后立即喝一杯清凉味美的啤酒，感到再惬意不过了，其实这样做有害健康。因为剧烈运动后饮酒会造成血液中尿酸急剧增加，使尿酸和次黄嘌呤的浓度比正常情况分别提高几倍，而导致痛风病。

3）忌与烈性酒同饮。有的人在饮烈性酒时，同时饮用啤酒，结果引起消化功能紊乱。

4）忌饮浑浊啤酒。买来的散装啤酒或瓶装鲜啤酒，放在室温下时间长了，细菌就会得到繁殖，其中的乳酸菌和醋酸菌会使啤酒变酸变浑，如再污染上大肠杆菌或霉菌，饮后会使人患病。

5）忌饮变质、变色啤酒。啤酒受到杂菌的污染，或夏季温度较高氧化反应加速，或超期存放啤酒，就可能变色、变浑，发生沉淀、变质、变味等现象，饮用即会中毒。

6）忌空腹多饮冰镇啤酒。由于腹空，啤酒甚凉。多饮易使胃肠道内温度骤然下降，血管迅速收缩，血流量减少，从而造成生理功能失调，影响正常的进餐和人体对食物的消化吸收。

7）忌饮冷冻啤酒。夏季啤酒饮用的最佳温度是18℃左右。饮冷冻后的啤酒，会因温差太大，导致胃肠不适，引起食欲不振或腹痛。

8）忌啤酒兑汽水饮用。因为汽水中含有二氧化碳，啤酒中原本含有二氧化碳，过量的二氧化碳便会更加促进胃肠黏膜对酒精的吸收。

9）忌食海鲜、烟熏食品饮啤酒。有关专家研究指出，食海鲜时饮用啤酒，将有可能发生痛风症；饮用啤酒忌同吃腌熏食品，因腌熏食品中含有机胺以及因烹调不当而产生的多环芳烃类苯并芘、胺甲基衍生物。当大量饮用啤酒并食入腌熏食品时，人体血铅含量就会增高，上述有害物质会与其结合，极易诱发消化道疾病。

3. 米酒

米酒是用米酿造而成的酒，常见的有中国黄酒、日本清酒等。

（1）中国黄酒。黄酒是中国的特产，也称为米酒，在世界三大酿造酒（黄酒、葡萄酒、啤酒）中占有重要的地位。中国黄酒以浙江绍兴黄酒、山东即墨老酒、福建龙岩沉缸酒等为典型代表。

1）绍兴黄酒是中国最古老的名酒，产于浙江绍兴，酒液色泽澄黄清澈，醇香浓郁，口感鲜美。

2）即墨老酒是山东省的著名特产之一，产于山东即墨。以其历史悠久，工艺独特，营养丰富，功效卓越，品质优秀，独具特色而形成特殊的品牌文化，成为中国北方黄酒的典型代表。具有色泽瑰丽，气味馥郁，香型独特，性质温馨，质地醇厚等特点，微苦焦香、后味深长。

3）龙岩沉缸酒为甜型黄酒，产于福建龙岩。这种酒具有红曲型黄酒的特殊风格，其色泽呈红褐色，明澈清亮，香郁醇厚，余味绵长。

（2）日本清酒。日本清酒是借鉴中国黄酒的酿造法而发展起来的日本国酒。1 000 多年来，清酒一直是日本人最常喝的饮料。在大型的宴会上，结婚典礼中，在酒吧间或寻常百姓的餐桌上，人们都可以看到清酒。清酒已成为日本的国粹。

日本清酒虽然借鉴了中国黄酒的酿造法，但却有别于中国的黄酒。该酒色泽呈淡黄色或无色，清亮透明，芳香宜人，口味纯正，绵柔爽口，其酸、甜、苦、涩、辣诸味协调，酒精含量在15％以上，含多种氨基酸、维生素，是营养丰富的饮料酒，其制作工艺十分考究。清酒一般在常温（16℃左右）下饮用，冬天需温烫后饮用，加温一般至40～50℃，用浅平碗或小陶瓷杯盛饮。近几年来，为适应人们饮食习惯的变化，日本开发了许多清酒的新产品。日本清酒品牌有月桂冠、菊正宗、大关、白鹤、樱正宗、白鹰、贺茂鹤、白牡丹、千福、日本盛、松竹梅及秀兰等。

4. 果酒

由各种水果及某些野生植物的果实发酵酿制的酒。一般酒精含量较少（14％～18％）含糖量较高，具有原来水果的香味和营养成分。如山楂酒、苹果酒、桑葚酒等。果酒酒精含量低，营养健康，但果酒在中国市场仅仅起步十多年，还没有形成成熟的销售模式。

好的果酒，酒液应该是清亮、透明、没有沉淀物和悬浮物，给人一种清澈感。果酒的色泽要具有果汁本身特有的颜色。例如，红葡萄酒要以深红、琥珀色或红宝石色为好；白葡萄酒应该是无色或微黄色；苹果酒应该为黄中带绿；梨酒以金黄色为佳。此外，各种果酒应该有各自独特的色香味。例如，红葡萄酒一般具有浓郁醇和而优雅的香气；白葡萄酒有果实的清香，给人以新鲜、柔和之感；苹果酒则有苹果香气和陈酒酯香。

不同季节，可以酿造不同的水果酒，品尝酒液芳香，如春季：酿梅子酒、草莓酒、桃子酒、枇杷酒、杨梅酒、桑葚酒；夏季：酿樱桃酒、荔枝酒、李子酒、水蜜桃酒、葡萄酒、油桃酒、芒果酒、西瓜酒、龙眼酒、百香果酒、火龙果酒、榴莲酒、酪梨酒；秋季：酿石榴酒、鸭梨酒、梨子酒、柚子酒、柿子酒、苹果酒；冬季：酿葡萄柚酒、西红柿酒、奇异果酒、柳橙酒、橘子酒、金桔酒、金枣酒。四季皆宜可以酿造的果酒有：杨桃酒、芭乐酒、莲雾酒、凤梨酒、木瓜酒、香蕉酒、柠檬酒、椰子酒、莱姆酒、香瓜酒、哈密瓜酒等。果酒还可酿造成果味汽酒。

饮用果酒时最好配沙拉或饼干，一般来说，夏天要喝冰镇的，冬天则要加温饮用。

5. 乳酒

蒙语称"阿日里"，以鲜牛奶为原料，经发酵蒸馏而成，酒体无色，清亮透明，纯正清雅，醇甜柔和，回味悠长，乳香与酒香和谐并存。乳酒在我国有悠久的酿造历史。

狩猎，是原始人的重要生产活动。随着狩猎方法和工具的改进，人们可能一次捕到较多的活的野兽，人们便把野兽暂时饲养起来，当然也有了挤兽奶的条件。挤下的兽奶一时吃不完，便有了酿造乳酒的原料。奶酒在酿制过程中，并不破坏牛奶本身固有的营养成分，奶酒杂质少，不含植物纤维，奶酒所含甲醇、异丁醇、异戊醇成分极低；铅、汞等重金属不足国家标准的1/10；甲醛含量几乎为零。因此，奶酒饮喝后不上头，不伤胃，不损肝，而且具有一定的药用价值，这是奶酒和普通酒相比较的优点。

乳酒主要为我国北方游牧民族所酿造与饮用。它以马、牛、羊、驼的乳为原料，用独特的工艺酿制而成，其中以蒙古的马奶酒为最珍贵，最难得。马奶酒性温，有驱寒、舒筋、活血、健胃等功效。被称为紫玉浆、元玉浆，是"蒙古八珍"之一。曾为元朝宫廷和蒙古贵族府第的主要饮料。忽必烈还常把它盛在珍贵的金碗里，犒赏有功之臣。

二、蒸馏酒

蒸馏酒又称烈性酒，是指含糖分或淀粉的原料，经糖化、发酵、蒸馏而成的酒。蒸馏酒是一种酒精含量较高的饮料，是将发酵得到的酒液，经过蒸馏提纯所得到的酒精含量较高的酒液。目前，世界上著名的蒸馏酒有六大类，即金酒（Gin）、威士忌（Whisky）、白兰地（Brandy）、伏特加（Vodka）、朗姆酒（Rum）、特基拉酒（Tequila）。中国白酒也是世界著名的蒸馏酒，只是目前较少用于调制鸡尾酒。

公元10世纪，中国人掌握了蒸馏技术之后才开始酿造白酒。中国的蒸馏酒大多使用陶缸泥窖酿制，所以酒中不含色素。而国外的蒸馏酒多使用各种木桶酿制，并添加有香料和调色的焦糖等，故呈现不同的颜色。

在古希腊时代，亚里士多德曾经写道："通过蒸馏，先使水变成蒸汽继而使之变成液体状，可使海水变成可饮用水。"这说明当时人们发现了蒸馏的原理。古埃及人曾用蒸馏术制造香料。在中世纪早期，阿拉伯人发明了酒的蒸馏。国外已有证据表明大约在12世纪，人们第一次制成了蒸馏酒。据说当时蒸馏得到的烈性酒并不是饮用的，而是作为引起燃烧的东西，或作为溶剂，后来又用于药品。世界上最早的蒸馏酒是由爱尔兰和苏格兰的古代居民凯尔特人在公元前发明的。当时的凯尔特人使用陶制蒸馏器酿造出酒精含量较高的烈性酒，这也是威士忌酒的起源。

蒸馏酒具有酒精含量高，杂质含量少的特点，因此可以在常温下长期保存，一般情况下可放 5～10 年。即使在开瓶使用后，也可以存放 1 年以上的时间而不变质。所以在酒吧中，烈酒可以散卖、调酒甚至经常开盖而不必考虑其是否很快变质。

1. 金酒（Gin）

金酒因其含有特殊的杜松子香味又叫杜松子酒。最先由荷兰生产，在英国大量生产后闻名于世，是世界第一大类的烈酒。金酒按口味风格又可分为辣味金酒、老汤姆金酒和果味金酒，按特点和产地分为英国金酒（英式金酒）、荷兰金酒（荷式金酒）、美国金酒（美式金酒）。

金酒的蒸馏生产起源于 1660 年的荷兰，一位名叫西尔维亚斯（Sylvius）的教授发现杜松子有利尿作用，于是他就将杜松子浸泡在酒精中，然后蒸馏成一种含有杜松子成分的药用酒，这种酒还同时具有健胃、解热等功效，他便将这种酒投入市场，一下子引起了消费者的兴趣，受到了广泛好评，17 世纪，杜松子酒由英国海军带回到伦敦，很快就在伦敦打开了市场，很多制造商蜂拥而至，开始大规模生产杜松子酒，并在名称上作相应改变，称之为"Gin"，随着生产的不断发展和蒸馏技术的进一步普及和提高，英国金酒逐渐演变成一种与荷兰杜松子酒口味截然不同的清淡型烈性酒。

在我国，金酒最早是 20 世纪 30 年代（1938 年）在北京生产出来的，其生产者是法国传教士。

金酒是用谷物酿制的中性酒，其生产原料为玉米、大麦和杜松子，其香味主要来源于杜松子。金酒不用陈酿（但也有的厂家将原酒放到橡木桶中陈酿，从而使酒液略带黄色），香气和谐，口味协调，醇和温雅，酒体洁净，酒液无色透明，具有芳芬诱人的香气，味道清新爽口，可单独饮用，也可调配鸡尾酒，并且是调配鸡尾酒中唯一不可缺少的酒种。

金酒的酒度一般在 35°～55°之间，酒度越高，其质量就越好。比较著名的有英式金酒、荷式金酒和美式金酒。

（1）英式金酒（伦敦干金酒，London Dry Gin）

1）概述。17 世纪，英国金酒盛行，受到英国平民百姓的喜爱。当时一家小客栈打出一个非常有趣的招牌"Drunk for a penny 一分钱喝个饱；Dead drunk for two pence 二分钱喝个倒；Clean straw for nothing 穷小子来喝酒，一分钱也不要"。由此可以看出当时的金酒是何等的便宜和流行。

英式金酒属淡体金酒，意思是指不甜，不带原体味，口味与其他酒相比，比较淡雅。英式干金酒的商标有：Dry Gin、Extra Dry Gin、Very Dry Gin、London Dry Gin 和 English Dry Gin，这些都是英国上议院给金酒一定地位的记号。

伦敦干金酒泛指那些清淡型的金酒品种，不仅英国生产，美国等世界其他地方都有生产。这类金酒主要用玉米、大麦和其他谷物制成，生产过程包括发芽、制浆、发酵、三次蒸馏，最后稀释至40°左右装瓶销售。伦敦干金酒无色透明，香味较淡，很受欢迎，目前已成为金酒消费的主流，特别是用于调制鸡尾酒。伦敦干金酒也可以冰镇后纯饮。冰镇的方法很多，如将酒瓶放入冰箱或冰桶，或在倒出的酒中加冰块。

2）著名品牌

①英国卫兵（Beefeater）。又称为"御林军金酒""将军金酒"。英国卫兵是英式金酒的代表品牌，其口味纯正，香味爽快，入口顺畅，是广大金酒爱好者的理想选择，它适合于净饮和作为调制各种鸡尾酒的基酒。在净饮中加上几片柠檬和几块冰块其中感觉更是无法形容。它适合于任何一款以金酒作为基酒的鸡尾酒的调配。

②歌顿金酒（Gordon's）。它不仅在英国，而且在全世界都十分有名，是目前酒吧必不可少的金酒。

③吉利蓓（Gilbey's）。我国又称其为钻石金酒，酒体清淡。

④博士（Booth's）。又称红狮牌，口味清淡、明快，让人入口难忘。

⑤仙蕾（Schenley）。

⑥汤可瑞（Tangueray）。

⑦伊丽莎白女王（Queen Elizabeth）。

⑧老女士（Old Lady's）、老汤姆（Old Tom）。

⑨格利挪尔斯（Greenall's）。

⑩上议院（House of Lords）、博德尔斯（Boodles）、伯内茨（Burnett's）、普利莫斯（Plymouth）、沃克斯（Walker's）、怀瑟斯（Wiser's）、西格兰姆斯（Seagram's）等。

英式金酒适合冰镇后纯饮，每份为1 oz，也可放入一片柠檬片；可制作成多种口味卓绝的混合饮料；可制作鸡尾酒。

（2）荷式金酒（杜松子酒，Geneva）。产于荷兰斯希丹一带，是荷兰人的国酒。是以大麦芽与稞麦等为主要原料，配以杜松子酶为调香材料，经发酵后蒸馏三次获得的谷物原酒，然后加入杜松子香料再蒸馏，最后将精馏而得的酒，储存于玻璃槽中待其成熟，包装时再稀释装瓶。荷式金酒色泽透明清亮，酒香味突出，香料味浓重，辣中带甜，无论是纯饮或加冰都很爽口，风格独特。酒度为52°左右。因酒香味突出，香料味浓重，只适合于纯饮，不宜作鸡尾酒的基酒，否则会破坏配料的平衡口味。荷式金酒常装在长形陶瓷瓶中出售。新酒叫Jonge，陈酒叫Oulde，老陈酒叫Zee。荷式金酒的饮法也比较多，在东印度群岛流行在饮用前用苦精（Bitter）洗杯，然后注入荷兰金酒，大口快饮，痛快淋漓，具有开胃之功效，饮后再饮一杯冰水，更是美不胜言。

著名品牌：亨克斯（Henkes）、波尔斯（Bols）、波克马（Bokma）、哈瑟坎坡（Hasekamp）、邦斯马（Bonsma）等。

（3）美式金酒。美式金酒为淡金黄色，因为与其他金酒相比，它要在橡木桶中陈年一段时间。美式金酒主要有蒸馏金酒（Distilled Gin）和混合金酒（Mixed Gin）两大类。通常情况下，美国的蒸馏金酒在瓶底部有"D"字，这是美国蒸馏金酒的特殊标志。混合金酒是用食用酒精和杜松子简单混合而成的，很少用于单饮，多用于调制鸡尾酒。

2. 威士忌（Whisky）

威士忌一词出自凯尔特人的语言，意为"生命之水"。公元 43 年，罗马大军征服了不列颠，也带来了金属制造技术，从而使凯尔特人传统的蒸馏方法得到改进，改善了蒸馏器的密封性，减少了酒精蒸气的逃逸，提高了蒸馏效率，导致威士忌酒产量大为提高。到公元 10 世纪，威士忌酒的酿造工艺已基本成熟。有趣的是，在威士忌的标签上，有 Whisky 和 Whiskey 两种，两者之间相差一个"e"字，其中爱尔兰和美国所酿造的威士忌标签上用 Whiskey，而苏格兰和加拿大所酿造的威士忌标签上用 Whisky。

有文字记载的苏格兰威士忌，始于 1494 年，当时在苏格兰经济部的记录中，提到以大麦来制造生命之水（烈酒）。但那时所制造的威士忌只是一种无色透明未经储存的地方酒，味道也一般。直到 1644 年，英国政府突然增加酒税，严重的税收使威士忌的蒸馏业者与政府间展开了近 200 年的争斗。最后威士忌的蒸馏业者只能躲到苏格兰高地的群山环抱之中去酿造私酒，没想到这一下因祸得福，造出举世闻名的苏格兰威士忌。

过去制造威士忌时，要用燃料来熏烤麦芽。私酿者被逼躲入山林后，无法取得更多的燃料，于是他们改用蕴藏于苏格兰地区的泥炭来代替。这种泥炭是由苔藓类植物经过长期腐化和炭化所形成的，用这种泥炭熏烤麦芽，竟然使熏烟的香味一直保留在酒中。另外，在山区由于容器不足，私酿者就用西班牙烈酒桶来装酒，一时无法卖出的酒便储藏在山上的小屋中，再加上山谷中有最适合酿造威士忌的泉水和甜菜，于是在苏格兰地区酿造出世界第一流带有琥珀色的威士忌酒。

威士忌是用大麦、黑麦、玉米味原料制造的蒸馏酒，经过橡木桶储藏几年后以改进酒的色、香、味。威士忌上市时，在酒标上一般都标有储藏年限，酒龄一般自 4～30 年，酒龄越长也越尊贵。

由于使用原料、加工工艺和产地不同，世界著名的威士忌主要分为五大类，即苏格兰威士忌（Scotch Whisky）、爱尔兰威士忌（Irish Whiskey）、美国威士忌（American Whiskey）、加拿大威士忌（Canadian Whisky）、日本威士忌（Japanese Whisky），其中苏格兰威士忌最著名。

（1）苏格兰威士忌（Scotch Whisky）

1）概述。苏格兰生产威士忌酒已有 500 年的历史，其产品有独特的风格，色泽棕黄带红，清澈透明，气味焦香，带有一定的烟熏味，具有浓厚的苏格兰乡土气息。苏格兰威士忌具有口感甘洌、醇厚、劲足、圆润、绵柔的特点，是世界上最好的威士忌酒之一。

苏格兰威士忌分为三类，即麦芽威士忌、谷物威士忌和调和威士忌。目前调和威士忌是苏格兰威士忌的主流。

①麦芽威士忌：主要原料是泥炭熏过的大麦麦芽，蒸馏方法采用单式蒸馏机两次蒸馏，经过橡木桶至少三年的陈酿而成。主产地主要是苏格兰高地（Highland）、苏格兰低地（Lowland）、艾莱（Islay）。

②谷物威士忌主要原料是玉米、大麦麦芽，采用连续式蒸馏机或单式蒸馏机蒸馏，多采用用过的雪利酒橡木桶，制造出无泥炭味，风味柔和细致的酒。

③调和威士忌是调和了多种麦芽和谷物威士忌，再进行储存的，它融合了强烈的麦芽及温和的谷物酒。

苏格兰威士忌的主产地是：苏格兰高地（Highland）、苏格兰低地（Low land）、坎贝尔镇（Campbel Towns）、艾莱（Islay）。苏格兰威士忌和其他蒸馏产品一样有自己独特的风格，世界上其他任何地方都无法仿制，这不仅是因为苏格兰气候独特，而且还由于苏格兰拥有最宜于生产威士忌的水源以及独特的生产方法，苏格兰威士忌可以单独饮用或兑水饮用，最好使用纯正的苏格兰水，如果加冰块或加软饮料饮用则会失去其典型的风格。

苏格兰威士忌色泽棕黄带红，清澈透明，气味焦香，略带烟熏味，口感干洌、醇厚、劲足，圆正绵柔，酒度在 40°～43°之间。

2）著名苏格兰威士忌品牌

①百龄坛（Ballantine's）。产于英国苏格兰，在调配威士忌中评价较高。创立于 1827 年，1867 年进入威士忌行业。有百龄坛金玺 12 年威士忌、百龄坛金玺威士忌、百龄坛创业家威士忌、百龄坛特醇威士忌等品种，其中百龄坛特醇威士忌是世界上最畅销的威士忌之一。

②金铃（Bell's）。由酒商 Sandam 于 1825 年创立，1851 年 Arthur Bell 加入该公司，并最终成为公司股东。Bell 亲自兑和的威士忌大受欢迎，从此 Bell's 威士忌声名远扬。它是苏格兰本地销量最好的威士忌。

③大本钟（Big Ben）。该品牌得名于英国国会议事堂顶楼的大钟，同时也为了纪念大钟的建造人 Benjamy。

④格兰菲迪（Glenfiddich）。属麦芽威士忌。创立于 1818 年，1886 年开始制造麦芽威士忌，发展至今是苏格兰最大的蒸馏厂。得名于流经酒厂的 Glenfiddich 河流，意为"有

鹿的山谷"，鹿的图案作为商标已闻名全世界。

⑤J&B。酒名为生产商的缩写。属清淡型威士忌，销量在美国位列前茅。

⑥芝华士（Chivas Regal）。创立于1801年，1949年至今隶属于加拿大 Seagram 公司。其产品在全球150多个国家享有盛誉。有芝华士12年、芝华士18年、皇家礼炮21年（Royal Salute 21 Years）。其中芝华士12年陈酿曾被英国女王尹丽莎白二世指定为御用酒，而且被誉为"苏格兰威士忌王子"。它是一种很豪华的12年陈酒。Royal Salute 出品于英国女王尹丽莎白二世登基那年，为表敬意鸣礼炮21响，而由此得名。该酒只用21年陈酿麦芽威士忌兑和而成，是酒中豪华品。

⑦顺风（Cutty Sark）。具有现代风味的清淡型威士忌，酒性柔和。在美国和日本市场热销。有12年和18年陈酿等。

⑧迪沃（Dewar's）。诞生于1975年，其中以 Dewar's White Label 最为著名。

⑨约翰·渥克（尊尼获加，Johnnie Walker）。苏格兰威士忌的典范，创立于1820年，在苏格兰威士忌中销量第一，1908年使用头戴礼帽的尊尼酒标至今。常见的有红牌（Johnnie Walker Red Label）、黑牌（Johnnie Walker Black Label）、金牌（Johnnie Walker Golden Label）、蓝牌（Johnnie Walker Blue Label）、尊爵（Premier）、尊豪（Swing）。其中尊豪为高级酒品。

⑩老伯（Old Parr）。得名于英国一位152岁的老寿星。该酒口味略甜，比较柔顺，酒瓶是独特的四角形咖啡色网纹玻璃瓶，酒标上印有老寿星的头像，这个商标闻名全球。分别有12年陈酒及 Superior，President。

除以上威士忌以外苏格兰还有很多知名品牌威士忌酒，如威雀（The Famous Grouse）、登喜路（Dunhill）、黑与白（Black & White）、巴布利（Burberry's）、老爷威士忌（Old Royal）、白马（White Horse）、格兰威特（Glenlivet）、白牌（White Label）、教师（Teacher's）、百笛（100 Pipers）。

（2）爱尔兰威士忌（Irish Whiskey）。只要是在爱尔兰岛生产的都叫爱尔兰威士忌。爱尔兰是举世公认的威士忌的发祥地，爱尔兰威士忌具有酒液浓厚、细腻且有辣味、无泥炭的烟熏味等特点，其生产方法大致与苏格兰威士忌相同，主要的区别是使用的生产原料和蒸馏次数不同，生产出的威士忌的酒精度也不一样。爱尔兰威士忌在19世纪中叶，得以大量进口到美国。

爱尔兰威士忌有纯威士忌、谷物威士忌和调和威士忌。纯威士忌用大麦麦芽和无泥煤味的大麦麦芽为主要原料，采用单式蒸馏机，两到三次蒸馏而成，采用用过的雪利酒橡木桶或未烘焦的木桶陈酿至少三年，比苏格兰单一麦芽酒更轻柔；谷物威士忌以玉米、大麦麦芽等为原料，采用连续蒸馏机蒸馏，采用用过的雪利酒橡木桶或未烘焦的木桶陈酿至少三年，此类酒在 1970 年以后开始流行清淡风味；调和威士忌混合谷物、纯威士忌再储存而成，无烟熏味、清淡爽口。

著名的爱尔兰威士忌品牌：

1）布什米尔（Bushmills）。产于世界上历史最悠久的威士忌蒸馏厂。得名于 Bushmills 小镇，是北爱尔兰州唯一的威士忌品牌。畅销全球。

2）约翰·詹姆森（旧美醇，John Jamson）。是爱尔兰出口量第一的威士忌。

3）图拉摩尔·督（Tullamore Dew）。创立于 1829 年，以品质第一为原则，属爽口清淡型，品牌畅销世界各地，以牧羊犬为酒标，是爱尔兰的象征之一。

（3）美国威士忌（American Whiskey）。美国威士忌又称为波本威士忌（Bourbon Whiskey）。美国威士忌与苏格兰威士忌的酿造方法大致相同，据说是由苏格兰和爱尔兰移民开始生产的，只是在用料方面有所不同。美国威士忌的陈酿都必须用新木桶。

早期的美国威士忌，以黑麦为原料。主要产区为纽约和宾夕法尼亚州。生产可以追溯到新大陆的发现，哥伦布发现新大陆以后，大量的欧洲移民移居北美，他们同样带去了蒸馏威士忌的技术。起初，他们在肯塔基试种大麦，但后来他们发现，这里的土壤和气候更适合玉米生长，于是在使用大麦酿制蒸馏威士忌的同时，也把玉米掺和到酿制原料中，他们从此便开始了玉米威士忌的蒸馏。据史载，公元 1789 年，叶里加·克莱格（Elija Craig）神父首先发现玉米、黑麦、大麦、麦芽和其他谷物可以很好地组合，并生产出了十分完美的威士忌酒。由于当时他所处的位置在肯塔基的波本镇，故把这种威士忌命名为"波本"，以区别于宾夕法尼亚的黑麦威士忌。在美国，有三大重要的威士忌产地，它们是宾夕法尼亚州、印第安纳州和肯塔基州，这些地方生产的威士忌质量都很好。

美国威士忌有波本威士忌、黑麦威士忌、玉米威士忌和兑和型威士忌。

美国波本威士忌的生产有以下两个重要规定：一是生产原料中必须含有 51% 以上的玉米，二是蒸馏后的酒度要在 40°～80°，这样生产出波本原酒，再与其他威士忌或中性威士忌调配成波本调配威士忌，在新的烘焦的白橡木桶里储存两年以上。其酒液呈琥珀色，香味很浓，清澈透亮，清香优雅，口感醇厚，绵柔，回味悠长。现在已成为美国威士忌的代表；黑麦威士忌又称裸麦威士忌，黑麦用量在 51% 以上，颜色与波本威士忌相同，但味道不一样；玉米威士忌酿酒原料主要是玉米，玉米含量在 80% 以上，蒸馏出的酒液无论有无经过橡木桶陈酿，都归入此类；兑和型威士忌是以一种以上的单一威士忌和 20% 的纯波本、纯黑麦等纯威士忌混合而成，装瓶时至少含酒精 40 度，口感以清爽型居多。

美国威士忌著名品牌：

1）四玫瑰（Four Roses）。波本威士忌，隶属于 Seagram 公司，该酒至今有 400 多年的历史，最宜加冰饮用，被誉为"无刺的玫瑰"。

2）杰克·丹尼（Jack Daniel's）。田纳西威士忌，创立于1866年，创始人杰克·丹尼，此酒原料与波本威士忌相同，只是多了一道用砂糖枫木炭过滤的工序，是美国威士忌中的高级品种。

3）占边（Jim Beam）。波本威士忌。创立于1795年，是美国历史上最悠久的酒类产业。产品特色为原料中大麦含量高，用蛇麻草培养液进行发酵，酒精度低，是美国销量最好的波本威士忌，被誉为"波本威士忌之王"。有Choice5年及8年陈酿，也有纪念瓶装和变形瓶装产品。

4）乡间小路（County Road）。波本威士忌。

5）布莱顿（Blanton's）。波本威士忌，以在总公司调酒55年的资深员工Blanton之名命名。限量生产。

6）往昔时光（Ancient Age）。波本威士忌。

7）Booker's。波本威士忌。

8）野火鸡（Wild Turkey）。

9）老爷爷（Old Grand Dad）。

（4）加拿大威士忌（Canadian Whisky）。加拿大威士忌源于17世纪中叶，由最早到加拿大定居的欧洲移民把制造烈性酒的技术带到这里。早期的威士忌与苏格兰麦芽威士忌相似，是一种具有浓厚味的烈酒。到1861年，新式咖啡滤式蒸馏器替代了旧式蒸馏设备，才使加拿大威士忌的质量和产量得到提高。

加拿大威士忌受到国家法律制约，所生产威士忌的原料必须以玉米和黑麦为主。其中，黑麦用量不能低于51%，最多达90%，大麦麦芽用量不能低于10%，因此，加拿大威士忌又称为黑麦威士忌（Rye Whisky）。

加拿大威士忌是典型的清淡型威士忌，味美、芳香。加拿大威士忌必须至少陈酿4年才能进行勾兑和装瓶销售，陈酿时间越长酒液越显得芳醇。如果不到4年，必须在酒瓶上标明。加拿大威士忌按质量分陈酿4～5年、8年、10年和12年四类。加拿大威士忌以口味清淡，芳香柔顺而闻名遐迩，是适合现代人口味的现代派酒品，它可以单独饮用，也可以加水饮用。

著名的加拿大威士忌品牌：

1）阿尔伯塔（Alberta）。属爽口型黑麦威士忌。

2）加拿大俱乐部（Canadian Club）。简称"CC"。创立于1857年，是本国最有代表性的酒类企业。风味清淡、爽快，在俱乐部深受欢迎。

3）皇冠（Crown Royal）。调和威士忌。Crown Royal皇冠威士忌是为迎接1939年英国乔治六世访加而特制的贡酒，酒瓶模仿王冠造型，属高级酒品。

4）施格兰 V. O.（Seagram V. O.）。

5）O. F. C（Old Fine Canadian）。调和威士忌，口感轻快。

（5）日本威士忌。日本威士忌始于 1923 年。日本威士忌的发源地是京都府和大阪府边界的天王山麓，日本威士忌的诞生，有两个人起到了关键性作用，其中一个是日果威士忌公司的创始人竹鹤政孝（Masataka Taketsuru），另一个是三得利公司的创始人鸟井信次郎（Shinjiro Torii）。竹鹤政孝潜心学习苏格兰威士忌的酿制工艺，回到日本后与寿屋的经营者鸟井信次郎在京都西南方向的山崎建造酒厂。竹鹤政孝被任命为工厂负责人，就这样，在 1924 年，山崎酒厂开业，5 年后，第一瓶日本产威士忌——"白札"面世了。之后，竹鹤政孝开始独立追求威士忌酿造，并于 1934 年建造了他理想中的威士忌酒厂，命名为 Nikka ，即日果威士忌公司。

目前，日本主要持续生产单一麦芽威士忌的酒厂共有 6 家，山崎（Yamazaki）和白州（Hakushu）属于三得利（Suntory）公司所拥有。余市（Yoichi）和宫城峡（MIyagikyou）属于日果（Nikka）公司所有。御殿场（Fiji－Gotemba）和轻井泽（Karuizawa）属于麒麟（Kirin）公司所有。

日本威士忌常被品酒人士认为不地道，但在 2008 年，在威士忌酒权威刊物——《威士忌杂志》（Whisky Magazine）举办的国际竞赛中，单一纯麦芽酿造（single malt）与调和式（blended）这两大种类的最佳威士忌，都被日本出产的威士忌夺下。最佳单一纯麦品项由朝日啤酒集团旗下的 Nikka 公司生产的"余市"（Yoichi）20 年威士忌拿下。

日本威士忌酒质的特点，相较于苏格兰威士忌，酒体较为干净，有较多水果的气味及甜美，没有苏格兰威士忌留下那么多的麦子的气味。

日本威士忌著名品牌：

1）轻井泽（Karuizawa）。麦芽威士忌。创立于 1955 年的轻井泽威士忌蒸馏厂，是以葡萄酒起家的美露香公司所创立的，他们把原来是葡萄园的建筑物改装成威士忌蒸馏所，开始做很理想的威士忌蒸馏。由于酒厂很小，威士忌的产量不高，但品质很好。很多人喜欢在这家酒厂定制自己专属的威士忌酒，也是身份的象征。产品有轻井泽 10 年和 15 年等。

2）三得利（Suntory）。有 Suntory Old ，Suntory Roral Premium 15 Years ，Suntory Whisky White 等。

3）响（Hibiki）。在调和式威士忌中，日本三得利（Suntory）公司生产的"响"（Hibiki）获全球第一。

4）余市（Yoichi）。Yoichi 威士忌圆润的酒体仿佛成熟的蜜桃，花草和烧炭的香味仿佛把人带到森林里一堆燃烧的篝火面前。

5）山崎（Yamazaki）。把柔软的甘甜和花香与强硬的口感结合在一起，是山崎酿造所风格的完美传承和再现。山崎 10 年、山崎 18 年都是优质品牌。

6）白州（Hakushu）。"白州"意为"白色的沙堤"，暗喻水流的清澈。白色在日本佛教和神道里代表着神圣，白州酒厂位于海拔 700 m 左右的高度，差不多是海拔最高的苏格兰酒厂的两倍，也高于大多数日本威士忌酒厂，这又平添了一份高处不胜寒的冷峻气质。

7）御殿场（Fiji－Gotemba）。位于富士山脚下，于 1973 年开始出品威士忌，是世界上最大的威士忌装瓶厂。该厂建厂之初由日本、加拿大、苏格兰、美国酿酒师精心寻找厂址，最后定在富士山脚下是由于当地气候最接近苏格兰。起初厂名叫 Gotemba ，于 2002 年改名御殿场（Fiji－Gotemba）。

（6）威士忌的饮用。饮用威士忌所用杯具为 6～8 oz 古典杯。标准用量为每份 40 mL。常见的威士忌饮用方法有：

1）净饮。苏格兰威士忌以净饮和兑水饮用为主，如果加冰块或其他饮料，会失去其典型风格。

2）加冰。在古典杯中，先放入 2～3 块小冰块，再加入 40 mL 的威士忌。

3）兑水（所兑的水可以是冰水或汽水可乐）。在冷饮杯中，先放入 2～3 块冰块，再加入定量的威士忌和八分满的苏打水。一般来讲，兑水饮用时，酒精浓度不能低于 20°，否则会影响其固有风味。比如 40°以上的威士忌，可以加入等比例水饮用；60°以上的威士忌，可加入约两倍的水以保留原有香味。爱尔兰人在饮用威士忌时多掺兑其他饮料混饮，甚至加入咖啡，被认为是极好的饮用方法。

4）制作鸡尾酒。威士忌可以作调制鸡尾酒的基酒，如苏格兰之雾、曼哈顿等著名的鸡尾酒就是用它作基酒调制的。

威士忌开瓶后，应该马上加盖封闭，采用竖立式置瓶，在室温保管。

3. 白兰地（Brandy）

白兰地是果汁经发酵后蒸馏而成的烈性酒，该名源自荷兰语"Brandwijn"，英语里称为"Brandy"。通常所称的白兰地专指以葡萄为原料，通过发酵再蒸馏制成的烈性酒。而以其他水果为原料，通过同样的方法制成的酒，常在白兰地酒前面加上水果原料的名称以区别其种类。比如，以樱桃为原料制成的白兰地称为樱桃白兰地（Cherry Brandy），以苹果为原料制成的白兰地称为苹果白兰地（Apple Brandy）。

世界上生产白兰地的国家很多，但以法国出品的白兰地最为著名。而在法国产的白兰地中，尤以干邑地区生产的最为优质，其次为雅文邑（亚曼涅克）地区所产。除了法国白兰地以外，其他盛产葡萄酒的国家，如西班牙、意大利、葡萄牙、美国、秘鲁、德国、南非、希腊等国家，也都有生产一定数量风格各异的白兰地。

白兰地的生产已有五六百年的历史，根据记载，法国雅文邑（Armagnac）地区在1411年就开始蒸馏白兰地酒，到16世纪，法国各地都开始了白兰地酒的生产。

白兰地的生产过程包括发酵、蒸馏、陈酿、勾兑等。

白兰地根据产地、原料的不同可分为：干邑、阿尔玛涅克、法国白兰地、其他国家白兰地、葡萄渣白兰地、水果白兰地共六大类。

（1）干邑（Cognac）

1）概述。白兰地起源于法国干邑镇（Cognac）。干邑地区位于法国西南部，那里生产葡萄和葡萄酒。早在公元12世纪，干邑生产的葡萄酒就已经销往欧洲各国，外国商船也常来夏朗德省滨海口岸购买其葡萄酒。

干邑是法国乃至全世界最著名的白兰地产地，它位于法国的夏朗德省。该地区最初生产淡白葡萄酒，这种葡萄酒酸度高，糖分含量较低，但是，这种葡萄酒却是最好的白兰地的生产原料，因此，16世纪，该地区就开始将这种葡萄酒进行蒸馏，生产出了一种新的酒品——白兰地。

1938年，法国原产地名协会和科涅克同业管理局根据AOC法（法国原产地名称管制法）和科涅克地区内的土质及生产的白兰地的质量和特点，将干邑分为六个酒区：

GRANDE CHAMPAGNE 大香槟区

PETITE CHAMPAGNE 小香槟区

BORDERIES 波鲁特利区（边林区）

FINS BOIS 芳波亚区（优质林区）

BONS BOIS 邦波亚区（良质林区）

BOIS ORDINAIRES 波亚·奥地那瑞斯区（普通林区）

科涅克酿酒用的葡萄原料一般不使用酿制红葡萄酒的葡萄，而是选用具有强烈耐病性、成熟期长、酸度较高的圣·艾米里翁（Saint Emilion）、可伦巴尔（Colombar）、佛尔·布朗休（Folle Branehe）三个著名的白葡萄品种。

法国政府为了确保干邑白兰地的品质，对白兰地，特别是科涅克白兰地的等级有着严格的规定。该规定是以干邑白兰地原酒的酿藏年数来设定标准，并以此为干邑白兰地划分等级的依据。有关科涅克白兰地酒的法定标示及酿藏期规定具体如下：

①V. S（Very Superior）V. S. 又叫三星白兰地，属于普通型白兰地。法国政府规定，干邑地区生产的最年轻的白兰地只需要18个月的酒龄。但厂商为保证酒的质量，规定在橡木桶中必须酿藏两年半以上。

②V. S. O. P（Very Superior Old Pale）属于中档干邑白兰地，享有这种标志的干邑至少需要4年半的酒龄。然而，许多酿造厂商在装瓶勾兑时，为提高酒的品质，适当加入了

一定成分的 10~15 年的陈酿干邑白兰地原酒。

③Luxury Cognac 属于精品干邑。法国干邑多数大作坊都生产质量卓越的白兰地，这些名品有其特别的名称，如 Napoleon（拿破仑）、Cordon Blue（蓝带）、XO（Extra Old特陈）、Extra（极品）等。依据法国政府规定此类干邑白兰地原酒在橡木桶中必须酿藏六年半以上，才能装瓶销售。

"葡萄予后生，钵酒惠成人，唯此白兰地，留赠我英雄"塞缪尔·约翰逊在 1779 年用此诗来描绘干邑，足以体现干邑的高贵、深涵与风格。

干邑白兰地酒体呈琥珀色，清亮透明，口味讲究，风格豪壮，十分独特。

2）干邑著名品牌

①博龙城堡（Chateau de Beaulon）。位于戎泽的西南。创立于 1712 年，博龙只使用自己的葡萄，不买入葡萄，也不买入酒，只用新的利穆赞橡木桶。此酒深琥珀色，芬芳，有花香、果香，有胡桃味，甘甜果味。

②加缪（Camus）。又称卡慕、金花或甘武士。由法国 CAMUS 公司出品，该公司创立于 1863 年，是法国著名的干邑白兰地生产企业。等级品种分类有"VSOP"（陈酿）、"Napoleon"（拿破仑）和"XO"（特酿）等多个系列品种。此酒茶色或深色，芳香，醇厚，果香味浓郁，留香长。其中"Josephine Pour Femme"约瑟芬女士酒非常知名。

③库瓦西耶（Courvoisier）。又称拿破仑。创立于 1790 年，该公司在拿破仑一世在位时，由于献上自己公司酿制的优质白兰地而受到赞赏。在拿破仑三世时，它被指定为白兰地酒的承办商。等级品种包括三星、"VSOP"（陈酿）、"Napoleon"（拿破仑）和"XO"（特酿）等。

④轩尼诗（Hennessy）。是由爱尔兰人 Richard Hennessy 轩尼诗·李察于 1765 年创立的酿酒公司，至目前，"轩尼诗"这个名字几乎已经成为白兰地酒的一个代名词。"轩尼诗"名品有："轩尼诗 VSOP""拿破仑轩尼诗""轩尼诗 XO"等。

⑤御鹿 Hine。（又名托马斯·海因）创建于 1763 年。在 1962 年被英国伊丽莎白女王指定为英国王室酒类承办商。在该公司的产品中，"古董"是圆润可口的陈酿；"珍品"是采用海因家族秘藏的古酒制成。

⑥马爹利（Martell）。该公司创建于 1715 年，创始人尚·马爹利，此酒有"稀世罕见的美酒"之美誉。品种有"三星""VSOP"（陈酿）"Medaillon"（奖章）"Cordon ruby"（红带）"Cordon Blue"（蓝带）等。

⑦奥托（Otard）。由英国流亡法国的安托万·奥达·德拉格朗热创办。在干邑城堡酿藏。品种有"三星""VSOP"（陈酿）"Napoleon"（拿破仑）和"XO"（特酿）等多种类型。

⑧人头马（Remy Martin）。以创始人人名命名。"人头马"是以其酒标上人头马身的希腊神话人物造型为标志而得名的。该公司创建于1724年，创始人为雷米·马丁。此酒被法国政府冠以特别荣誉名称Fine Champagne Cognac（特优香槟区干邑）。"Remy Martain Special"（人头马卓越非凡）口感轻柔、口味丰富，采用六年以上的陈酒混合而成；"Remy Martain Club"（人头马俱乐部）有着淡雅和清香的味道；"XO"（特别陈酿）具有浓郁芬芳的特点。另外还有干邑白兰地中高品质的代表"Louis XIII 路易十三"，而"路易十三"的酒瓶，则是以纯手工制作的水晶瓶，据称"世界上绝对没有两瓶完全一样的路易十三酒瓶"。

⑨百事吉（Bisquit）。始创于1819年，经过180余年的发展，现已成为欧洲最大的蒸馏酒酿造厂之一。品种有"三星""VSOP"（陈酿）"Napoleon"（拿破仑）和"XO"（特酿）等。

⑩路易·鲁瓦耶（Louis Royer）又名路易老爷。公元1853年由路易·鲁瓦耶在雅尔纳克的夏朗德河畔建立。到了1989年，公司被日本三得利（Suntory）所收购。商标的标识是一只蜜蜂。几乎所有产品都是供出口，主要销往欧洲、中国、新加坡和韩国。

此外还有奥吉（Augier）、长颈（F. O. V）、拉珊（Larsen）、德拉曼（得利万，Delamain）、芒蒂佛城堡（Chateau Montifaud）等知名干邑品牌。

3）干邑的饮用。选用玻璃杯对于饮用干邑酒是非常重要的。干邑杯又称球形大肚杯，能让人舒适地握在手里，最好用薄边水晶杯，不要用太深太瘦长的杯子。杯口要稍微狭窄，来扼制香气并让香气朝向鼻子。玻璃的厚薄也是很重要的，要能通过手温，让芳香气味缓缓散发出来。饮用时，用一只手的手掌兜住杯身底部，慢慢旋转以让芳香缓缓升出。即使杯中酒饮完了，留香还会持续几个小时。用洁净的温水洗杯，不要用洗涤剂。干邑适合纯饮，这最能体现干邑的特色。

（2）雅文邑（Armagnac）。雅文邑寓意为世界上最古老的生命之水。雅文邑位于法国加斯科涅（Gascony）地区，是法国第二大著名的白兰地产地。雅文邑与干邑最大的一个区别就是，雅文邑以年份酒而著名，而干邑则以调和酒而闻名。雅文邑地区白兰地的生产同样也有严格的限制，只有那些严格控制的地区生产的葡萄酒蒸馏成的白兰地才能冠以雅文邑这一名称，这些葡萄酒可以从指定的葡萄园取得，而蒸馏工作则必须在严格的条件下进行。雅文邑与干邑最主要的不同点是在蒸馏仪器以及程序上。传统上，一般用来蒸馏雅文邑的是雅文邑蒸馏器（ALambic Armagnacais），这种蒸馏器的特色就是一次连贯蒸馏。而用来蒸馏干邑的则是夏朗德蒸馏器（Alambic Charantais），是需要两次分开蒸馏的。

雅文邑的生产基本上和干邑的生产相同，只是蒸馏罐是绝对间歇式的，蒸馏出的雅文邑如水一样清澈，酒精含量较高，陈酿对于雅文邑来说至关重要，用来陈酿雅文邑的橡木桶一般都是 Limousin Oak，必须选用当地森林出产的橡木来制作陈酿用木桶，这种木桶最能使新酒柔和芳醇，陈酿期间，雅文邑酒桶堆放在阴冷黑暗的酒窖中，窖主则根据市场销售的需要勾兑出各种等级的酒品，一般上市的雅文邑酒精含量都会降到40％左右。

不同地区的雅文邑酒具有不同的风格，但雅文邑地区并没有明文规定的等级产区。根据法国法律规定，VS，指1～3年的新雅文邑雅；VSOP，陈酿4～9年的雅文邑；XO，至少10年；高级年份XO，至少20年。

雅文邑大多呈琥珀色，发黑发亮，酒香浓郁，回味悠长，特别是挂杯时间较长，有时可长达一个星期，其显著特点是风格稳健沉着。

雅文邑著名的白兰地品牌有：夏博特（Chabot）、卡斯塔浓（Castagnon）、欧·巴隆（Haut Baron）、科萨德侯爵（Marquis de Caussade）、索法尔（Sauval）、桑卜（Semp）等。

（3）法国白兰地（French Brandy）。所有的干邑都是白兰地，但所有的白兰地并不都是干邑。法国的白兰地当推干邑和雅文邑最著名，但这两地以外的法国其他地方也能生产出优秀的白兰地酒，它们被统称为"法国白兰地"，这些白兰地一般不需经过长时间的成熟，只是储存很短时间即装瓶上市销售。

（4）马尔（Marc）白兰地。此种白兰地是用制葡萄酒所剩下的葡萄渣蒸馏而成的。在法国称此种酒为 Eau De Vie De Marc，因此这种酒称为 Marc，但最后一字母不发音。法国各地都出产。但以 Burgundy（勃垦地）产的最好。它富有麦秆和木料味道。常被品酒家所欣赏。

（5）水果白兰地。这个原本是指用各种水果包括葡萄和苹果所酿造的白兰地的总称，现在一般指用葡萄之外的其他水果酿造的白兰地。用苹果、草莓、樱桃、桃子、李子和杏等水果酿成的白兰地最常见。一般都可以从水果白兰地中尝到淡淡的酿造所用水果的味道，且风格独特。在水果白兰地中，苹果白兰地最为著名。苹果白兰地在法国生产的称为"Calvados"，在美国称为"Apple Jack"。

在法国，水果白兰地还被称为"烧酒（Eau de Vie）"，它主要以樱桃白兰地（Kirch）为代表。瑞士生产的威廉梨酒（William），也是世界著名的白兰地酒，具有浓郁的梨子香味。

4. 伏特加（Vodka）

（1）概述。伏特加酒最早起源于东欧和一些中亚国家，如波兰、俄罗斯、乌克兰等，但很多权威人士始终认为它的产生与波兰有千丝万缕的联系。

伏特加是俄罗斯和波兰的国酒，是北欧寒冷国家十分流行的烈性饮料。它是以多种农作物（马铃薯、玉米）为原料经过发酵和重复蒸馏而成的高酒精浓度饮料。"Vodka"（伏特加）是斯拉夫语中的变化字，来源是斯拉夫语"woda"或"voda"，意思是"水"。据史料记载，早在公元12世纪伏特加酒就已经出现，当时主要是用于治疗疾病，生产原料都是一些最便宜的农产品，如小麦、大麦、玉米、马铃薯和甜菜等。蒸馏技术在东欧及其相邻的国家出现，使伏特加得以普及，特别是那些地处北方寒冷地区的居民，尤其喜欢伏特加。

欧洲人喝伏特加酒已经几个世纪了，他们通常不加冰，而是用一个小小的酒杯一饮而尽。伏特加可以从多种不同的原料中蒸馏出来，然而品质最好的伏特加通常是从单一的原料中蒸馏出来的，例如小麦、黑麦或马铃薯。

美国人饮用伏特加则是在第二次世界大战开始的时候，当时，一位名叫胡伯兰茵（Hueblein）的人把伏特加带到美国，并大量推销，使美国人很快就接受了它。现在美国和英国生产的伏特加几乎是无色透明、没有味道的中性烈酒，主要用于调配混合饮料，在这种混合饮料中，伏特加只可以通过品尝才感觉到，根本无法闻出来，这种新款式的伏特加酒很受现代消费者的欢迎，它的出现，对伏特加发源地的伏特加的生产是一个很大的冲击。

伏特加是没有经过任何人工添加、调香、调味的基酒，也是调制鸡尾酒的必用酒。伏特加本身没有任何杂质和杂味，不会影响鸡尾酒的口感。伏特加无色无味，没有明显的特征，但很提神，其口味凶烈，劲大刺鼻，除了与软饮料混合使之变得干冽，与烈酒混合使之变得更烈之外，别无他用。伏特加酒中杂质含量极少，口感醇正，并且可以以任何浓度与其他饮料混合饮用，酒度在40°～50°。

伏特加酒分两大类，一类是无色、无杂味的上等伏特加；另一类是加入各种香料的伏特加（Flavored Vodka）。伏特加的两大品种为俄罗斯伏特加和波兰伏特加。俄罗斯伏特加最初用大麦为原料，以后逐渐改用含淀粉的马铃薯和玉米；波兰伏特加的酿造工艺与俄罗斯相似，区别只是波兰人在酿造过程中，加入一些草卉、植物果实等调香原料，所以波兰伏特加比俄罗斯伏特加酒体丰富，更富韵味。

俄罗斯和波兰是生产伏特加酒的主要国家，但在德国、芬兰、波兰、美国、日本等国也都能酿制优质的伏特加酒。

（2）伏特加的著名品牌

1）俄罗斯。吉宝伏特加（Imperial Collection）、波士伏特加（Bolskaya）、俄罗斯红牌（Stolichnaya）、俄罗斯绿牌（Moskovskaya）、柠檬那亚（Limonnaya）、斯大卡（Starka）、野牛草伏特加（Zubrovka）、俄国卡亚（Kusskaya）、哥丽尔卡（Gorilka）、斯丹达（Standard）、艾达龙（Etalon）、金牌（Medal）等。

2）波兰。劲牛（Blue Rison）、维波罗瓦红牌38°，（Wyborowa）、维波罗瓦兰牌45°（Wyborowa）、朱波罗卡（Zubrowka）。

3）美国。皇冠伏特加（Smirnoff）。皇冠伏特加深受各国人士一致喜爱，在超过170个国家有售。皇冠伏特加不只是在伏特加类别中出类拔萃，名列前茅，在各款烈酒中，皇冠伏特加在全世界销量榜中，更是名列前茅。皇冠伏特加美誉为最纯净之烈酒。因此，亦是最理想之调酒品牌。深受各国著名调酒师喜爱。此外还有，沙莫瓦（Samovar）、菲士曼伏特加（Fielshmann's Royal）。

4）芬兰。芬兰地亚（Finlandia）。

5）瑞典。绝对伏特加（Absolute）。

6）法国。灰雁伏特加（Grey Goose）。广受欢迎的奢华伏特加，它被创造出来的目标只有一个——成为世界上最佳口感的伏特加。它出生于法国干邑区，酒窖级酿酒师担保了法国灰雁伏特加每一个元素的无可挑剔的高质量。它选用100％的法国特选小麦，这种小麦通常用于制作美味的法式糕点；独一无二的一次五步蒸馏过程，再加上由香槟区石灰岩自然过滤的纯净泉水，使其拥有饱满圆滑并带有微甜香气的口感，使人持久回味。

7）英国。哥萨克（Cossack）、皇室伏特加（Imperial）、西尔弗拉多（Silverad）。

8）中国。波尔金卡伏特加（Bereginka Vodka）。在2009年世界烈性酒大赛中夺得世界金奖，一举成为与世界奢华产品"Grey Goose 灰雁"齐名的产品。

（3）伏特加的饮用。伏特加一般为纯饮，纯饮服务标准用量为每位客42 mL，用利口杯或用古典杯装载，可作佐餐或餐后酒。纯饮时，备一杯凉水，以常温服用，快饮（干杯）是其主要饮用方式。许多人喜欢冰镇后干饮，仿佛冰溶化于口中，进而转化成一股火般的清热。伏特加是非常受欢迎的调制混合饮料和鸡尾酒的基酒。

5. 朗姆酒（Rum）

（1）概述。朗姆酒是采用甘蔗汁或糖浆发酵蒸馏而成的烈性酒，也称为兰姆酒、蓝姆酒。朗姆酒的原产地是加勒比海地区的西印度群岛，但甘蔗最初并不产于此地，甘蔗的原产地是印度，后逐渐流传到了西班牙，15世纪后期，哥伦布发现了新大陆，并把甘蔗从西班牙带到了西印度群岛，这里的热带气候很快就使西印度群岛变成了甘蔗王国。17世纪初，在巴巴多斯岛（Barbados），一位精通蒸馏技术的英国移民面对茂盛的甘蔗园，潜心钻研，终于成功地制造出了朗姆酒。刚研究成功的朗姆酒十分浓烈，使得初喝此酒的当地土著居民一个个喝得酩酊大醉，十分兴奋，而"兴奋"一词在当时英语里称为"Rumbullion"，于是他们便把词首用来命名这种新酒，把它称为"Rum"（朗姆酒）。

朗姆酒的生产方法基本上与威士忌相同，主要生产过程包括发酵、蒸馏、陈酿和勾兑等。朗姆酒的蒸馏既有烧锅式蒸馏，也有连续式蒸馏，前者的生产效果好些，生产出的朗姆酒味道浓厚。

几乎所有的西印度群岛国家都生产朗姆酒且特色各异，比较著名的产地有巴巴多斯、古巴、圭亚那、海地、牙买加、波多黎各、特立尼达、维尔京群岛等。巴巴多斯朗姆酒柔顺，带有烟熏味道；古巴朗姆酒细腻、清淡；圭亚那生产的朗姆酒相当出色；牙买加朗姆酒酒精含量很高，口味非常浓烈，带有刺激感，近年来，也生产出口的清淡型朗姆酒；波多黎各生产的朗姆酒酒体轻盈，属于干型朗姆酒，最适合于调制鸡尾酒；特立尼达生产的朗姆酒通常酒体较重，颜色较深。

目前常用的朗姆酒有淡色朗姆、深色朗姆和棕色朗姆（金色朗姆）三种。淡色和棕色朗姆酒略有糖蜜味，略甜，较醇。深色朗姆颜色较深，具有刺激性芳香，风味十分独特。朗姆酒口感甜润、芬芳馥郁。朗姆酒是否陈酿并不重要，重要的是是否为原产地的酒。

（2）著名的朗姆酒品牌

1）百加得（Bacardi）。1862年源于古巴圣地亚哥的高档朗姆酒，纯正、顺滑，是全球销量第一的高档烈性洋酒，产品遍布170多个国家。波多黎各亦有生产。自1888年起，百加得成为西班牙王室用酒，它是所有朗姆酒中最优秀的品种，尤其是白牌百加得，它可以和任何软饮料调和，直接加果汁或者放入冰块后饮用，被誉为"随瓶酒吧"，是热门酒吧的首选品牌，一直被用来调制全球传奇的鸡尾酒。蝙蝠作为百加得的标志出现在瓶身，已超过130的历史。在古巴文化中，蝙蝠被认为是带来好运和财富的象征。百加得冰锐朗姆预调酒（Bacardi Breezer）有柠檬、青柠、蜜桃、葡萄柚、野莓、橙味等不同口味。

2）哈瓦那俱乐部（Havana Club）。它是继百加得之后又一具有代表性的朗姆酒，一般要在橡木桶中经过3年的酿制才出品，有着十分顺口的辣味。

3）美雅士（Myers）。由牙买加生产，是经过8年陈酿后才装瓶销售的。

4）老牙买加（Old Jamaica）。它是牙买加所产的深色厚重型朗姆酒，非常适合制作点心。

5）摩根船长（Captain Morgan）。原产国牙买加，有黑色、白色、金色三种。

6）海军朗姆（Lamb's Navy）。波多黎各产。

（3）朗姆酒的饮用。朗姆酒的饮用也是很有趣的。加冰、加水、兑可乐等均可。芳醇、浓郁、清爽的金朗姆酒适合干饮；白朗姆酒最适宜加冰块饮。在出产国和地区，人们大多喜欢喝纯朗姆酒，不加以调混。实际上这是品尝朗姆酒最好的做法。而在美国，一般把朗姆酒用来调制鸡尾酒。朗姆酒还可用作甜点和巧克力的调味品，在加工烟草时加入朗姆酒可以增加风味。

6. 特基拉（Tequila）

（1）概述。特基拉酒又称龙舌兰酒，采用龙舌兰为原料，将新鲜的龙舌兰割下后，浸泡24 h，榨出汁来，汁水加糖发酵两天至两天半，然后两次蒸馏，酒精度达到52°～53°，其香气突出，口味凶烈，然后放入橡木桶中陈酿，色泽和口味都更加醇和，出厂时酒度一般为 40°～50°。

特基拉酒是墨西哥的特产，被誉为"墨西哥的灵魂"。特基拉是墨西哥的一个小镇，此酒以产地得名。它的生产原料是一种叫龙舌兰（Agave）的植物，属于仙人掌科。其陈酿时间不同，颜色和口味差异很大，白色特基拉酒未经陈酿，其储存期最多 3 年；金色特基拉酒储存至少 2～4 年；特级特基拉酒需要更长的储存期。

特基拉酒香气突出，口味凶烈，是墨西哥的国酒。墨西哥人对此酒情有独钟，饮用方式也很特别，常用于纯饮。此外特基拉酒经常与柠檬、盐一起食用，风味独特，也经常作为鸡尾酒的基酒，如"特基拉日出""快活哕""玛格丽特"等深受广大消费者喜爱。

（2）特基拉酒的著名品牌。凯尔弗（Cuervo）、斗牛士（El Toro）、索查（Sauza）、欧雷（Ole）、玛丽亚西（Mariachi）、安乔（Tequila Anejo）、懒虫（Camino）。

（3）特基拉的饮用

1）冰镇后纯饮，每份约为 1 oz。

2）配食柠檬、盐一起饮用。

3）制作鸡尾酒。

7. 中国白酒

（1）白酒概述。白酒，俗称烧酒，是指用含淀粉或糖分的原料经糖化发酵酿制而成的一种蒸馏酒。它无色或淡淡微黄，澄清透明，具有独特的芳香和风味，含酒精度比较高。

古人"以白为美"，"白则清"，故赐予白酒"玉液""琼浆"等称号。梁武帝诗云"金杯盛白酒"，正言白酒之美。现代人对白酒也特别偏爱，在许多人的心目中白酒仍属上乘，迎宾待客或馈赠礼品，尚以白酒为贵。经过 5000 年的演变发展，中国白酒种类之多、度数之高，堪称世界一绝。特别是中国一些名优白酒生产的主要工序，至今还保留着历代制酒艺人所重视的手工操作的传统。白酒不但普遍受到中国人民的喜爱，而且不少白酒远销世界许多国家和地区，被视为举世无双的珍品。

（2）白酒分类。按照香型对白酒进行划分，这是中国白酒独有的分类方法，经过多年的研究和探索，中国的白酒可以分为五种香型。

1）酱香型白酒。以贵州茅台酒为代表，也称茅香型白酒。"酱香"是指类似酱油（又不同于酱油）的香气。酱香的来源尚未十分清楚，一般认为来自原料经高温大曲（糖化发酵剂）在泥窖中长期发酵、多次续楂、多种大量的有益微生物发酵转换成多种香味成分，再加上长期陶坛陈储、精心勾兑，形成了酱香突出、优雅细腻、酒质醇厚丰满、回味悠长、空杯留香持久的独特风格。酱香型白酒还有郎酒、武陵酒、汉酱酒等。

2）浓香型白酒。以四川泸州老特曲为代表，也称泸香型白酒。国内公认己酸乙酯为浓香型白酒的主体酯类香味成分。浓香型白酒也称为窖香（或窖底香）型白酒，一般采用老窖、大曲生产。具有酒质绵甜、爽净、香味悠长的特点。浓香型白酒还有泸州特曲、五粮液、剑南春、全兴大曲、沱牌曲酒、洋河、双沟、古井、宋河粮液等。

3）清香型白酒。以山西杏花村酒为代表，又称为汾香型白酒。一般公认乙酸乙酯为清香型白酒主体的清雅、协调的香气，不应有窖香、酱香及其他异香和邪杂气味，口感柔和、绵甜爽净、自然谐调，饮后有余香，口味较悠长，曲型风格突出。清香型白酒还有黄鹤楼酒、宝丰酒等。

4）米香型白酒。以广西桂林三花酒为代表，也称蜜香型白酒。具有蜜香清雅、入口柔绵、落口爽净、回味怡畅的特殊风格，适合南方人口味。全州湘山酒也属这种香型。

5）其他香型白酒。1993年国家颁布了"兼香型"和"凤香型"白酒。兼香型白酒又称复香型、混合型，是指具有两种以上主体香的白酒，具有一酒多香的风格，一般均有自己独特的生产工艺。兼香型白酒以贵州遵义董酒为代表，董酒酒液清澈透明，香气幽雅舒适，入口醇和浓郁，饮后甘爽味长。其他品牌还有白沙液、郎酒、口子窖、匀酒、井冈酒、太白酒、白云边酒等。凤香型白酒，以陕西西凤酒为代表，称为凤香型白酒。其主体香气为乙酸乙酯和己酸乙酯，具有醇厚丰满、甘润清爽、诸味谐调、尾净悠长的典型风格。

（3）著名白酒品牌

1）贵州茅台酒。茅台酒是酱香型大曲酒的代表。贵州茅台酒产于贵州省仁怀市茅台镇，有国酒茅台之美誉。制作原料为当地出产的有机高粱和小麦，是世界著名蒸馏酒之一，是中国大曲酱香型白酒的鼻祖和典型代表，其酿造工艺列入中国首批非物质文化遗产名录，享有"国酒"之称，是绿色食品、有机产品、地理标志保护产品。茅台酒在1915年巴拿马国际博览会上，获得荣誉奖章而名扬世界。茅台酒酒质透明晶亮，略有微黄，是由酱香、窖底香、醇甜三大特殊风味融合而成。酒体酱香浓郁，醇香绵柔。旗下主导产品有五星茅台、飞天茅台、十五年茅台、三十年茅台、五十年茅台、八十年茅台、90周年纪念酒、汉帝茅台等。

2）五粮液。五粮液为大曲浓香型白酒，产于四川宜宾市。历经百年洗礼，受到越来越多人的青睐。现今的五粮液已经成为与苏格兰威士忌、法国科涅克白兰地等世界最好蒸馏酒比肩齐名的"世界名酒"。大浪淘沙，百余年过后，"五粮液"已经成就了一个酒业的繁华和享誉世界的盛名。五粮液采用五种粮食（高粱、大米、糯米、小麦、玉米）为原料酿制而成，故称"五粮液"。因使用多种粮食，特殊制曲（包包曲）和老窖发酵（70～90天），给五粮液带来了复杂的香味和独特的风味，使其具有香气悠久、喷香浓郁、味醇厚、入口甘美、入喉清爽、各味谐调的特点。酒度有39°、52°、55°、68°不等。旗下主导产品有王者风范、仰天长啸、一帆风顺、五粮液十年、五粮液十五年、五粮液三十年、五粮液五十年等。

3）泸州老窖。泸州老窖产于四川省泸州市，浓香型白酒，距今已有 400 多年历史。此酒无色透明，窖香浓郁，清洌甘爽，饮后尤香。酒度有 38°、52°、60° 三种。泸州老窖特曲是中国享有盛誉的名酒之一，素以"醇香浓郁、清洌甘爽、回味悠长、饮后尤香"的独特风格而闻名古今，畅销中外。泸州老窖旗下主导产品有国窖 1573 系列、泸州老窖年份陈窖、泸州老窖老字号特曲、泸州老窖年份特曲、传世窖等。

4）汾酒。汾酒因产于山西汾阳县杏花村而得名，是清香型白酒的典型代表，其酿酒历史非常悠久，据该厂记载，唐朝已盛名于世。在 1915 年巴拿马国际博览会上评为世界名酒，荣获金奖。汾酒的"色、香、味"被誉为酒中"三绝"。其产品质量特点是"无色透明、清香、厚、绵柔、回甜、饮后余香，回味悠长"。杏花村汾酒不仅是中国第一文化名酒，而且是名酒之始祖。旗下主导产品有老白汾酒、十年陈酿、十五年陈酿、二十年陈酿、青花瓷三十年、兰花系列汾酒、国藏系列汾酒等。

5）古井贡酒。产于安徽省亳州市，因采用古井泉水酿造而得名，属浓香型大曲酒，有着悠久的历史，明、清二代作为贡品，其质量特点因"浓香、回味悠长"而著名。古井贡酒的酒液清澈犹如水晶，香醇如兰、醇郁甘润、黏稠挂杯、余香悠长、经久不绝。古井贡绝世风华酒风格独特典雅。

6）剑南春。产于四川省绵竹市，因绵竹在唐代属剑南道，故称"剑南春"。此酒以高粱、大米、糯米、玉米、小麦为原料，小麦制大曲为糖化发酵剂，属浓香型大曲酒，清澈透明、芳香醇厚、醇甜丰满、香味谐调、余香悠长。旗下主导产品有剑南老酒、壶中岁月、金剑南、银剑南、御供、玉尊、剑南特曲、剑南液、剑南红等。

7）董酒。董酒产于贵州省遵义市，董酒选用优质高粱为原料，取用甘洌的泉水，以大米和小麦加入多种中草药制成的小曲和大曲为糖化发酵剂，采用两小两大双醅串熬等工艺精心酿制。董酒清澈透明，香气幽雅，兼有大曲酒和小曲酒的浓郁芳香与柔绵醇甜，同时还有淡淡的药香和爽口的微酸，入口醇和浓郁，饮后甘爽味长。董酒酒液有一种独特的腐乳香，被人们誉为"药香型"或"董香型"。

8）郎酒。郎酒又称回沙郎酒，产于四川省古蔺县。属酱香型大曲酒。以高粱和小麦为原料，用纯小麦制成高温曲为糖化发酵剂，取用郎泉清澈的泉水，其酿造工艺与茅台酒大同小异。最后按质分储于天然溶洞，三年后才勾兑出厂。郎酒颜色微黄，酱香突出，清澈透明，酒体丰满，以"酱香浓郁，醇厚净爽，幽雅细腻，回甜味长"的独特风格著称。

9）西凤酒。产于陕西省凤翔、宝鸡、岐山、眉县一带，以凤翔城西柳镇所生产的为最佳，声誉最高。西凤酒以当地特产高粱为原料，用大麦、豌豆制曲。工艺采用续渣发酵法，发酵窖分为明窖与暗窖两种。西凤酒被誉为"酸、甜、苦、辣、香五味俱全而各不出头"。即酸而不涩，苦而不黏，香不刺鼻，辣不呛喉，饮后回甘、味久而弥芳。属凤香型大曲酒，被人们赞为"凤型"白酒的典型代表。

10）洋河大曲。产于江苏省泗阳县洋河镇，故名洋河大曲。"闻香下马，知味停车"描述的就是洋河大曲酒。洋河大曲酒液无色透明，醇香浓郁，余味爽净，回味悠长，是浓香型大曲酒，有着"色、香、鲜、浓、醇"的独特风格，以其"入口甜、落口绵、酒性软、尾爽净、回味香"的特点，闻名中外。旗下主导产品有洋河大曲蓝色经典系列、洋河红色至尊、洋河大曲青花瓷系列等。

11）水井坊。水井坊位于四川省成都市老东门大桥外，是一座元、明、清三代川酒老烧坊的遗址，因"世界上最古老的酿酒作坊"而被载入世界吉尼斯之最。水井坊，作为"中国白酒第一坊"，历史上最古老的白酒作坊，其史学价值堪与"秦始皇兵马俑"相媲美。水井坊酒观其色晶莹剔透；闻其香窖香浓郁，陈香优雅，幽香绵绵；品其味醇厚协调，绵甜净爽，回味悠长，余香不断，酒体陈香飘逸、甘润幽雅。

12）竹叶青酒。产于山西汾阳杏花村，系以汾酒为基础，加进竹叶、当归、砂仁、檀香等十二味药材作香料，加冰糖浸泡调配而成。酒度46°，糖分10％左右，酒液金黄，透明青碧，有汾酒和药材浸液形成的独特香气，芳香醇厚，入口甜绵微苦，温和，无刺激感，余味无穷，入口绵甜微苦。该酒的生产已有悠久历史，其清醇甜美的口感和显著的养生保健功效从唐、宋时期就被人们所肯定，是我国古老的传统保健名酒。旗下主导产品有小竹叶青酒、坛竹叶青、牧童牛竹叶青酒、老牌竹节瓶竹叶青酒、国宝竹叶青等。

中国白酒品牌上千种，琳琅满目，有的是历史名酒，有的是新秀奇葩，有的是流行精品，有的是高端奢华，中国白酒业可谓是百花齐放、百家争鸣，这也充分展示了中国酒文化的博大与精深。

三、配制酒

凡是用酿造原酒、蒸馏酒和其他液体的、固体的或气体的非酒精物质采用勾兑、浸泡、混合等多种手法调制而成的各种酒类统称为配制酒。

配制酒的种类比较庞杂，根据特点和功能大致可分为三类：开胃酒（餐前酒，Aperitif）、甜食酒（Dessert Wine）、利口酒（Liqueur）。开胃酒是餐前饮用的酒，甜食酒多佐餐甜食，利口酒是餐后饮用的酒，但是开胃酒的甜型品种也可作餐后酒，而干型的甜食酒和利口酒也可作餐前酒。著名的配制酒主要集中在欧洲。

1. 开胃酒（Aperitif）

开胃酒是在餐前饮用的并能增加食欲的酒。随着饮酒习惯的演变，开胃酒逐渐被专门用于指以葡萄酒和某些蒸馏酒为主要原料的配制酒品。

（1）各种开胃酒简介

1）味美思酒（Vermouth，又译威末酒、苦艾酒）。味美思酒的主要成分是葡萄酒（约占80％左右），另一种主要成分是各种各样的配制香料。味美思酒的生产者对自己产品的配方是很保密的。味美思酒的制作程序也很复杂。

味美思酒的颜色比较艳丽，有红色的（Rosso）、浅黄色的（Bianco）和白色的（Dry）。其中，红色的属于甜型，橙黄色属于甜—干型，白色的属于干型。前两种意大利盛产，后一种以法国生产的较著名。

味美思酒可以分为以下四类：干味美思（Vermouth Dry 或 Secco）、白味美思（Vermouth Blanc 或 Bianco）、红味美思（Vermouth Rouge 或 Rosso Sweet）、都灵味美思（Vermouth de Torino 或 Torino）。

意大利著名味美思酒的品牌有仙山露（Cinzano）、干霞（Gancia）、卡帕诺（Carpano）、马天尼（Martini）、利开多纳（Riccadonna）。法国著名的味美思酒的品牌有杜法尔（Duval）和乐华里（Noilly Prat）。

2）比特酒（Bitters，又译为必打士）。比特酒是从古药酒中演变而来，至今还保留着药用和滋补的效用。比特酒也是用多种植物原料以酒浸制调配而成的，其成品酒度在16°～40°，具有助消化、滋补和兴奋的作用。它与味美思酒的不同之处在于比特酒带苦味的原料的比例较大，比特酒的配制酒基用葡萄酒和食用酒精，现在越来越多地采用食用酒精直接与草药掺兑而成。比特酒品种繁多，有清香型的，有浓香型的；有淡色比特，也有深色比特；有比特酒，也有比特精。比特酒著名的品牌有以下几种：

①金巴利（Campari）。产于意大利米兰，是餐前酒中消费量最大的酒品之一。习惯饮法为加苏打水或橙汁兑饮。

②杜本内（Dubonnet）。产于法国巴黎，习惯饮法为加冰或加柠檬片。

③西娜尔（Cynar）。也称菊芋酒，产自意大利。

④菲奈脱·布兰卡（Fernet Branca）。产于意大利米兰，是意大利最有名的比特酒，味甚苦，号称"苦酒之王"。

⑤苦匹康（Amer picon）。苦匹康产于法国，此酒以苦著称。

⑥索查（Suze）。产于法国。

⑦安哥斯特拉（Angostura）。安哥斯特拉产于特立尼达，是世界最著名的比特酒之一。该酒以朗姆酒为基酒，以龙胆草为调制原料，此酒呈褐红色，药香怡人，口味微苦，但十分爽适，酒度为44°。

3）茴香酒（Anisette）。茴香酒实际上是用茴香油与食用酒精或蒸馏酒配制的酒（45°酒精可溶解茴香油）。一般都有较好的光泽，茴香味甚浓，馥郁迷人，口感不同寻常，味重而刺激，酒度在 25°左右。以法国出产较为著名。著名的茴香酒的品牌有：潘诺（Pernod）、理察（Ricard）、巴斯的士（Pastis）等。

（2）开胃酒的饮用与服务。开胃酒的标准饮用量为每份 1 oz，在餐前饮用，使用开胃酒专用杯具，可以佐用小点心。开胃酒的饮用方法有纯饮和掺兑饮用两种。对不同的酒品要求不同的饮用方式，味美思酒一般冰镇饮用，可用冰块或冰箱降温；比特酒可以用苏打水冲兑加冰块饮用；饮用金巴利（Campari）时配一片柠檬或兑饮橙汁索查（Suze）可根据客人要求兑柠檬水或石榴汁，服务操作应在客人面前进行。

2. 甜食酒（Dessert Wine）

甜食酒又称为强化葡萄酒，是一类佐助西餐甜食的酒精饮料，其主要特点是口味较甜。通常是以葡萄酒作为基酒。这种酒的酒精含量超过普通餐酒的一倍，达到 24°～25°，开瓶后仍可保存较长的时间。

（1）酒吧常用的甜食酒。常见的有雪利酒、波特酒、玛德拉酒、玛萨拉酒等。

1）雪利酒（Sherry）。雪利酒产于西班牙，是西班牙的国酒。西班牙的雪利酒有两大类：菲诺（Fino）和奥罗露索（Oloroso），其他品种均属这两类的变形酒品。菲诺雪利酒以清淡著称，酒液淡黄而明亮，是雪利酒中色泽最淡的酒品；酒度为 17°～18°左右，属干型。奥罗露索雪利酒酒液呈黄棕色，透明度极好。香气浓郁扑鼻，具有坚果香气特征，而且越陈越香。口味浓烈、柔绵，干冽中有甘甜之感，酒度一般在 18°～20°，陈酿时间较长的酒度可达到 24°～25°。雪利酒中有很多世界知名的品牌，如：山地文（Sandeman）、克罗夫特（Croft）、公扎雷·比亚斯（Gonzalez Byass）、夏薇（Harveys）等。

2）波特酒（Port）。波特酒是葡萄牙的国酒。波特酒是世界上最著名的甜葡萄酒之一。波特酒的生产工艺特殊，在葡萄发酵过程中，为了要保留它所含的天然葡萄糖分，加入葡萄酒精，即白兰地酒，以终止其继续发酵，使酒变得甜蜜而醇厚，故而这种酒的酒精含量较高，达 15°～20°，超过一般葡萄酒，故被称为强化葡萄酒。波特酒的著名品牌有烤克本（Cookburn）、道斯（Dows）、山地文（Sandeman）、克罗夫特（Croft）、泰勒（Taylors）等。

（2）甜食酒的饮用与服务操作。根据酒品本身的特点和不同国家的饮用习惯，甜食酒的品种中有的作为开胃酒，有的作为餐后酒。甜食酒中的雪利酒和波特酒都用专门杯具，甜食酒的标准用量为 1 oz。不同的酒品，饮用温度也有差异。

3. 利口酒（Liqueur）

利口酒也称为餐后甜酒，因其含糖量高，喝后能帮助消化，故称为餐后酒。

（1）酒吧常用餐后甜酒。餐后甜酒是以蒸馏酒为基酒，加入香料、糖、药材或果仁等配制而成。常用的有以下几种：

1）鸡蛋白兰地（Advocaat）。法国与荷兰产的较为著名，是用干邑白兰地和鸡蛋黄配制而成。

2）法国当酒（Benedictine, D. O. M）。是用蒸馏酒加入几十种药材浸制而成。药味浓厚，此酒较为名贵。

3）君度酒（Cointreau）。君度酒是一种最好的橙味甜酒，无色透明，酒度为40°，法国产。

4）可可利口酒（Crème de Cacao）。用杏仁和可可豆制成，荷兰产，分棕可可利口酒（Crème de Cacao Brown）和白可可利口酒（Crème de Cacao White）两种。常见品牌有宝狮（Bols）。

5）薄荷酒（Crème de Menthe）。法国和荷兰都有出产，是用薄荷油与蒸馏酒配制成，酒度为27°～31°，分绿薄荷酒（Crème de Menthe Green）和白薄荷酒（Crème de Menthe White）两种。荷兰产的称为 Peppermint Green 和 Peppermint White。常见品牌有宝狮（Bols）、Get27。

6）嘉连露酒（Galliano）。酒度为40°，用蒸馏酒与多种药材配制而成，金黄色，意大利产。

7）咖啡甘露酒（Kahlua）。酒度为26°，是一种咖啡甜酒，用蒸馏酒与咖啡豆配制而成，墨西哥产。

8）橙味甜酒（Curacao）。酒度为40°，是一种用食用酒精与干橙皮色素配制成的甜酒，品种很多，有蓝色、橙色、白色几种，荷兰产。

9）樱桃白兰地（Cherry Heering, Cherry Brandy）。法国和荷兰都产。常见品牌有宝狮（Bols）。

10）百丽甜酒（Bailey's Irish Cream）。爱尔兰产，是一种用威士忌与提炼过的牛奶配制而成的酒。

11）椰子甜酒（Malibu Coconut Rum）。又叫椰朗姆酒。用朗姆酒加椰子汁制成，牙买加产。马利宝椰子甜酒混合性强，除用来调配鸡尾酒外，更可混合汤力水，菠萝汁或加冰块饮用。

（2）餐后甜酒的饮用方法

1）净饮。用餐后甜酒杯（1 oz）饮用，倒满即可。

2）加冰饮用。平底杯加半杯冰块，再量28 mL餐后甜酒倒进杯中，用酒吧匙搅拌。

3）混合饮用。餐后甜酒中有许多品种含糖量很高且浓稠，不适宜净饮，加冰或与其他饮料混合后，味道会更好。例如绿薄荷酒，一般不净饮，只用来混合饮用，如绿薄荷酒加雪碧汽水、绿薄荷酒加菠萝汁等。

思 考 题

1. 列举中国常见绿茶品种 6 种。
2. 举例说明酒吧常用软饮料有哪些品种？
3. 酒的制作原理和制作工艺分别是什么？
4. 分别列举世界六大蒸馏酒中 3 种酒吧常用的品牌。
5. 啤酒的饮用服务要求有哪些？

第4章

鸡尾酒

 **学习目标**

了解鸡尾酒的起源、分类和命名。

了解混合饮料的概念和种类。

熟悉鸡尾酒的三个组成结构和特点。

掌握鸡尾酒的概念、配方和调制。

能够熟练运用四大技法调制鸡尾酒。

能够熟练制作20款鸡尾酒，且能够概括描述每款鸡尾酒的特点。

能够熟练制作柠檬片挂杯、红樱桃挂杯、酒签穿红樱桃、吸管穿红樱桃、橙角挂杯、盐圈杯、糖圈杯等装饰物。

能够熟练制作酒吧常用混合饮料。

第 1 节　鸡尾酒概述

一、鸡尾酒的起源和发展

1. 鸡尾酒的概念

鸡尾酒是一种量少而冰镇的酒。它是以朗姆酒（Rum）、金酒（Gin）、特基拉酒（Tequila）、伏特加（Vodka）、威士忌（Whisky）等烈酒或是葡萄酒作为基酒，再配以果汁、蛋清、配制酒、牛奶、咖啡、可可、糖等其他辅助材料，按一定的比例，通过摇和、调和或搅和等方法制成的一种色、香、味、体俱佳并具有一定名称的混合饮料。最后还可用柠檬片、水果或薄荷叶作为装饰物。

美国的韦氏字典是这样注释的：鸡尾酒是一种量少而冰镇的酒。它是以朗姆酒、威士忌或其他烈酒、葡萄酒为基酒，再配以其他辅料，如果汁、蛋清、苦精、糖等用搅拌或摇晃法调制而成的，最后再饰以柠檬片或薄荷叶。

美国调制鸡尾酒的权威厄思勃里是这样介绍鸡尾酒的：鸡尾酒应是增进食欲的滋润剂，绝不能背道而驰。即使酒味很甜或使用大量果汁调和，也不要远离鸡尾酒的范畴；巧妙调制的鸡尾酒被誉为最美的饮料，它既能刺激食欲，又能使人兴奋，还可以创造热烈的气氛；鸡尾酒必须有卓绝的味道，应该让舌头的味蕾充分张开，这样才能尝到刺激的味道，如果太甜、太苦、太香都会掩盖酒味，降低酒的品质；鸡尾酒还需要足够的冷却，所以应使用高脚酒杯，调制时需加冰，加冰量应严格按照配方，冰块要融化到合适的程度。

鸡尾酒非常讲究色、香、味、形的兼备，故又称艺术酒。鸡尾酒属于混合饮料，但并不是所有的混合饮料都是鸡尾酒。

2. 鸡尾酒的起源

鸡尾酒的起源虽已无从考证，但有一点是可以肯定的，那就是它诞生于美国。最初，鸡尾酒指一种量少而性烈的冰镇混合饮料，后来经过了不断的发展和变化。关于鸡尾酒一词的由来，众说纷纭，流传着许多美丽的传说。

（1）宴会伙计偶制鸡尾酒。一天，一次宴会过后，席上剩下各种不同的酒，有的杯里剩下一半，有的杯里剩下1/4，有的剩下1/3。有个清理桌子的伙计，便将剩下的各种数量不等的酒混合在一起，一尝味道却比原来各种单一的酒好喝。接着，伙计便按不同组合一连混合做出了好几种酒。这之后他便将这些混合酒分给大家喝，结果评价都很高。于是，这种混合饮酒的方法便出了名，并流传开来。

（2）鸡尾酒起源于药酒的传说。公元1775年，移居于美国纽约阿连治的彼列斯哥，在闹市中心开了一家药店，制造各种精制酒卖给宾客。一天他把鸡蛋调到药酒中出售，获得一片赞许之声。从此宾客盈门，生意鼎盛。当时纽约阿连治的人多说法语，他们用法国口音称为"科克车"，后来衍成英语"鸡尾"。从此，鸡尾酒便成为人们喜爱饮用的混合酒，花式也越来越多。

（3）克家嫁女的传说。19世纪，美国人克里福德在哈德逊河边经营一间酒店。克家有三件引以自豪的事，人称克氏三绝。一是他有一只膘肥体壮、气宇轩昂的大雄鸡，是斗鸡场上的名手；二是他的酒库据称拥有世界上最杰出的美酒；第三，他夸耀自己的女儿艾恩米莉是全市第一名绝色佳人，全世界也独一无二。市镇上有一个名叫阿金鲁思的年轻男子，每晚到这酒店悠闲一阵，他是哈德逊河往来货船的船员。年深月久，他和艾恩米莉坠进了爱河。这小伙子性情好，工作踏实，老克里打心里喜欢他，但又时常捉弄他说："小伙子，你想吃天鹅肉？给你个条件吧，你赶快努力当个船长。"小伙子很有恒心，努力学习、工作，几年后终于当上了船长，艾恩米莉自然也就成了他的太太。婚礼上，老头子很高兴，他把酒窖里最好的陈年佳酿全部拿出来，调和成"绝代美酒"，并在酒杯边饰以雄鸡尾羽，美丽至极。然后为女儿和顶呱呱的女婿干杯，自此，鸡尾酒便大行其道。

（4）"布来索"酒的传说。相传美国独立时期，有一个名叫拜托斯的爱尔兰籍姑娘，在纽约附近开了一家酒店。1779年，华盛顿军队中的一些美国官员和法国官员经常到这个酒店，饮用一种叫做"布来索"的混合兴奋饮料。但是，这些人不是平静地饮酒消闲，而是经常拿店主小姐开玩笑，把拜托斯比作一只小母鸡取乐。一天，小姐气愤极了，便想出一个主意教训他们。她从农民的鸡窝里找出一雄鸡尾羽，插在"布来索"杯子中。送给军官们饮用，以诅咒这些公鸡尾巴似的男人。客人见状虽很惊讶，但无法理解，只觉得分外漂亮，因此有一个法国军官随口高声喊道"鸡尾万岁"。从此，加以雄鸡尾羽的"布来索"就变成了"鸡尾酒"，并且一直流传至今。

（5）树枝调酒的传说。传说许多年前，有一艘英国船停泊在犹加敦半岛的坎尔杰镇，船员们都到镇上的酒吧饮酒。酒吧楼台内有一个少年用树枝为海员搅拌混合酒。一位海员饮后，感到此酒香醇非同一般，是有生以来从未喝过的美酒。于是，他便走到少年身旁问到："这种酒叫什么名字？"少年以为他问的是树枝的名称，便回答说："可拉捷·卡杰。"这是一句西班牙语，即"鸡尾巴"的意思。少年原以树枝类似公鸡尾羽的形状戏谑作答，而船员却误以为是"鸡尾巴酒"。从此，"鸡尾巴酒"便成了混合酒的别名。

（6）"臂章"酒的传说。美国独立战争期间，英国将领康华利率领的英国军队和华盛顿率领的美法联军决战于弗吉尼亚的约克镇。当时，有位女士蓓蒂丝·法兰根在约克镇附近开了一家小酒店，自然而然地，蓓蒂丝的小酒馆成为军官的聚会场所。蓓蒂丝发明了一种饮料，名叫"臂章"，据说可以提神解乏。军官们到此休息、放松，"臂章"使他们士气大振，嬉笑怒骂间，蓓蒂丝总被讥笑为"最美丽的小母鸡"，而且是隔壁讨厌的保皇党所养的那一只。蓓蒂丝气不过，趁夜黑风高之际，将仇人的母鸡全宰了，来了个"全鸡大餐"。不仅如此，连公鸡的尾巴也拔了下来，用来装饰"臂章"。从此，人们便把"臂章"称为鸡尾酒。

其实，鸡尾酒的起源并无实际意义，只是让饮用者在欢乐轻松的鸡尾酒会上，欣赏和饮用一杯完美的鸡尾酒的同时，多一个寒暄话题而已。不过，人们也不难想象，既然鸡尾酒的起源有如此多种美丽的传说，鸡尾酒恐怕的确有其独到的魅力。

3. 鸡尾酒的发展

第一次有关"鸡尾酒"的文字记载是在 1806 年，美国的一本叫《平衡》的杂志，记载了鸡尾酒是用酒精、糖、水（或冰）或苦味酒混合而成的饮料。

1920 年，由于美国禁酒法规的施行，鸡尾酒在美国很快流行起来。鸡尾酒在美国流行后被传到英国和世界各地。1920—1937 年被称为"鸡尾酒"的时代。第二次世界大战期间，鸡尾酒在军人、青年男女中十分流行。第二次世界大战后，鸡尾酒成为人们休闲、社交的一种流行时尚。鸡尾酒之所以流行，一是因为它具有特殊的色、香、味，能吸引众多的消费者；二是因为酒稀释淡化后能被大多数人尤其是女士接受。

1862 年，由杰里·托马斯（Jerry Thomas）撰写的第一本关于鸡尾酒的专著《如何配制饮料》出版了。杰里·托马斯是鸡尾酒发展的关键人物之一，他走遍欧洲大小城市，搜集配酒秘方，并开始配制混合饮料。从那时起鸡尾酒开始成为人们用餐和闲暇时所喜爱的饮品。托马斯使鸡尾酒变成当时最流行的酒吧饮料。20 年后，哈里·约翰逊编撰的《调酒师手册》出版了。随后又有许多关于鸡尾酒的书籍出版，但这些书中仍存在诸多不足之处。直到1953年，全世界第一本权威性鸡尾酒调酒专著《英国调酒师协会国际酒水指南》正式出版，该书成为全世界调酒师的工作指南。

鸡尾酒不仅具有酒的基本特性，而且还具有一般饮料所具有的营养、保健功能。鸡尾酒以其多变的口味、华丽的色泽、美妙的名称，博得了大多数人的喜爱。没有任何一种饮料能像鸡尾酒那样适合任何场合，为大多数人所喜爱。

最初的鸡尾酒饮料市场，主要为男人们独享的辣味饮料所占据。后来，随着鸡尾酒的广泛饮用和进入各种社交场合，为满足那些不能承受酒精的饮用者，才派生出了适合妇女口味的甜味饮料。到了美国的禁酒年代（1920—1933年），制作无酒精混合饮料的技术突飞猛进，从而奠定了今天的苏打类饮料的基础，当时被称为软饮料。它利用鸡尾酒的调制形式，调制成无酒精饮料。

鸡尾酒的历史不过一个多世纪，风行世界各国也不过几十年的光景。一直以来，人们对于鸡尾酒的态度是褒贬不一的。有人认为配制鸡尾酒是"酒盲"的行为，把极名贵的干邑、威士忌、葡萄酒糟蹋得不成样子，多年精心酿制成的色、香、味、体全被破坏于瞬间，他们反对饮用混合酒；另一些人却认为鸡尾酒开辟了酒的新的色、香、味的领域，还创造了只能意会不能言传的美妙意境，饮用鸡尾酒是一种艺术享受。实践证明，鸡尾酒以它特有的魅力赢得了人们的赞誉，各种配方层出不穷，成为酒吧中不可缺少的饮料。

鸡尾酒自身的世界性传播可追溯到100多年前的美国，当时美国的制冰业正向工业化迈进，这无疑为鸡尾酒的迅速发展奠定了基础，使得美国成为当时鸡尾酒最为盛行的一个国家，那里的调酒师的技艺是最高超的。后来，美国禁酒法的颁布使酒吧调酒师大量外流，他们到法国或英国后，亦促成了欧洲乃至世界鸡尾酒黄金时代的到来。

鸡尾酒是想象力的杰作，鸡尾酒的本性，已经决定了它必将是一种最受不得任何约束与桎梏的创造性事物。至于在未来的日子里究竟还有多少种鸡尾酒将会被研制出来，这个问题似乎也只是和人类自身的想象力有关。对照缺乏变化的现实生活来说，这样的一种美自然也就显得更加弥足珍贵了。

鸡尾酒、酒吧进入中国也有几十年的时间了，迄今为止，在中国的一些经济发达地区和沿海地区发展迅速，但却仍然像是个没长大的"孩子"，虽然这几年有了很大的进步和发展，但发展速度非常缓慢，这主要是受到了中国传统的酒文化的影响，在酒吧、餐厅、饭馆人们都喜欢大口地喝啤酒，大口地喝白酒，他们喜欢这种热闹的气氛，当然也有少数人喝酒的目的是真正地去品酒，去陶冶情趣。但大多数的人却是愿意去酒吧开一打啤酒或者一瓶芝华士喝，因为他们觉得喝酒喝的就是个气氛，喝的就是痛快。但也有一部分人去酒吧点杯鸡尾酒享受一下，但是，这并不是一种习惯，而是一种尝试。所以说，鸡尾酒和调酒师在中国的发展还需要时间和文化来培育。值得我们期望的是，随着旅游休闲产业和餐饮、娱乐、服务业的发展，我国的鸡尾酒市场也会逐步发展壮大。

二、鸡尾酒的组成

不论鸡尾酒的配方多么复杂，鸡尾酒的基本组成结构概括起来只有三项：基酒、辅料、装饰物。

1. 基酒（Base）

基酒又称鸡尾酒的酒底、酒基，主要以烈酒为主。鸡尾酒通常以金酒、朗姆酒、伏特加、特基拉酒、白兰地、威士忌为酒底，其用量较高，往往达到甚至超过鸡尾酒总量的一半，个别鸡尾酒基酒含量低于一半（如长饮类）。

基酒一般用一种烈性酒，以确定鸡尾酒的主味。在有些情况下，也可用两种烈性酒为基酒，但不能用更多的不同烈性酒，否则会导致气味混杂而破坏酒味。也有些鸡尾酒用开胃、餐后甜酒、葡萄酒或香槟等做基酒。极少数的鸡尾酒不含酒精，是用软饮料配制而成的，但这种情况不多。

随着中国白酒品种的增多，以中国白酒为基酒调制的鸡尾酒越来越受到人们的关注。

酒吧基酒有两类。一类是供客人点用的基酒，是客人根据酒的品牌点叫的，这类酒往往用来纯饮或加冰饮用，按份出售。因其成本较高，一般不用来调制鸡尾酒。另一类称为"酒吧基酒"，为了控制成本和制定调酒标准，酒吧通常固定某些牌子的烈酒，专用于调酒，因为在调酒时，调酒师的风格不一致，使用的牌子也不一样，价格也不同，比如威士忌，便宜的几十元钱一瓶，贵的几百元一瓶。如果没有明确的规定，调酒师随心所欲地使用任何一种，同一名称的鸡尾酒的调制成本便会相差几倍甚至几十倍，所以确定成本与售价后，酒吧经理便选用一些质量稳定、品牌流行的酒作为"酒吧基酒"，专用于调制鸡尾酒。

在酒吧中，葡萄酒和香槟的出售需要特别注意，一般来说是不能拆散零卖的。因为葡萄酒和香槟一开瓶后，酒的质量在短时间内便会发生变化，红葡萄酒开瓶后数小时，酒的质量在氧气的作用下便会改变，白葡萄酒开瓶后也只能在冰箱中保存3天左右。香槟酒开瓶后，即使用香槟塞盖上，气体也会在1天内跑掉60%以上，所以在选用葡萄酒和香槟酒作散装出售或调酒专用时要格外小心，只能选用价格比较便宜的牌子，或者整瓶出售。对于这些称为"酒吧专用红酒""酒吧专用白酒"和"酒吧专用香槟酒"的酒，通常酒水供应商也会给以优惠的价格。

在酒吧中，基酒在调制时的分量有很明确的规定，以控制瓶酒在散卖时的杯数。这个规定称为"基酒或其他酒拆散零卖的分量标准"（Pouring Measurement Standard）。基酒

或其他酒拆散零卖的分量标准见表 4—1。

表 4—1　　　　　　　基酒或其他酒拆散零卖（服务）的分量标准

酒名	每份标准定量	常见瓶酒容量（mL/瓶）	实际销售量（杯/瓶）
酒吧基酒（金酒、威士忌、白兰地、朗姆酒、伏特加、特基拉酒）	28 mL（1 oz）	700～750	25～26
人头马 X.O.、蓝带、轩尼诗等干邑	28 mL（1 oz）	700～750	25～26
金巴利等开胃酒	42 mL（1.5 oz）	700～750	16～17
雪利酒、波特酒	56 mL（2 oz）	700～750	12～13
其他餐后甜酒	28 mL（1 oz）	700	25
白葡萄酒	2/3 杯	750	一般不拆散零卖
红葡萄酒	1/2 杯（实际服务时的每次斟倒量还要少于 1/2 杯）	750	一般不拆散零卖
中国白酒	25～50 mL	500～750	一般不拆散零卖

2. 辅料（Auxiliary Material）

调制鸡尾酒，除基酒外，还需要加色加味溶液、调缓溶液和传统的香料等辅料。

（1）增色增味辅料。这类辅料又称为配酒，是调酒中必不可少的增色增味剂。配酒主要包括配制酒类、葡萄酒类、香槟等。

调酒时常用的配酒有以下品种：

1）味美思酒（Vermouth）。意大利产的马天尼（Martini）、仙山露（Cinzano）、杜瓦尔（Duval）都是最佳的。

2）葡萄酒及香槟酒（Wine & Champagne）。国外品牌和国内品牌都可使用，以国外品牌为佳。

3）咖啡甘露酒（Kahlua）。深褐色，巧克力味，甜浓。

4）红石榴糖浆（Grenadine Syrup）。红色、味酸甜。

5）红醋栗糖浆（Currant Syrup）。紫红色，酸甜，酸味与石榴糖浆不同。

6）覆盆子糖浆（Raspberry Syrup）。红色，比石榴糖浆甜些，调宾治用。

7）草莓糖浆（Strawberry Syrup）。红色，草莓味。

8）黑加仑糖浆（Cassis Syrup）。紫红色，味道和黑加仑利口酒相似。

9）杏仁糖浆（Almond Syrup）。法国称为 Orgeat，意大利称 Orzata。

10）糖浆（Sugar Syrup）。又称糖油，指多由调酒师自己配制的高含糖量的溶液。

11）苦精（Bitters）。苦精也称苦汁、必打士，常用品牌为安哥斯特拉。一般在调制鸡尾酒时，仅用2～4滴即可，一般人都不太适应它的怪味，且售价昂贵，故较少使用。通常在酒吧经常使用的苦味调配酒还有金巴利（Campari）、杜本内（Dubonnet）等。

12）薄荷酒（Crème de Menthe）。有绿色、无色两种，为常见薄荷味调配酒，调制彩虹酒必备。红薄荷酒也有使用，但不常见。

13）可可酒（Crème de Cocao）。有无色或深棕褐色两种，可可味甜酒，用于调配多种鸡尾酒。

14）巧克力樱桃酒（Chocolate & Cherry Liqueur）。具有巧克力和樱桃香。

15）樱桃酒（Cherry Heering）。又叫樱桃白兰地，法国和荷兰都有生产。

16）君度酒（Cointreau）。著名的橙味甜酒。

17）蜂蜜酒（Drambuie）。具有蜂蜜的香甜，又叫杜林标。

18）紫罗兰酒（Crème Violet）。紫色透明的甜酒。

19）橙味甜酒（Curacao）。产于库拉索岛的各种类型的具有橙子味道的甜酒。

20）茴香甜酒（Anisette Liqueur）。茴香甜酒因香味怪异，很多人并不喜欢，也较少用来调制鸡尾酒，但却受到国外消费者的喜爱。

21）葡萄酒（Wine）。葡萄酒在调制鸡尾酒时用量不多，但同样也可以起到增色增味的作用。

22）香槟酒（Champagne）。香槟酒因具有爽口的气泡和葡萄的香味，也经常被用来调制高级鸡尾酒。

23）南方舒适甜酒（Southern Comfort）。南方舒适甜酒是美国最古老的甜酒，全球销量每年超过200万箱，于1860年在美国新奥尔良面世，富有浓厚的美国南部风格。精选百多种材料以传统方法酿制，糅合了威士忌的醇厚馥郁与力娇酒的香甜果味，用于制作鸡尾酒，调配简单，风格千变万化，无论加冰，配各种果汁或汽水，尽显潮流品味。

（2）调缓溶液。调缓溶液的原料主要是碳酸饮料及果汁，其作用主要是使酒精度数下降，但不改变酒体风味。

1）矿泉水（Mineral Water）。水质清纯，口感良好，含有钾、钠、钙、磷、铁、铜、锌、铝、锰等人体不可缺少的矿物质。矿泉水无疑是调兑鸡尾酒及混合饮料的最佳用水。因其产地不同，所含的矿物质不同，味道亦不同。矿泉水以法国的"巴黎水"和"依云"最为有名。

2）可乐饮料（Cola）。一种含有咖啡因的碳酸饮料。其中以可口可乐、百事可乐最为著名。除此以外，尚有许多国家的众多厂商出产不同的可乐饮料。各家配方不尽相同，各具特色。常见品种有原味可乐、香草味可乐、柠檬味可乐、樱桃味可乐、健怡可乐（香料内不含咖啡因）、柠檬味健怡可乐、青柠味健怡可乐、香草味健怡可乐、樱桃味健怡可乐、Zero"零度"可乐（零卡路里无糖型可乐）。

3）干姜水（Ginger Ale）。以生姜为原料，加入柠檬、香料，再用焦麦芽着色制成的碳酸水。具有辣滋滋的刺激味，会使饮用者食欲骤增，情绪高涨。作用同苏打水，适用于各种鸡尾酒的调配。

4）汤力水（Tonic Water）。诞生于英国，在欧美又称奎宁水。汤力水无色透明，含有奎宁（又称金鸡纳霜），入口略带咸苦味，后味却很爽口。最初是作为滋补剂的商品名称，为工作于热带殖民地的英国人饮用，以后发展成为女性开胃饮料。第二次世界大战后，人们发现它易与金酒调和，由此诞生了世界闻名的金汤力混合饮品。另外，它与其他蒸馏酒也易调制，如与伏特加可调兑成伏特加汤力。

5）苏打水（Soda Water）。苏打水是碳酸氢钠的水溶液，含有弱碱性，经常饮用可中和人体内的酸碱平衡，改变酸性体质。市面上出售的苏打水大部分是在经过纯化的饮用水中压入二氧化碳，并添加甜味剂和香料的人工合成碳酸饮料。通常冰镇至4～6℃饮用，用于调制长饮类鸡尾酒和很多混合饮料。苏打水有利于养胃，因为苏打水能中和胃酸。此外，苏打水还有助于缓解消化不良，并具有美容效用，因有抗氧化作用，能预防皮肤老化。苏打水大部分为人工合成，也有少部分属于天然苏打水。天然苏打水除含有碳酸氢钠外，还含有多种微量元素成分，因此是上好的饮品。世界上只有法、俄、德等少数国家出产天然苏打水。

6）鲜果汁（Fresh Juice）。鲜果汁是指用新鲜水果榨出的纯果汁。在调配鸡尾酒时，一般要求使用鲜果汁，但是出于经济上的考虑，也可使用瓶、罐装的纯果汁。鲜榨果汁虽然味道新鲜，营养丰富，但却具有成本高，保质期短的缺点，因此鲜果汁最好是现榨，如批量榨汁，应倒入容器放冰箱冷藏，现用现拿，当天使用，隔天果汁不能使用。

7）果汁（Juice）。多指瓶、罐装果汁，如橙汁、柠檬汁、葡萄汁、菠萝汁、桃汁等。这些果汁要使用100％的纯果汁，而不是加工过的果汁饮料，在鸡尾酒的调制中为确保饮品口味一般不使用果汁饮料。果汁一旦开封要尽快使用，否则很容易变质。

①葡萄汁（Grape Juice）。有红、白两种。使用100％葡萄汁，多为罐装或瓶装。

②柠檬汁（Lemon Juice）。用新鲜的柠檬榨汁使用，瓶装的只能供急用，柠檬汁是最常用的果汁调缓剂。

③青柠汁（Lime Juice）。用新鲜的青柠檬榨汁使用，瓶装的只作备用，也是较常用的果汁调缓剂。目前，酒吧常用的瓶装的青柠汁以"屈臣氏"品牌的为多见，亦称青柠饮料

浓浆。在酒吧，经验丰富的调酒师更喜欢自己用青柠檬和糖为材料自制青柠檬汁用来调制酒水。

④菠萝汁（Pineapple Juice）。使用100％菠萝汁，多为罐装或瓶装。

⑤番茄汁（Tomato Juice）。使用100％番茄汁，多为罐装或瓶装。

⑥西柚汁（Grapefruit Juice）。使用100％西柚汁，多为罐装或瓶装。

8）番石榴酱（Guava Jelly）。多用来调制朗姆酒。

9）芒果酱（Mango Nectar）。多用来调制朗姆酒。

10）辣椒汁（Tabasco Pepper Sauce）。产于美国，朱红色，用红辣椒精制而成。

11）喼汁（Lea & Perrins Sauce）。俗称美国辣酱油。

（3）香料。调制鸡尾酒的原材料中，香料所占的比例非常小，但在其中却占有极其重要的地位。美国食品法称香料为增加食品风味的芳香性植物物质。调制鸡尾酒所用香料种类繁多，常用品种如下：

1）豆蔻粉。印度尼西亚、东非、加勒比海诸岛等地多有出产，具有较强的刺激性、甜香味，可消除肉类的腥味，常用于以鸡蛋或牛奶为原料调制的鸡尾酒中。

2）桂皮。具有柔和芳香的甜辣味香料。每年雨季来临后采集嫩枝，将皮剥下，团成团儿干燥而成。

3）丁香。原产于印度尼西亚的马鲁古群岛，现在，坦桑尼亚的桑给巴尔岛和奔巴岛为世界主要丁香产地。我国南方部分地区也有较多的生产。

4）丁香花。芳香扑鼻，香飘百里。多为紫色和白色，在花蕾绽开时摘取，暴晒干制一个星期左右，色变紫褐时即成。

5）胡椒。常见的有黑、白两种。马来西亚、印度尼西亚、印度、中国等为主要出产国。产地不同，香味或辣味也有区别。黑、白胡椒并非异种，而是同一种植物的籽。尚未成熟时摘下，日光下暴晒，干燥而成黑胡椒；完全熟透后采摘，剥掉外皮而成白胡椒。欧洲市场白胡椒势众，美国市场黑胡椒走红。粒状胡椒现用现磨又比用胡椒粉更为讲究。

6）薄荷。薄荷种类繁多，胡椒薄荷和绿薄荷在欧美国家多作香茶使用。日本薄荷，香气稍逊，薄荷脑含量却较丰富；中国薄荷品种较多，多用于出口和医药食品制造，如常见的润喉片、薄荷糖等。调制鸡尾酒时使用其嫩芽，会产生独特的清爽口感，再饰以鲜叶，更会使人生津止渴，心旷神怡。

7）全味胡椒。产地限于加勒比海诸岛、拉丁美洲地区，因以牙买加为主，又称牙买加胡椒。它是一种藤本类常绿植物，干燥后变黑，类似黑胡椒。多半为野生自然生长。说到全味，容易使人产生多种香料混合物的感觉，其实不然，它是一种单一香料。全味是指它具有桂皮、丁香、肉豆蔻等植物的香味。

8）红辣椒。世界各地均有生产，以西班牙产和匈牙利产两种为佳。辣味柔和、香气浓郁、色泽鲜红，是烹调和制作辣酱油不可缺少的调料。

9）药草。又称香草、味草等。在美国，常将它们的叶子干燥后加工成粉末状，而在欧洲则多使用鲜叶。药草品种很多，有利口酒夏尔特勒不可缺少的原料当归；有法国蜗牛菜的调味佳品龙艾；有味美思酒的原料苦艾等。中国的艾蒿、薄荷、紫苏、芹菜等也属药草之列。

10）小豆蔻。也叫做砂仁。原产印度德干半岛西南沿海地区，是一种姜科多年生的草本植物，芳香浓烈，略似樟脑，是做咖喱不可缺少的原料。

11）龙胆。龙胆科植物，在南欧山岳地带大面积种植，春季时采集龙胆根，可作龙胆苦味酒的原料。

12）蒜末。烹制中、法、意等菜肴时不可缺少的调味品，调酒亦有少量使用。其中加入食盐的称蒜盐。

13）元葱末。多用于烹制青菜类菜肴，尤其适用于青椒菜肴，调酒亦有少量使用。其中加入食盐的称为元葱盐。

（4）香精和色素

1）香精。从植物中提取香气成分制成的精油状浓缩香料。现在市场上出售的多为人造香精。

2）胭脂红色素。从胭脂虫身上提取的食用红色素。中美洲的墨西哥、危地马拉等国生长着大量的仙人掌，上面有大量胭脂虫繁殖着。人们采集受精的雌虫，过热水后烘干磨成末，最后浸入水中制成。调酒亦有少量其他色素使用。

3）焦麦芽。指烘焦的大麦芽，多作威士忌、白兰地、黑啤酒等的色素使用。

（5）其他辅料

1）牛奶和奶制品。鸡尾酒中，使用牛奶调制的饮品颇多，常用品种有鲜牛奶、酸奶、无糖炼乳、淡奶、奶油等。

2）鸡蛋。鸡尾酒调制中多用鲜蛋。鸡尾酒配方中，一个蛋黄，指一个全蛋中的蛋黄；一个蛋白，指一个全蛋中的蛋白。调制鸡尾酒时，不能直接把鸡蛋打入摇酒壶中，而要将其打入其他容器中，确认是否新鲜后再倒入摇酒壶中。

3）砂糖。鸡尾酒中多用粒状砂糖或方糖，砂糖粉等也常使用。

4）食盐。又称幼盐，指细精盐。

5）咖啡。调酒时，热咖和冰咖都有使用，但不宜使用苦味太浓的咖啡。

（6）冰（Ice）。冰凉、冰镇是鸡尾酒的生命。冰在鸡尾酒中的作用非同小可，冰的选用也大有学问，电冰箱制出的冰，冻结不完全，内含大量空气，有损饮料的品味，专业上一般不予使用；刚敲碎的冰，棱角分明，易溶于水，也会影响饮料的原味，最好不要直接使用，而要先用凉开水冲一下，待棱角消除后再使用。制冰机制出的冰大都属专业用冰，质量较好，可直接使用。根据鸡尾酒的种类，需用大小不同、形状各异的冰。

1）块冰（Ice Cube）。边长为 3 cm 的近似立方体状冰块为使用最广的冰块，可放入摇酒壶和调酒杯中使用。

2）粗碎冰（Crushed Ice）。用冰锥等敲碎的直径为 3～4 cm 的不规则冰块。

3）碎冰（Shaved Ice）。近似于冰渣状，多用于热带鸡尾酒，可用口布包上冰块，用冰锤敲击制成碎冰渣。

4）大冰块（Lump of Ice）。指每块重 50 克以上的大块冰。多用于鸡尾酒会中的宾治饮料。

5）冰坨（Block of Ice）。又称岩石冰。是将大块冰击打成直径 7～8 cm 的冰坨，主要用于岩石酒（On The Rocks）类鸡尾酒。

3. 装饰物（Garnish）

点缀鸡尾酒的装饰物，以其芳香和色彩烘托出鸡尾酒的品质。标准的鸡尾酒均有规定的并与之相适应的点缀饰物。即使其配方相同，只要点缀饰物不同，鸡尾酒名也会不同。当然，熟练的调酒师可凭着各自的感觉和经验，跳出既定的框架，给各色鸡尾酒以独特的点缀，这也正是鸡尾酒调制中的一大乐趣。但是，并不是每款鸡尾酒都可以任意装饰。装饰物的制作要遵循一定的原则，如果没有十足的把握，宁可不加装饰也不能给人一种"画蛇添足"之感。

另外，有些特定的鸡尾酒，其装饰有双重功效，除装饰外，还有调味效果，更不能轻易改动。例如"马天尼"中的柠檬皮和"品姆杯"中的青瓜皮，因其能改变酒的香味，所以它们实际上就是鸡尾酒的调味材料，要严格遵照配方。而另外一些装饰物，仅局限于装饰功能，只要不影响其固有的风格，稍有改动，也是允许的。

总之，一杯鸡尾酒的外观应该有很大的吸引力，艺术装饰物往往就成为这杯酒的标志，看到了盛载的杯子和酒的颜色，以及它的装饰物，也就可以大致猜到它是一杯什么款式的鸡尾酒或哪一类鸡尾酒了。如用樱桃金酒为基酒，调和绿薄荷酒、柠檬汁、菠萝汁、香槟酒而成的"假日绿洲"鸡尾酒，其装饰是在酒面上插放一束薄荷叶，杯沿上放置一块切割成三瓣的柠檬皮，人们透过香槟杯里碧绿的液体，再看到翠绿的薄荷叶和黄色的柠檬皮，不仅有清爽之感，还可以一目了然地洞察到这款鸡尾酒的味道，这确实是表里一致的佳作，确实能使人不饮先醉。

（1）常用装饰材料。鸡尾酒是装饰性极强的艺术酒，因此，在酒吧需要准备好足够的调制多种鸡尾酒的装饰物，甚至要储存各类水果供调制鸡尾酒使用，从而提高鸡尾酒的观赏性和品尝性。

1）樱桃（Cherry）。又叫车厘子，一种植物的果实，经常用的有红、绿、黄、黑四色，市场上有瓶装出售，多为去核樱桃。

2）橄榄（Olive）。又称水酿橄榄，产于地中海，体积小，通常用盐渍，瓶装或罐装出售，适用于"马天尼"等鸡尾酒装饰。有去核和不去核两种。

3）洋葱（Cocktail Onions）。又称"珍珠洋葱"，大小如拇指头，圆形，透明，故称"珍珠洋葱"。

4）丁香（Clove）。使用时，花苞不能弄碎，整朵放在热饮内很美观。

5）草莓（Strawberry）。常用于调制精美鸡尾酒，作装饰物也非常美观。

6）黑枣（Black Plum）。

7）花生（Peanut）。使用时多为研制而成的碎末，飘洒于酒面。

8）椰丝蓉（Coconut）。

9）银丸（糖制）（Silver Ball）。

10）柠檬（Lemon）。

11）橙子（Orange）。

12）梨（Pear）。

13）香蕉（Banana）。

14）荔枝（Lichee）。

15）青瓜（Cucumber）。即黄瓜。

16）鲜薄荷叶（Fresh Mint）。

17）菠萝（Pineapple）。

18）苹果（Apple）。

19）芒果（Mango）。

20）木瓜（Papaya）。

21）蜜瓜（Melon）。

22）西瓜（Water Melon）。

23）哈密瓜（Hami Melon）。

24）龙眼（Longan）。

25）番石榴（Guava）。

26）黑加仑子（Currant）。

27）西柚（Grape Fruit）。

28）奇异果（Kiwi Fruit）。中国称猕猴桃（Actinidia Chinensis）。

29）桃（Peach）。

30）西梅（Prune）。

31）鸡尾酒签（Cocktail Pick）。用于组合小型装饰原料。

32）调酒棒（Mixing Stirrer）。这种棒可特制，带有各式的图案，富有纪念性和装饰性。

33）杯垫（Coaster）。它可增强鸡尾酒的装饰性，通常在酒杯垫纸上印有各种不同的图案和风光图画。

34）糖粉及盐霜（Sugar and Salt）。常用糖粉和盐霜点缀杯口。

35）可可粉（Coco Powder）。

36）巧克力棒、巧克力粉。

37）其他。此外，如伞签、彩带、鲜花、树叶也经常被选用。

采用以上装饰材料可以按照以下方法来装饰鸡尾酒：

小樱桃挂杯（Cherry On Glass Rim）；

酒签穿小樱桃（Cherry with Pick）；

酒签穿橄榄（Olive with Pick）；

酒签穿小洋葱（Onion with Pick）；

柠檬片（圆形和半圆形）（Slice Lemon）；

柠檬角（Lemon Wedge）；

橙角和樱桃（Orange Wedge & Cherry）；

一束薄荷叶（Sprig Of Mint）；

菠萝角和樱桃（Pineapple Wedge & Cherry，即菠萝旗）；

螺旋形柠檬皮（Twist Lemon Peel）；

整个柠檬皮（Whole Lemon Peel）；

杯边沾上盐（Rim Glass with Salt）；

杯边沾上糖（Rim Glass with Sugar）；

芹菜棒（Celery Stick）；

黄瓜片（Clice Of Cucumber）；

黄瓜皮（Cucumber Peel）；

面上撒豆蔻粉（Sprinkle with Nutmeg On Top）；

吸管穿红樱桃（Red Cherry with Straw）等。

（2）几种常见装饰物的制作

1）柠檬和橙的切法与装饰。用柠檬和橙的装饰很多，可以将柠檬（橙）切成圆形片或半圆形片，也可以切成角，或者用柠檬（橙）和樱桃配合，下面具体介绍制作方法。

①圆形柠檬片（橙片）。先将柠檬或橙横向切片，然后直接投入载杯内做装饰（见图4—1）。也可将柠檬切薄片，然后漂浮在酒液

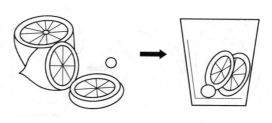

图4—1　柠檬片或橙片投入杯内

上，如大吉利鸡尾酒；也可再沿半径切出一个开口，然后挂杯（见图4—2和彩图1）；还可将切好的柠檬片或橙片的果皮和果肉分开（只留最上面不切），然后让果皮悬在杯内，果肉留在杯外（见图4—3）。

图4—2　柠檬片或橙片挂杯方法一　　　　　图4—3　柠檬片或橙片挂杯方法二

②半圆形柠檬片（橙片）。先将柠檬或橙横切成半圆形片，然后挂在杯口装饰（见图4—4）。

图4—4　半圆形柠檬片、橙片

③柠檬角（橙角）。先将柠檬或橙纵向切成1/8块，然后用刀将果肉与果皮分开（只留最上面不切），再让果皮悬在杯外，果肉留在杯内挂杯（见图4—5和彩图2），也可以切出如图4—6所示的形状嵌在杯口。

④螺旋形柠檬皮。将柠檬皮削成螺旋形，挂在杯边，使果皮垂入杯内，柠檬皮宽约1 cm（见图4—7和彩图3）。

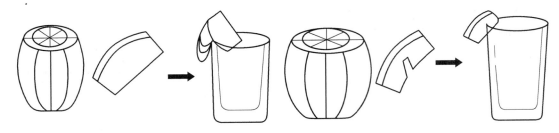

图4—5　柠檬角、橙角挂杯方法一　　　　图4—6　柠檬角、橙角挂杯方法二

⑤柠檬皮和红樱桃。将柠檬的果肉挖空，然后用鸡尾酒签同红樱桃穿在一起横放于杯口（见图4—8）。

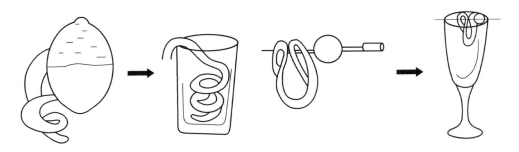

图4—7　螺旋形柠檬皮　　　　　　　图4—8　柠檬皮和红樱桃

⑥酒签穿柠檬（橙）片（角）和红樱桃。用酒签将柠檬（橙）片（角）连同红樱桃一起穿起来，直接放入杯中（见图4—9）。

2）菠萝的切法和装饰法

①菠萝条的切法。将菠萝除去外皮纵向切成厚度适当的整片，再切成细长条，用酒签穿起来做装饰（见图4—10）。在菠萝装饰物中，可以用新鲜的菠萝，也可用罐装菠萝圈。

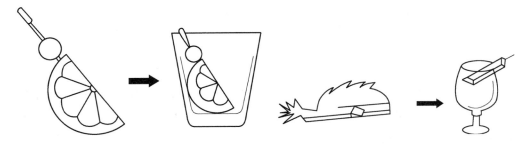

图4—9　酒签穿柠檬（橙）片和红樱桃　　　图4—10　菠萝条的切法

②菠萝块的切法。将菠萝去皮横向切成厚度适当的大片，再切成一扇形小块，用酒签连同红樱桃一起穿起作装饰，这种装饰亦称菠萝旗（见图4—11和彩图4）。

③带叶菠萝块。将菠萝去皮纵向切成厚度适当的大片，再切成带叶的块，菠萝块开口挂在杯边（见图4—12）。

图4—11　菠萝块（菠萝旗）的切法　　　　图4—12　带叶菠萝块

3）芹菜的切法和装饰方法。先洗净芹菜根部的泥土，去老叶，嫩叶可留用，将芹菜杆纵切成两半（不是很粗的杆可以不纵切），测量酒杯的高度，将芹菜切成长短合适的段备用（见图4—13）。切好后暂时不用的需浸在干净的水中，以免变色。所用芹菜为西芹。

4）酒签穿橄榄。用酒签插一粒橄榄，然后投入杯内作装饰（见图4—14和彩图5）。如橄榄为去核橄榄，则酒签要横穿，但不要穿透，否则影响美观。

图4—13　芹菜的切法和装饰方法　　　　图4—14　酒签穿橄榄

5）樱桃的装饰方法

①樱桃挂杯。将樱桃开一小口挂于杯口即可（见图4—15）。

②酒签穿樱桃。用酒签插一粒樱桃，然后投入杯内作装饰即可（见图4—16）。

③吸管穿红樱桃。用吸管穿入红樱桃当中，并将红樱桃提至吸管打弯处，剔除吸管中的果肉后放入杯内即可（见图4—17和彩图6）。

图 4—15　樱桃挂杯

图 4—16　酒签穿樱桃

④酒签穿樱桃横放杯口。用酒签插一粒樱桃，然后横放杯口作装饰即可（见图 4—18 和彩图 7）。

⑤柠檬片包红樱桃。切柠檬圆片，用柠檬片包住红樱桃，再用酒签穿起，横放于杯口。（见图 4—19 和彩图 8）。

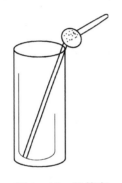
图 4—17　吸管穿
红樱桃

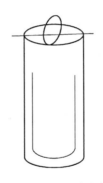
图 4—18　酒签穿樱桃
横放杯口

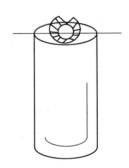
图 4—19　柠檬片
包红樱桃

6）酒签穿小洋葱。同酒签穿樱桃。

7）盐圈杯和糖圈杯。又称挂盐霜或挂糖霜，盐口杯或糖口杯。将杯口在柠檬（橙）横切面上浸湿，然后倒扣在装有细盐或砂糖（糖粉）的碟子中，使杯口均匀地沾上盐霜或糖霜（见图 4—20）。此装饰方法的关键是杯子要干，碟子要干，细盐和砂糖也要干爽。

图 4—20　盐圈杯和糖圈杯

8）酒面上撒豆蔻粉。在调好的酒液中，均匀地撒少许豆蔻粉即可。

三、鸡尾酒的种类

世界上流行的鸡尾酒有 2 000～3 000 种，其分类方法也多种多样。

1. 按调制方法分类

按照调制方法，鸡尾酒可分为长饮类、短饮类和热饮类。

（1）长饮类（Long Drinks）。长饮是以烈酒为基酒，配以果汁、汽水等混合调制，适于消磨时间悠闲饮用。是一种较为温和的酒品，酒精含量较低，饮用时可放置较长时间不变质，因而消费者可长时间饮用，故称为长饮。尽管如此，一般认为 30 min 左右饮用为好。长饮鸡尾酒多使用柯林杯、高杯等平底玻璃酒杯或果汁杯这种大容量的杯子，多为加冰的冷饮，也有少数加开水或热奶趁热喝的热饮。长饮又因制法不同而分若干种类。

（2）短饮类（Short Drinks）。短饮，意即短时间喝的鸡尾酒，时间一长风味就减弱了。短饮酒精含量高，分量较少，饮用时通常可以一饮而尽，不必耗费太多的时间，如马天尼、曼哈顿等均属此类。此种酒多采用摇和或调和的方法制成，使用鸡尾酒杯。一般认为鸡尾酒在调好后 10～20 min 饮用为好。短饮类鸡尾酒大部分酒精度数在 30°左右。

（3）热饮类（Hot Drinks）。此类鸡尾酒与其他混合饮料最大的区别是用沸水、热咖啡或热牛奶冲兑，如托地（Toddy）、热顾乐（Grog）等。

2. 按基酒分类

按照调制鸡尾酒酒基品种进行分类也是一种常见的分类方法，且分类方法比较简单易记。

（1）白兰地（Brandy）类鸡尾酒。此类是以白兰地为基酒调制的各款鸡尾酒，如亚历山大（Alexander）等鸡尾酒。

（2）威士忌（Whisky）类鸡尾酒。此类是以威士忌为基酒调制的各款鸡尾酒，如酸威士忌（Whisky Sour）、曼哈顿（Manhattan）等。

（3）金酒（Gin）类鸡尾酒。此类是以金酒为基酒调制的各款鸡尾酒，如马天尼（Martini）、红粉佳人（Pink Lady）等。

（4）朗姆酒（Rum）类鸡尾酒。此类是以朗姆酒为基酒调制的各款鸡尾酒，如大吉利（Daiquiri）等。

（5）伏特加（Vodka）类鸡尾酒。此类是以伏特加为基酒调制的各款鸡尾酒，如咸狗（Salty Dog）、血玛丽（Bloody Mary）等。

（6）特基拉酒（Tequila）类鸡尾酒。此类是以特基拉酒为基酒调制的各款鸡尾酒，如玛格丽特（Margarita）等。

（7）香槟酒（Champagne）类鸡尾酒。此类是以香槟酒为基酒调制的各款鸡尾酒，如香槟鸡尾酒（Champagne Cocktail）等。

（8）利口酒类鸡尾酒。此类是以利口酒为基酒调制的各款鸡尾酒，如彩虹鸡尾酒（Rainbow）等。

（9）葡萄酒类鸡尾酒。此类是以葡萄酒为基酒调制的各款鸡尾酒，如凯尔（Kir）等。

（10）中国酒类鸡尾酒。此类是以中国酒为基酒调制的各款鸡尾酒，如青草、梦幻洋河、干汾马天尼等。一直以来，由于国产酒过于强烈的味道让酒吧调酒师只能对其视而不见，加上鸡尾酒在国内流行程度不足，导致鸡尾酒的形式意念上都以国外模式为导向。然而，当有人发明了用新鲜的水果泥掺入白酒后，会将其强烈的味道掩盖之余还可以导出一阵阵浓郁的香味，从此鸡尾酒界就像巴黎米兰的时尚界那样被红色的中国风席卷。尽管中国酒可以说五花八门，但是在芸芸酒种里主要还是挑选以下几种相对比较有突出个性的用来作为鸡尾酒的主要基酒：绍兴10年陈、五粮液、桂花陈酒、梅酒、竹叶青酒、汾酒、洋河特曲酒等。

3. 按饮用时间和场合分

鸡尾酒按照饮用时间和场合可分为餐前鸡尾酒、餐后鸡尾酒、晚餐鸡尾酒、睡前鸡尾酒和派对鸡尾酒等。

（1）餐前鸡尾酒。餐前鸡尾酒又称为餐前开胃鸡尾酒，主要是在餐前饮用，起生津开胃之妙用，这类鸡尾酒通常含糖分较少，口味或酸或干烈，即使是甜型餐前鸡尾酒，口味也不是十分甜腻，常见的餐前鸡尾酒有马天尼、曼哈顿，各类酸酒等。

（2）餐后鸡尾酒。餐后鸡尾酒是餐后佐助甜品、帮助消化的，因而口味较甜、且酒中使用较多的利口酒，尤其是香草类利口酒，这类利口酒中掺入了诸多药材，饮后能化解食物淤结，促进消化，常见的餐后鸡尾酒有B和B、史丁格、亚历山大等。

（3）晚餐鸡尾酒。晚餐鸡尾酒是用晚餐时佐餐的鸡尾酒，一般口味较辣，酒品色泽鲜艳，且非常注重酒品与菜肴口味的搭配，有些可以作为头盆、汤等的替代品。但在一些较正规和高雅的用餐场合，通常以葡萄酒佐餐，而较少用鸡尾酒佐餐。

（4）派对鸡尾酒。这是在一些派对场合使用的鸡尾酒品，其特点是非常注重酒品的口味和色彩搭配，酒精含量一般较低。派对鸡尾酒既可以满足人们交际的需要，又可以烘托各种派对的气氛，很受年轻人的喜爱。常见的酒有特基拉日出、自由古巴、马颈等。

（5）夏日鸡尾酒。这类鸡尾酒清凉爽口，具有生津解渴之妙用，尤其适合在热带地区或盛夏酷暑时饮用，味美怡神，香醇可口，如冷饮类酒品、柯林类酒品、庄园宾治、长岛冰茶等。

4. 按族系类别分（传统分类）

（1）鸡尾酒类（Cocktails）。即短饮类鸡尾酒。

（2）长饮类（Long Drinks）。即长饮类鸡尾酒。

（3）费兹类（Fizzes）。长期以来，费兹类鸡尾酒在各种饮料单上就占有固定的位置。虽然伟大的金菲士时代已经过去，但是还是要介绍这类鸡尾酒。费兹类鸡尾酒如同酸酒类鸡尾酒一样，通常由烈酒、柠檬汁、鸡蛋清和糖浆组成。将各种所需的材料放在摇酒壶中长时间和剧烈地摇动，之后滤入柯林等中等酒杯中，加入苏打水奉客。

（4）可冷士类（Collins）。可冷士类鸡尾酒与费兹类鸡尾酒相类似，只是不使用蛋清，多为调和。可冷士类鸡尾酒属于长饮类鸡尾酒，它作为清凉的解渴饮料享有盛名。

（5）菲丽蒲类（Flips）。菲丽蒲类鸡尾酒是有益于健康的健胃饮料，它适合于两餐之间饮用。调制这类鸡尾酒，一般需要使用鸡蛋黄、鲜奶油和糖浆。将各种所需的材料放在加有大块冰块的摇酒壶中短时间内剧烈地摇动，即可调制出菲丽蒲类鸡尾酒。菲丽蒲类鸡尾酒用中等带柄酒杯或香槟酒杯盛载，撒上少许肉豆蔻粉，即可奉客。

（6）特饮类（Fancy Drinks）。特饮类鸡尾酒指独创的或创新的富有想象和特殊寓意的饮料，多使用特殊载杯，即特饮杯。

（7）酸酒类（Sours）。酸酒类鸡尾酒是相当浓的饮料，以柠檬汁而得名。当今，以威士忌酒为基酒的古典酸酒同大多数烈酒一样受欢迎和青睐。调制这类鸡尾酒要使用许多种蒸馏的烈酒如金酒、伏特加酒、朗姆酒、特基拉酒、干邑、白兰地酒、苹果白兰地酒等。酸酒类鸡尾酒一般由烈酒（作为基酒）、柠檬汁和糖浆组成。这类鸡尾酒多用摇和法来调制，用小型酒杯盛载。

（8）热饮类（Hot Drinks）。热饮酒或热饮饮料，如爱尔兰咖啡、热托地。

四、鸡尾酒的特点

经过 200 多年的发展，现代鸡尾酒已不再是若干种酒及乙醇饮料的简单混合物。总观鸡尾酒的现状，现代鸡尾酒有如下特点：

1. 鸡尾酒是混合酒

鸡尾酒由两种或两种以上的饮料（酒）调制而成，其中至少有一种为酒精性饮料。

2. 花样繁多，调制方法各异

用于调制鸡尾酒的原料有很多种类，各类鸡尾酒所用的配料也不相同，少则两三种，多则七八种，且制作方法多样。

3. 具有刺激性

鸡尾酒具有明显的刺激性，能使饮用者兴奋，因此具有一定的酒精浓度。适当的酒精浓度可以使饮用者紧张的神经和缓、放松。

4. 能够增进食欲

鸡尾酒应是增进食欲的滋润剂。饮用后，由于酒中含有微量的调味饮料如酸味、苦味等饮料的作用，使饮用者的口味有所改善。

5. 具有冷饮特性

鸡尾酒需足够冷冻。

6. 色泽优美

鸡尾酒应具有细致、优雅、匀称、均一的色调。常规的鸡尾酒有澄清透明的或浑浊的两种类型。澄清型鸡尾酒应该是色泽透明，除极少量因鲜果带入固形物外，没有其他任何沉淀物。

7. 香味馥郁，口感丰富

鸡尾酒因其丰富的基酒品种和辅料及装饰物的丰富多样，而使其在充分地混合调制后具有浓郁的香味，特有的香型及丰富的口感，使饮用者有美妙的嗅觉、味觉体验。

8. 盛载考究

鸡尾酒应由式样新颖大方、颜色协调得体、容积大小适当的载杯盛载。另装饰品虽非必须，但却起到画龙点睛的作用，它们对于酒，犹如锦上添花，使之更有魅力。

五、鸡尾酒的命名

鸡尾酒的命名五花八门、千奇百怪。有植物名、动物名、人名，从形容词到动词，从视觉描述到味觉描述等皆有使用。而且，同一种鸡尾酒叫法可能不同；反之，名称相同，配方也可能不同。

1. 以酒的内容命名

这种方法命名的鸡尾酒通常都是由一或两种基酒调配而成，制作方法也相对比较简单，如马天尼、威士忌酸等。

2. 以时间命名

以时间命名的鸡尾酒在众多的鸡尾酒中占有一定数量，这些以时间命名的鸡尾酒有些表示了酒的饮用时间，但更多的则是在某个特定的时间里，创作者赋予了酒一定的含义，如忧虑的星期一、六月新娘等。

3. 以自然景观命名

以自然景观命名的鸡尾酒品种较多，且酒品的色彩、口味甚至装饰等都具有明显的地方色彩，如雪乡、迈阿密海滩等。

4. 以颜色命名

以颜色命名的鸡尾酒占鸡尾酒的大部分，它们基本上是以无色烈性酒为基酒，加上各种颜色的利口酒调制成形形色色、色彩斑斓的鸡尾酒品。如红粉佳人、青草蜢、蓝色夏威夷等。

5. 以特定历史事件命名

为了纪念某一个特定的历史事件而命名，如血红玛丽。

6. 以人名命名

为了纪念某一个特定的人物而命名，如玛格丽特。

六、鸡尾酒的配方（Cocktail Recipe）

鸡尾酒的配方又叫酒谱，它是一种关于鸡尾酒的调制方法、原料等方面的详细说明。一杯混合饮料或鸡尾酒成功与否在于各种原料间的使用是否合理，以及载杯、冰、饮品成分间的关系是否合理。经过谨慎地计算各种成分的用量和合理选用载杯及装饰物，便得到饮品的标准配方。鸡尾酒标准配方包括：基酒的名称及分量、调辅料名称及分量、附加成分及分量、所用载杯、装饰物及装饰方法等。标准配方的确定，是为了使鸡尾酒在调制时达到标准的口味。

常用的鸡尾酒配方有两种表现形式，即指导性配方和标准配方。指导性配方是按照国际惯例，根据鸡尾酒的标准口味确定用料间的比例。一杯就以 10 份作为量的单位，这是因为酒杯的大小不能统一。这样可以根据杯子容量的大小和鸡尾酒口味的比例来决定正确的分量，如 5/10 即表示所使用酒水的量占鸡尾酒总份额的一半。标准配方即酒杯的容量已经固定，根据固定的容量和鸡尾酒口味的比例来确定出各种材料的具体用量，如 1.5 oz 或 42 mL，这种方式更适用于一个固定的酒吧或同一宾馆酒店中的不同酒吧，这样可以达到鸡尾酒口味的一致。标准配方是一个酒吧用来控制成本和质量的基础，也是做好酒吧管理和控制的标准。不管使用哪种配方的表现形式，都不能改变鸡尾酒的标准口味。

第 2 节　鸡尾酒的制作

一、鸡尾酒制作方法

鸡尾酒的制作方法多种多样，基酒、辅料和装饰物经过调酒师的妙手操作，几分钟之内便可变成色、香、味、体俱佳的饮品。其中主要方法有以下四种。

1. 兑和法（Build）

兑和法是将配方中所需的酒水按照分量依次直接量入杯中，不需搅拌或轻微搅拌几下即可的调酒方法（见图4—21）。高杯类饮品、果汁类饮品和热饮等都常采用此法。

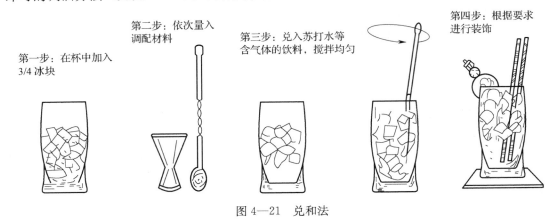

第一步：在杯中加入3/4冰块

第二步：依次量入调配材料

第三步：兑入苏打水等含气体的饮料，搅拌均匀

第四步：根据要求进行装饰

图4—21 兑和法

兑和法有时也需用吧匙紧贴杯壁，慢慢地将酒水沿着吧匙背部倒入酒杯，这样可以减缓冲力，以免酒水冲撞混合，如彩虹类鸡尾酒就是采用此法制作而成。彩虹酒是将不同色泽、不同比重的酒，注入一个杯内，而各种色彩不互相混淆，层次分明，色泽艳丽的鸡尾酒，似雨后彩虹而得名。彩虹酒有三色、四色、五色，甚至于七色、十色等几种。制作彩虹酒的关键是要准确掌握各种酒的含糖度（比重），含糖越高，其比重越大，反之则小。调制彩虹酒宜选用含糖量和比重各不相同、色泽各异的酒。配制时，比重大的先倒入，比重小的后倒入，含糖分少的酒放在最后。如果不按顺序倒入，或两种颜色的酒的含糖度相差甚微，就会造成几种酒混合在一起的现象，而调制不出彩虹酒。调制彩虹酒时，动作要轻，速度要慢，要避免摇晃，不可将酒直接倒入杯中，为了减少倒酒时的冲力，防止色层混合，可用一把吧匙斜插入杯内，吧匙背朝上，酒倒在吧匙背上，使酒从杯内壁缓缓流下（见图4—22）。制作成的彩虹

图4—22 彩虹类鸡尾酒的调制

酒，不宜久放，否则时间长了，酒内的糖分容易溶解，会使酒色互相渗透融合。制作彩虹酒还要掌握倒入的各种颜色的酒量要相等，看上去各色层次均匀分明，酒色鲜艳。为了提高饮者的兴趣，可在制成的彩虹酒上点火燃烧成火焰，命名为普施咖啡（Pousse Café

Flambe），以增加欢乐的气氛。

用国产酒调制彩虹酒时，因目前含多种糖分的有色酒的品种还不多，故有一定的困难。变通的办法是，可用糖浆加食用色素配成各色甜酒，这样也能配制出国产彩虹酒。

2. 调和法（Stir）

调和法又称为搅拌法，搅拌时要使用调酒杯（Mixing Glass）、量杯（Measuring Glass）、吧匙（Bar Spoon）、滤冰器（Strainer）等器具。调和法又包括两种，即调和滤冰（Stir & Strain）及调和（Stir）。

调和滤冰的具体方法（见图4—23）是先把冰块加入调酒杯，再把酒水按配方分量倒入调酒杯中。左手拿杯子底部，右手拿吧匙，将吧匙夹在中指和无名指之间，拇指和食指贴住吧匙的上部，沿着调酒杯的内侧，顺时针迅速旋转搅动10～15转，使酒均匀冷却，握杯的左手明显感到冰冷时，用过滤器过滤冰块，将酒滤入载杯即可，搅拌时间不能太短或太长。

第一步：取一只
鸡尾酒杯

第二步：在调酒杯中
放入 1/3 冰块

第三步：在杯中量入
各种调配材料

第四步：用吧匙
顺时针搅拌

第五步：将酒滤入
鸡尾酒杯中

第六步：制作装饰物

图4—23　调和滤冰法

滤冰倒酒时，左手扶载杯，右手用滤冰器过滤冰块（见图4—24），将酒水滤入载杯。如果手头没有滤冰器，可用左手握住调酒杯，右手拿吧匙叉的一头挡住冰块，将酒水滤入载杯。这种方法亦被称为"调和滤冰"，用这种方法调制的酒水一般使用鸡尾酒杯，如美国佬（Americano）。

有些鸡尾酒只调和，不滤冰，即将适量冰块放入高杯或柯林杯中，根据配方量入适量基酒和辅料，用吧匙简单搅拌，再兑入可乐、苏打水、雪碧等调缓材料，再次用吧匙搅拌，最后配以装饰物即可，采用此法调制时不需要滤冰，这种方法被称为单纯的"调和"。此法多用于长饮类鸡尾酒，如汤姆柯林、长岛冰茶等。

图4—24 滤冰器的使用方法

3. 摇和法（Shake）

摇和法也称摇晃法。当鸡尾酒中的某些成分（如糖、牛奶、鸡蛋、果汁）不能与基酒稳定混合时，则采用摇酒壶调制。一般酒店和酒吧都使用普通摇酒壶（见图4—25），也有使用波士顿摇酒壶的（见图4—26）。

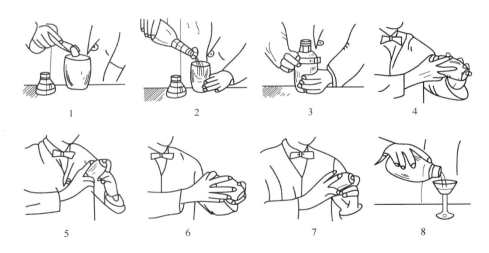

图4—25 普通摇酒壶摇和法

普通摇酒壶的具体使用方法是：在壶体中先加入冰块，然后按配方把辅料、基酒等材料依次量入壶体内。通常，所放材料和冰块占到壶体的六成左右。然后把滤冰器和壶盖盖上，双手或单手握壶即可摇荡。双手拿壶的时候，右手拇指紧紧压住靠向身前的壶盖，其他手指握着壶体，左手中指指尖抵着壶底，食指压着滤冰器处，其他手指则围住壶体，指尖轻轻地抵住摇酒壶，有节奏地由轻到重、由慢到快地摇荡。摇荡的时候，正确顶住摇酒

图 4—26　波士顿摇酒壶摇和法

壶，使盖子斜靠胸前，以这样的姿势为起始，斜向上摇荡至近于眼睛高处，然后倒回原来位置，跟着斜向下摇荡，再回到原来的位置，如此反复摇和，直至材料混合在一起。滤酒时，右手握壶，左手打开壶盖，将酒滤入鸡尾酒杯，酒液通过过滤器的小孔滤出，冰块则留在壶内。实际工作中采用左右手对换的相反姿势或用单手摇壶也是可以的。

　　世界流行的鸡尾酒大部分都采用摇和法制作而成，这也是最能反映一名调酒师调酒水平的制作技法。采用摇和法的时间和摇和力度要掌握好，力度大则摇和时间短，力度小则摇和时间长，但一般情况下，都要求快速有力地将酒水摇和均匀，因为摇和时间太长，冰块易溶化成水，会使酒度降低，酒味变淡；摇和时间太短，则原料不能充分混合，酒液不能迅速变冷，亦达不到鸡尾酒的口味标准。最直观的检验办法是，只要摇到酒液变冷，也就是当金属摇酒壶外面出现白霜时即可。当然，也有颇具经验的调酒师通过手指感觉温度的变化，通过耳朵聆听酒壶中的声音，并以此来判断摇和的时间是否恰到好处。

　　值得注意的是，在摇酒壶内，不能加进汽水类含有二氧化碳气体的材料，以免产生泡沫和气体膨胀。对奶油、鸡蛋等不易混合的材料，要大力摇匀。用摇和法制作的鸡尾酒多为短饮类，并多使用鸡尾酒杯、古典杯或香槟杯，如红粉佳人、玛格丽特等。

　　4. 搅和法（Blend）

　　搅和法主要使用电动搅拌机进行操作，当调制的酒品中含有水果块或固体食物时，必须使用搅和法制作鸡尾酒（见图 4—27）。采用搅和法操作时先将冰块（最好是碎冰）和辅料、基酒等材料按配方放入搅拌机中，启动搅拌机迅速搅拌 10 s 左右，使冰块、酒水、水果块等材料均匀混合，然后将酒品连同冰块一起倒入杯中。采用搅和法制作的鸡尾酒多为长饮，如香蕉得奇利，水果宾治等。

目前在酒吧内，一些摇和的酒也可以用搅和法来调制，但两法相比，摇和法更能较好地把握所调制酒品的质量和口味。有时电动搅拌机也可与摇酒壶互相代替使用。用电动搅和法调酒，速度快、省力，但调出的饮品味道不及手摇摇酒壶调出的柔和。同样，在电动搅拌机内，也不能加进汽水类含有二氧化碳气体的材料，以免产生泡沫和气体膨胀。

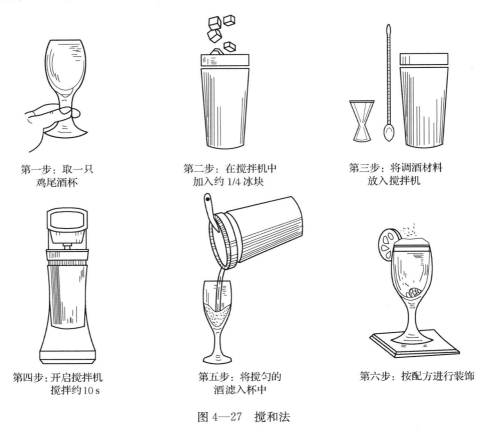

第一步：取一只
鸡尾酒杯

第二步：在搅拌机中
加入约 1/4 冰块

第三步：将调酒材料
放入搅拌机

第四步：开启搅拌机
搅拌约 10 s

第五步：将搅匀的
酒滤入杯中

第六步：按配方进行装饰

图 4—27　搅和法

二、鸡尾酒的制作原则

（1）鸡尾酒通常都用烈酒如金酒、威士忌、白兰地、朗姆酒、伏特加、特基拉酒等作为基酒，再加入其他的酒或饮料，如果汁、汽水和香料等制作而成。

（2）制作鸡尾酒应采用正确的方法。

（3）味道相同或近似的酒或饮料可以互相混合制作，调配成鸡尾酒；味道不同或香味差异较大的酒或饮料，一般不宜互相混合。例如药酒与水果酒。

（4）任何一款鸡尾酒都必须严格按照配方制作。

（5）制作鸡尾酒使用蛋清是为了增加酒的泡沫和口感，不直接影响酒的味道，在制作时要用力摇匀。

（6）配方中如有"滴"（Dash）"茶匙"（Tea Spoon）等度量单位时，必须严格控制，特别是使用苦精等材料时，应防止用量过多，而破坏酒品的味道。

（7）鸡尾酒的装饰要严格遵循配方的要求，宁缺毋滥，自创鸡尾酒的装饰物也应以简洁、协调为原则，切忌喧宾夺主。

（8）制作热饮鸡尾酒，酒温和水温不可太高，因为酒精的沸点是 78.3℃。

（9）以色浓、味浓而无气为特征而制成的鸡尾酒一般采用摇和法，以色淡、味淡而有气为特征而制成的鸡尾酒一般采用兑和法或调和法。

（10）制作白糖浆时，砂糖与水的比例是 2∶1。

（11）在调制鸡尾酒时不管采用何种方法都应做到动作连贯、迅速、熟练，以便在较短时间内调制出符合客人要求的鸡尾酒。

（12）为了使各种材料完全混合，应尽量多采用糖浆、糖水，尽量少用糖块、砂糖等难溶于酒和果汁的材料。如用糖块或砂糖，应先把糖放入杯内，用一点水或苏打水、苦精等搅溶后再加其他原料。

三、鸡尾酒的制作步骤

调制鸡尾酒时要特别注意先后顺序和调制的原则。调制时，要找齐所用酒水、辅料、装饰物和杯具等，应准备好再动手，不要边做边找酒水或调酒用具。

1. 准备

（1）按配方把所需的酒水、辅料、装饰物备齐，放在调酒工作台上的专用位置。

（2）把所需的调酒用具，如酒杯、吧匙、量杯等工具备好。

（3）备好所需冰块。

（4）洗手。

2. 制作

（1）在调酒杯（摇酒壶）中放入适量冰块。很多调酒师通常会先在调酒杯（摇酒壶）中放入适量冰块，然后以较快的速度，完成取瓶、开瓶、倒酒等动作；也有调酒师，为了防止冰块融化，而先倒酒水，后放入冰块。

（2）取瓶。指把酒瓶从操作台上取到手中的过程。取瓶一般有从左手传到右手或从下方传到上方两种情形。用左手拿瓶颈部传到右手上，用右手拿住瓶的中间部位，或直接用右手从瓶的颈部上提至瓶中间部位。要求动作快、稳。

（3）示瓶。即把酒瓶展示给客人。用左手托住瓶下底部，右手拿住酒瓶，呈 45°角把主酒标展示给客人。取瓶到示瓶应是一个连贯的动作。

（4）开瓶。用右手拿住瓶身，左手中指逆时针方向向外拧开酒瓶盖（用力得当时，可一次旋开），并用左手拇指和食指夹起瓶盖存于掌心。开瓶是在酒吧没有专用酒嘴时使用的方法。使用专用酒嘴时可直接倒酒。

（5）量酒。开瓶后立即用左手中指、食指与无名指夹起量杯（根据实际需要选择量杯大小），两臂略微抬起呈环抱状，把量杯放在靠近调酒杯（摇酒壶）用具的正前上方约 3 cm 处，量杯要端平，然后右手将酒倒入量杯，倒满后收瓶，同时左手将量杯中的酒倒进所用的调酒用具中。之后用左手拇指顺时针方向盖上瓶盖，最后放下量杯和酒瓶。

（6）调制酒水。根据鸡尾酒配方选择相应的制作方法。

（7）制作装饰物。在制作装饰物前应洗手。

3. 酒水服务

将制作好的鸡尾酒端给客人享用。由于鸡尾酒所用载杯多为玻璃杯，因此，在服务中要使用杯垫。

4. 清理

鸡尾酒制作好后，要将酒瓶归位放好；将所使用过的调酒用具清洗干净；将工作台清理整洁。

四、鸡尾酒制作的注意事项

（1）要严格按照配方的材料、质量、种类、分量和步骤进行制作。只有一种情况是例外，那就是客人要求按他本人的愿望更改传统配方时，应尊重客人的要求，切不可过于拘泥，与之争论。

（2）使用正确的调酒工具和载杯，不要混用、代用。

（3）调酒用的基酒应选择物美价廉且优质的流行品牌，而配料则应是新鲜而质地优良的，特别是牛奶、鸡蛋、果汁等原料。

（4）调制酒水时要备好足够的器皿和工具，始终保持器皿和工具的清洁，以便随时取用，而不影响连续操作。注意摇酒器和电动搅拌机每使用一次，都要清洗一次。

（5）在制作一款鸡尾酒之前，应将需用的酒杯和材料预先准备好。

（6）根据配方要求用冰。冰块、碎冰、冰霜等不可混淆，调酒时切忌将冰装得过满。用搅和法时，一定要放碎冰。

（7）应选用新鲜的冰块，新鲜的冰块质地坚硬不易融化。避免重复用冰，凡使用过的冰块一律不准再用。冰块上有结霜现象时，可用温水除去。

（8）加薄荷叶的混合酒应先将薄荷叶与糖粉一起捣碎。

（9）碳酸类的配料不能放入摇酒器、电动搅拌器或榨汁机中。如配方中有碳酸类的原料，且需用摇和法或搅和法调制，则应先将其他材料摇和均匀，倒入载杯后，再兑入碳酸类配料调和。

（10）加料时一般先放入冰块或碎冰，再加苦精、糖浆、果汁等辅料，最后加入基酒。

（11）以正确的姿势制作鸡尾酒。调酒动作应优美、大方。尤其使用摇酒壶时切忌摇头晃脑、身子左右摇摆、前仰后合，以免使宾客感到厌烦，动作应短暂、猛烈、敏捷。

（12）恰当掌握搅拌和摇荡的时间，时间太短温度不够低，太长会造成冰块融化过多，使饮料浓度降低。

（13）鸡尾酒调好后应立即滤入载杯中，并立即送至宾客手中。

（14）选择适当的载杯，杯型及容量应与配方要求相符。酒杯装载酒水不能太满或太少，杯口留的空隙以杯子容积的 1/8～1/4 为宜。

（15）每次制作鸡尾酒应以一份的量为宜，有意加大用量，以节省人工操作次数，是不适宜的。调制一杯以上的酒，浓淡要一样。具体做法：可将酒杯都排在操作台上，先往各个杯中倒入一半，然后再依次倒满，公平分配，使酒色、酒味不至有浓淡的区别。

（16）要使用杯垫、杯衬、杯托等工具，以防酒温变化太快，而且可以保持台子洁净。

（17）摇酒壶里一般不应有剩余的酒，如有剩余的酒，不可长时间地在摇酒壶中放置，应尽快倒掉，并洗净摇酒壶，以备他用。

（18）在使用玻璃调酒杯时，如果室温较高，使用前应先将冷水倒入杯中，然后加入冰块，将水滤掉，再加入调酒材料进行调制。其目的是防止冰块直接进入调酒杯，产生骤冷变化而使玻璃杯炸裂。但随着调酒杯生产质量的提高，这种情况越来越少见。

（19）在调酒中"加苏打水或矿泉水至满"这句话是针对容量适当的酒杯而言，根据配方的要求，最后加满苏打水或其他材料。对容量较大的酒杯，则需要掌握加入的量，一味地"加满"，只会使酒变淡。

（20）榨汁时，可事先用温水将水果泡 5～10 min，这样在榨汁过程中会多产生 1/4 的果汁。

（21）用新鲜的水果作装饰物，不可切得太薄，切好备用的水果要用清洁湿布覆盖置于冰箱内。切果皮时，内部白瓤应切除。

（22）在制作鸡尾酒过程中必须使用量酒器（或使用可以控制流量的瓶嘴），正确度量各种调酒材料，以保证鸡尾酒纯正的口味，切忌随手乱倒。

（23）绝大多数的鸡尾酒要现喝现调，调完之后不可放置太长时间，否则将失去其应有的味道。

（24）调配制作完毕后，一定要养成将瓶盖拧紧并复位的好习惯。开瓶时用中指旋开盖，倒完酒后，应用拇指旋上盖，客人走后将瓶盖拧紧。

（25）在客人面前不能背转身取酒，应侧转身取酒。

（26）倒酒时不能低下头，目光可下视。

（27）调一杯常见的酒，应在 2～3 min，特别复杂的在 4～5 min。客人点好单后，应立即着手制作。

（28）制作鸡尾酒，应先做酒，再做装饰物，所有的装饰品应后放（盐圈杯、糖圈杯除外），做完酒应向客人示意一下。

（29）调酒师必须时刻保持一双非常干净的手，因为在许多情况下是需要用手直接操作的。

（30）酒瓶快空时，应开启一瓶新酒，不要让客人看到一个空瓶，更不要用两个瓶里的同一酒品来为客人调制同一份鸡尾酒。

（31）酒吧用酒杯必须清洁干净，使用前需检查有无破损，绝对不能给客人使用破损的酒杯。

（32）为确保鸡尾酒的冰镇度，所有鸡尾酒载杯在使用前应放在冷藏柜中存放，如没有此条件，则可事先在载杯中放入一块冰，在杯子冷却的同时可以调制酒水，调好后，将载杯的冰倒掉，再倒入调制好的酒水即可。

第 3 节　常用鸡尾酒的调制

以下鸡尾酒配方中所用青柠汁为屈臣氏青柠饮料浓浆，如无此原料可以采用青柠檬汁和砂糖熬制的糖浆来代替，但在使用中则要协调好其酸味和甜味的比例；为方便教学，所用三角鸡尾酒杯容量为 3～4 oz；所用糖浆指调酒师自行熬制的白糖浆；所用白兰地为干邑。

一、以金酒为基酒的鸡尾酒

1. 干马天尼（Dry Martini）（见彩图 9）

（1）基酒。金酒 2 oz。

（2）辅料。干味美思 0.25 oz。

（3）制作方法。调和法，将冰块和材料放入调酒杯内，调匀至冷，滤入载杯。

（4）装饰物。酒签穿橄榄。

（5）载杯。三角鸡尾酒杯。

（6）特点。此酒清亮透明，酒香淡雅，入口干洌，回味甘香，号称鸡尾酒的鼻祖，制作简单经典，深受外国消费者的欢迎。如将辅料换成甜味美思和红必打士，用酒签穿红樱桃装饰则成为甜马天尼。

2. 红粉佳人（Pink Lady）（见彩图 10）

（1）基酒。金酒 1 oz。

（2）辅料。君度酒 0.25 oz，青柠汁 0.5 oz，红石榴糖浆 1 吧匙，鸡蛋清半只。

（3）制作方法。摇和法，先将冰块放入摇酒壶内，依次放入上述材料并用力摇匀至冷，再滤入载杯。

（4）装饰物。红樱桃挂杯。

（5）载杯。三角鸡尾酒杯。

（6）特点。此酒为淡粉红色，有乳质感，泡沫洁白细腻浓密漂浮于酒面，果香淡雅，口味微酸微甜，回味中有杜松子香。此酒在酒吧深受女士欢迎，也有酒吧在调制中用牛奶代替蛋清摇和，这样摇出的红粉佳人，营养更丰富，口感更香甜，但却不如蛋清摇和出来的爽口。

3. 金飞士（Gin Fizz）（见彩图 11）

（1）基酒。金酒 1.5 oz。

（2）辅料。青柠汁 1 oz，鲜柠檬汁 0.5 oz，鸡蛋清半只，苏打水少许。

（3）制作方法。摇和法，先将冰块放入摇酒壶内，依次将金酒、青柠汁、鲜柠檬汁、鸡蛋清放入壶中用力摇匀至冷，再滤入柯林杯，最后冲入冰苏打水至满。

（4）装饰物。柠檬片挂杯，吸管穿红樱桃放入杯中。

（5）载杯。柯林杯。

（6）特点。此酒有浅浅的淡黄色，泡沫丰厚、洁白细腻，造型美观，口感微酸，甘洌爽口，柠檬香味淡雅。

4. 新加坡司令（Singapore Sling）（见彩图 12）

（1）基酒。金酒 1.5 oz。

（2）辅料。红石榴糖浆 0.25 oz，青柠汁 0.5 oz，鲜柠檬汁 0.5 oz，樱桃白兰地 0.75 oz，苏打水少许。

（3）制作方法。调和法，先将适量冰块放入柯林杯内，再将金酒、红石榴糖浆、青柠汁、鲜柠檬汁依次倒入杯中调匀，然后冲入冰苏打水至八分满调匀，最后将樱桃白兰地飘洒于酒面上。

（4）装饰物。柠檬片包红樱桃用酒签穿起横放于杯口。

（5）载杯。柯林杯。

（6）特点。此酒是一款著名的鸡尾酒。是发明者 Ngiam Tong Boon（严崇文）在担任新加坡莱佛士酒店酒吧的酒保时调配的。此酒呈透明的淡酒红色，细泡串腾，果香味浓郁，口感清爽淡雅，酸甜适度。

5. 布朗士（Bronx）（见彩图 13）

（1）基酒。金酒 1 oz。

（2）辅料。干味美思 1 oz，甜味美思 0.25 oz，橙汁 0.5 oz。

（3）制作方法。摇和法，先把冰块放入摇酒壶中，然后将基酒和辅料依次放入杯中，摇匀至冷，滤入载杯。

（4）装饰物。红樱桃挂杯。

（5）载杯。三角鸡尾酒杯。

（6）特点。此酒呈淡淡的金黄色，清亮通透，入口甘甜、爽淡、淡雅的果香味混合杜松子香，回味甘甜。

二、以威士忌为基酒的鸡尾酒

1. 曼哈顿（干）（Dry Manhattan）（见彩图 14）

（1）基酒。波本威士忌 2 oz。

（2）辅料。干味美思 0.25 oz。

（3）制作方法：调和法。将冰块和上述材料放入调酒杯内，调匀至冷，滤入载杯。

（4）装饰物。酒签穿橄榄放入杯中。

（5）载杯。三角鸡尾酒杯。

（6）特点。此酒呈淡琥珀色，清亮通透，口味甘洌、适中，香味典雅，威士忌回味香醇。如将辅料换成甜味美思和红必打士，再配以红樱桃装饰则为口味更加醇厚的甜曼哈顿。

2. 酸威士忌（Whiskey Sour）（见彩图 15）

（1）基酒。威士忌 1.5 oz。

（2）辅料。青柠汁 0.5 oz，鲜柠檬汁 0.5 oz。

（3）制作方法。摇和法，先将适量冰块放入摇酒壶中，再将上述材料放入摇酒壶中用力摇匀至冷，再滤入载杯。

（4）装饰物。柠檬片挂杯。

（5）载杯。三角鸡尾酒杯。

（6）特点。此酒呈淡淡的黄绿色，稍有雾霜状，柠檬香气淡雅，威士忌回味香醇，口感先酸后甘。

3. 诺罗尔（Rob Roy）（见彩图 16）

（1）基酒。苏格兰威士忌 1.5 oz。

（2）辅料。甜味美思酒 1 oz。

（3）制作方法。调和法，先将冰块放入调酒杯中，用量杯将基酒和辅料量入杯中，用吧匙调匀至冷，滤入载杯。

（4）装饰物。酒签穿红樱桃放入杯中。

（5）载杯。三角鸡尾酒杯。

（6）特点。此酒呈棕红色，清亮透明，草料香味浓郁，威士忌香味扑鼻，口感甜净，回甘醇香。

三、以白兰地为基酒的鸡尾酒

1. 亚历山大（Alexander）（见彩图 17）

（1）基酒。白兰地 1 oz。

（2）辅料。棕可可甜酒 0.5 oz，淡奶 0.5 oz。

（3）制作方法。摇和法，将冰块放入摇酒壶，再将上述材料依次放入，用力摇匀，滤入载杯。

（4）装饰物。酒面撒豆蔻粉。

（5）载杯。三角鸡尾酒杯。

（6）特点。此酒为淡奶咖色，酒面漂浮一层奶沫，口感细腻滑爽，酒香馥郁，味道甜美。其中的淡奶也可用奶油代替，味道会更加香甜。据说 19 世纪中叶，为了纪念英国国王爱德华七世与皇后亚历山大的婚礼，所以调制了这种鸡尾酒作为对皇后的献礼。

2. 白兰地蛋诺（Brandy Egg Nog）（见彩图 18）

（1）基酒。白兰地 1.5 oz。

（2）辅料。鲜牛奶 4 oz，白糖浆 0.5 oz，鸡蛋黄 1 只。

（3）制作方法。摇和法，将适量冰块放入摇酒壶，再将上述材料依次放入壶中，摇匀至冷，滤入载杯。

（4）装饰物。酒面撒豆蔻粉。

（5）载杯。8 oz 红葡萄酒杯。

（6）特点。此酒色泽为奶黄色，奶泡稠密，口感香甜爽滑，果香浓郁，酒体丰满，营养丰富。此酒诞生于美国南部，原来是圣诞节专用饮品。鸡蛋和牛奶的营养价值很高，在寒冷的冬夜喝了此酒，很快会恢复元气，精神倍增，因此最适合晚宴使用。

3. 旁车（Side Car）（见彩图 19）

（1）基酒。白兰地 2 oz。

（2）辅料。君度利口酒 0.25 oz，鲜柠檬汁 0.5 oz。

（3）制作方法。摇和法，先制作糖圈杯备用，然后将适量冰块放入摇酒壶，再将上述材料依次放入壶中，摇匀至冷，滤入载杯。

（4）装饰物。糖圈杯。

（5）载杯。三角鸡尾酒杯。

（6）特点。此酒呈淡琥珀色，口味酸甜，口感清爽，品尝时糖圈杯的细砂糖粒（糖粉）混合酒水，融入口中，先酸后甜。此酒能消除疲劳，所以适合餐后饮用。

四、以伏特加为基酒的鸡尾酒

1. 白俄罗斯（White Russian）（见彩图 20）

（1）基酒。伏特加 1.5 oz。

（2）辅料。咖啡甜酒 1 oz，淡奶 1 oz。

（3）制作方法。摇和法，先敲适量碎冰放入古典杯中，再将冰块放入摇酒壶，然后，依次将上述材料放入壶中，用力摇匀至冷，滤入装有碎冰的载杯。

（4）装饰物。无。

（5）载杯。8 oz 古典杯。

（6）特点。此酒奶咖色，口感滑爽甘洌，咖啡香味浓郁。这款鸡尾酒有加了牛奶的冰咖啡的味道，由于伏特加没有什么怪味，所以溶于其中的咖啡利口酒的香味就原封不动体现出来。无论是感观与味道都可享受到冰咖啡的乐趣。此酒中淡奶也可用奶油替代。此酒辅料中如只放咖啡甜酒，不放淡奶，用调和法调制则成为黑俄罗斯。

2. 螺丝钻（Screw Driver）（见彩图 21）

（1）基酒。伏特加 1.5 oz。

（2）辅料。鲜橙汁 4 oz。

（3）制作方法。调和法，先敲适量碎冰放入古典杯中，再将伏特加和鲜橙汁倒入杯中，调匀至冷。

（4）装饰物。橙角。

（5）载杯。8 oz 古典杯。

（6）特点。此酒橙黄色，透亮，口感清爽干冽，橙香浓郁酸甜，这是一款世界著名的鸡尾酒，四季均宜饮用，酒性温和，气味芬芳，提神健胃，颇受各界人士欢迎。

五、以朗姆酒为基酒的鸡尾酒

1. 得其利（Daiquiri）（见彩图 22）

（1）基酒。白朗姆酒 1.5 oz。

（2）辅料。青柠汁 0.75 oz，君度酒 0.25 oz。

（3）制作方法。调和法，敲适量碎冰放入阔口香槟杯中，再依次加入上述材料，调和均匀即可。

（4）装饰物。薄柠檬片漂浮在酒面上。

（5）载杯。阔口香槟杯。

（6）特点。此酒呈淡淡的黄绿色，晶莹剔透，果香浓郁，口味酸甜，口感清爽，这种酒宜餐前饮用或佐餐用，可助消化，增进食欲。"Daiquiri"是古巴的一个城市"萨奇西哥"近郊某矿山的名字，此款鸡尾酒以其命名。据说 19 世纪末，在这里工作的美国技师用当地产的朗姆酒和砂糖调和的鸡尾酒。是世界十佳鸡尾酒候选作品，深受欢迎。

2. 蓝色夏威夷（Blue Hawaii）（见彩图 23）

（1）基酒。白朗姆酒 1 oz。

（2）辅料。蓝橙利口酒 0.5 oz，菠萝汁 1 oz，柠檬汁 0.5 oz。

（3）制作方法。摇和法，在摇酒壶中放入适量冰块，再将上述材料依次放进，摇匀至冷，滤入载杯。

（4）装饰物。柠檬片挂杯。

（5）载杯。三角鸡尾酒杯。

（6）特点。此酒色泽淡蓝，有细微泡沫漂浮，果香浓郁，口感轻快爽口，味道香甜。蓝橙利口酒代表蓝色的海洋，酒杯里散发的果汁甜味犹如夏威夷的微风。这款鸡尾酒一直是以色香味齐全和洋溢着海岛风情而倾倒宾客，为饮用者所热衷。

3. 百家得鸡尾酒（Bacardi Cocktail）（见彩图 24）

（1）基酒。百家得白朗姆酒 2 oz。

（2）辅料。柠檬汁 0.75 oz，红石榴糖浆 1 吧匙。

（3）制作方法。摇和法，在摇酒壶中放入适量冰块，再将上述材料依次放进，摇匀至冷，滤入载杯。

（4）装饰物。红樱桃挂杯。

（5）载杯。三角鸡尾酒杯。

（6）特点。此酒色泽淡红，清亮透明，果香浓郁，口感清爽甘洌，味道酸甜。

六、以特基拉酒为基酒的鸡尾酒

玛格丽特（Margarita）（见彩图 25）

（1）基酒。银特基拉酒 1 oz。

（2）辅料。君度酒 0.5 oz，青柠汁 0.5 oz，鲜柠檬汁 0.5 oz。

（3）制作方法。摇和法，首先制作盐圈杯备用，然后将适量冰块放入摇酒壶中，再将上述材料依次放入壶中，用力摇匀至冷，滤入载杯。

（4）装饰物。盐圈。

（5）载杯。三角鸡尾酒杯。

（6）特点。此酒淡黄色，雾霜状，盐圈整齐均匀，口味清爽，咸酸涩适中，回香甘醇。它是除马天尼以外世界上知名度最高的传统鸡尾酒之一。它曾经是 1949 年全美鸡尾酒大赛的冠军。除了我们平时最常见的标准玛格丽特外，还有其他近二十几种的调制方法，其中以各种水果风味的玛格丽特和各种其他颜色的玛格丽特居多。"玛格丽特"鸡尾酒的创造者是洛杉矶的简·杜雷萨，玛格丽特是他已故的墨西哥女朋友的名字。调制这款鸡尾酒要用到特基拉酒、柠檬汁和盐，其中特基拉酒是墨西哥国酒，用来代表他的墨西哥女友，柠檬汁代表他酸楚的心，而盐代表了他的眼泪。

七、以其他酒为基酒的鸡尾酒

1. 长岛冰茶（Long Island Ice Tea）（见彩图 26）

（1）基酒。金酒 0.5 oz，伏特加 0.5 oz，朗姆酒 0.5 oz，特基拉酒 0.5 oz。

（2）辅料。君度酒 0.5 oz，鲜柠檬汁 0.5 oz，听装可乐少许。

（3）制作方法。调和法，在柯林杯中放入适量冰块，将金酒、伏特加、朗姆酒、特基拉酒、君度酒、鲜柠檬汁放入杯中调匀，最后冲入冰可乐至八分满，调和均匀。

（4）装饰物。柠檬片挂杯，吸管一根。

（5）载杯。柯林杯。

（6）特点。此酒为可乐色，冰镇可口，酒香浓郁，口味辛辣，但十分爽口清凉。名为茶，实为酒。据说在 20 世纪 20 年代美国禁酒令期间，酒保将烈酒与可乐混成一杯看似茶的饮品。其制作方法种类繁多，主要配比是混合数种烈酒后，用果汁和可乐兑和。

2. 天使之吻（Angel's Kiss）（见彩图 27）

（1）基酒。咖啡甜酒 1.25 oz。

（2）辅料。淡奶 0.5 oz。

（3）制作方法。兑和法。先将咖啡甜酒注入载杯内，反扣吧匙，将淡奶沿吧匙背缓慢倒入杯中，使淡奶漂浮于咖啡甜酒上，层次分明。

（4）装饰物。酒签穿红樱桃横放于酒杯上。

（5）载杯。2 oz 小型高脚甜酒杯。

（6）特点。此酒色泽黑、白、红三色分明，味道香甜、甘醇，有"饮用此酒，恰似与天使接吻"的美誉，这种鸡尾酒适合女士饮用，饮用时间多为餐后。

3. 薄荷宾治（Peppermint Punch）（见彩图 28）

（1）基酒。绿薄荷酒 1 oz，白朗姆酒 0.5 oz。

（2）辅料。菠萝汁 3 oz，橙汁 2 oz，青柠汁 2 oz，苏打水少许。

（3）制作方法。调和法，在柯林杯中放入适量冰块，将薄荷酒、朗姆酒、菠萝汁、橙汁、青柠汁放入杯中调匀，冲入冰苏打水至八分满后再调匀。

（4）装饰物。菠萝块挂杯，吸管穿红樱桃。

（5）载杯。柯林杯。

（6）特点。此酒呈淡橙绿色，色泽鲜艳，果香味馥郁，口感清爽，口味香甜。特别适合夏季饮用。

第4节　含酒精的混合饮料

一、混合饮料的概念

1. 混合饮料（Mixing Drinks）概念

用两种或两种以上的酒、软饮料、调味品等调配而成的饮料统称为混合饮料。可分含酒精混合饮料和不含酒精混合饮料。含酒精混合饮料中鸡尾酒占主要地位，不含酒精的混合饮料多为果汁饮料、花式茶或花式咖啡。

2. 含酒精混合饮料与鸡尾酒的区别

鸡尾酒属于混合饮料，但并不是所有的含酒精的混合饮料都是鸡尾酒，许多混合饮料没有名称，只是简单地把酒水的名称叠加起来，例如金酒加汤力水、威士忌加苏打水、朗姆酒加可乐等。因其名称简单，做法也简便，深得广大饮酒爱好者的青睐。在酒吧中，许多客人都喜欢喝混合饮料，酒吧的混合饮料销售量有时比鸡尾酒销量大。在有些关于鸡尾酒知识的书籍里，也有把混合饮料归入鸡尾酒范围的。这是因为鸡尾酒本身的定义并不是十分严格和全面，在酒吧和调酒业中也往往约定俗成地把含酒精混合饮料归到鸡尾酒中去，这些书籍也就随俗就论，形成文字了。

但严格说起来含酒精混合饮料与鸡尾酒还是有区别的。

（1）鸡尾酒有特定的名称，如红粉佳人、螺丝钻、玛格丽特等，有些名称的来源还有其特定的典故。而含酒精的混合饮料名称简单，往往是两种主要原料的名称的叠加，如Gin Tonic，Whiskey Soda等。

（2）鸡尾酒有其特定的多样的制作方法，如摇和法、调和法、兑和法、搅和法，也有些鸡尾酒混合应用两种或两种以上的方法。而含酒精的混合饮料多用简单的调和法制作而成，这样不仅制作简便而且速度快，方便大批量制作。

（3）鸡尾酒有其严格的配方，所有基酒和辅料的用量一般情况下不会更改，特别是在同一酒吧或同一酒店的不同酒吧中，都会有其特定的标准。含酒精的混合饮料则没有这么严格，多为一份基酒加上缓冲饮料冲兑而成。

（4）鸡尾酒注重装饰物的使用，鸡尾酒的装饰物品种丰富，花样繁多，有的装饰物还起到调色调味的作用。而含酒精的混合饮料则一般不用装饰物，如果用也极为简单。

二、酒吧常用含酒精混合饮料的制作（见表4—2）

表4—2　　　　　　　　　　　　　酒吧常用含酒精混合饮料的制作

名称	载杯	冰块	原料	方法
金汤力水（Gin Tonic）	柯林杯	半杯冰块	1 oz 金酒	冲兑冰汤力水至八分满，搅拌均匀，放一片柠檬
金酒加雪碧（Gin Sprite）	柯林杯	半杯冰块	1 oz 金酒	冲兑冰雪碧至八分满，搅拌均匀，放一片柠檬
金酒加可乐（Gin Cola）	柯林杯	半杯冰块	1 oz 金酒	冲兑冰可乐至八分满，搅拌均匀，放一片柠檬
金酒加橙汁	古典杯	半杯冰块	1 oz 金酒	冲兑冰橙汁至八分满，搅拌均匀，放一片柠檬
威士忌加苏打水（Whiskey Soda）	古典杯	半杯冰块	1 oz 威士忌	冲兑冰苏打水至八分满，搅拌均匀，放一片柠檬
威士忌加水（Whiskey & Water）	古典杯	半杯冰块	1 oz 威士忌	冲兑冰矿泉水至八分满，搅拌均匀，放一片柠檬

名称	载杯	冰块	原料	方法
白兰地加可乐（Brandy Cola）	柯林杯	半杯冰块	1 oz 白兰地	冲兑冰可乐至八分满，搅拌均匀，放一片柠檬
朗姆可乐（Rum Cola）	柯林杯	半杯冰块	1 oz 朗姆酒	冲兑冰可乐至八分满，搅拌均匀，放一片柠檬
伏特加加汤力水（Vodka Tonic）	柯林杯	半杯冰块	1 oz 伏特加	冲兑冰汤力水至八分满，搅拌均匀，放一片柠檬
伏特加加雪碧（Vodka Sprite）	柯林杯	半杯冰块	1 oz 伏特加	冲兑冰雪碧至八分满，搅拌均匀，放一片柠檬
伏特加加橙汁	古典杯	半杯冰块	1 oz 伏特加	冲兑冰橙汁至八分满，搅拌均匀
伏特加加可乐（Vodka Cola）	柯林杯	半杯冰块	1 oz 伏特加	冲兑冰可乐至八分满，搅拌均匀，放一片柠檬
金巴利酒加苏打（Campari Soda）	柯林杯	半杯冰块	1 oz 金巴利酒	冲兑冰苏打水至八分满，搅拌均匀，放一片柠檬
金巴利橙汁	古典杯	半杯冰块	1 oz 金巴利酒	冲兑冰橙汁至八分满，搅拌均匀
清凉世界	柯林杯	半杯冰块	1 oz 绿薄荷酒	冲兑冰雪碧至八分满，搅拌均匀，配以绿薄荷叶
秀兰·邓波（不含酒精）	柯林杯	半杯冰块	1 oz 红石榴糖浆	冲兑冰雪碧至八分满，搅拌均匀
雪球	柯林杯	半杯冰块	1 oz 蛋黄白兰地	冲兑冰雪碧至八分满，搅拌均匀

以上含酒精的混合饮料配方是酒吧较流行的混合饮料的配方。在调制过程中，多用柯林杯与古典杯。在调制鸡尾酒或混合饮料时，要注意放酒水与冰块的先后顺序，必须先把冰块放入杯中或调酒杯中，再倒入酒水。如果先放酒水后放冰块就会将酒水溅出杯外。

第 5 节　常用调酒术语

这里集中介绍一些常用的调酒术语（见表 4—3）。

表 4—3　　　　　　　　　　　　　　　常用调酒术语

名词术语	解释
烈酒（Spirit）	烈酒是指酒精含量较高的酒，广义上讲，包括了所有蒸馏酒。如金酒、伏特加、朗姆酒、特基拉酒以及中国的茅台、五粮液等无色透明的蒸馏酒。烈酒在我国又被称为白酒
基酒（Base）	基酒是调配鸡尾酒时必不可少的基本原料酒。作为基酒的酒须是蒸馏酒、酿造酒、配制酒中的一种或几种，一般以前两种为多
餐前鸡尾酒（Aperitif Cocktail）	餐前鸡尾酒又称开胃鸡尾酒。过去，主要指马天尼、曼哈顿两种。现在，以葡萄酒、雪利酒等为基的辣味鸡尾酒也已成为餐前鸡尾酒的新成员
酒精饮料（Alcohol Drink）	酒精饮料系指供人们饮用的且乙醇含量在 0.5%（vol）以上的饮料，包括各种发酵酒、蒸馏酒及配制酒
硬饮（Hard Drink）	硬饮是指除啤酒、葡萄酒以外的高酒精度饮料
软饮（Soft Drink）	软饮又称软饮料、无醇饮料，是指不含酒精或酒精含量不到 0.5%（vol）的饮料。碳酸饮料、果汁、乳酸饮料以及咖啡、红茶等均称为软饮
干（Dry）	干，针对于甜而言，干指微酸、干洌、不甜。法文 Sec。半干仅次于干
品味与风格（Style）	是品酒时使用的专门术语，指酒的味道、风格
混合（Mix）	是调制鸡尾酒的方法之一，使用混合器使饮料混合
兑和（Build）	又称兑和法，即将材料直接放入鸡尾酒杯中调制而成
调和（Stir）	又称调和法，调制鸡尾酒的方法之一
搅和（Blend）	调制鸡尾酒的方法之一。指用电动搅拌机制作鸡尾酒
摇和（Shake）	也称摇晃，是调制鸡尾酒的重要方法之一，它与搅和、兑和、调和并称为四大调酒法。摇和的目的：一是缓和烈酒的冲味，易于饮用；二是使不易混合的材料迅速混合
纯饮（Neat）	是指只喝一种纯粹的、原汁原味不经任何加工的饮料。如在美国酒吧，点一份威士忌时，侍者会问 On the rocks?（加冰饮用）还是 Straight?（纯净的），一般回答 Up（即纯净的）或 Over（加冰饮用），也可说 Neat（即清尝）

名词术语	解释
漂浮（Floating）	是指一种利用酒的比重，使同一杯中的几种酒不相混合的调酒方法。如将一种酒漂浮于另一种酒上，使酒漂浮在水或软饮料上。彩虹酒即是采用此法调成的
份酒（Share）	份酒为一种简便的量酒方法。一份的量约为 1 oz，又称单份；两份的量为 2 oz，又称双份
甩（Dash）	一般用在苦精上。酒瓶上有一小洞，把瓶子轻轻摇一圈而掷出来的酒量相当于 0.6 mL（3～6 滴），称为 1 甩
追水（Chaser）	为缓和度数高的酒所追加的冰水。即喝一口酒，接着喝一口冰水
配方（Recipe）	指调制分量和调和方法的说明
装饰物（Garnish）	指鸡尾酒调好后加以点缀的物品
冰块（Ice Cube）	鸡尾酒多为冰镇，必须用冰块加入调酒器内调和或摇和，使酒变冷
切薄片（Slice）	把柠檬、橙等切成薄片，厚薄要适当
榨汁（Squeeze）	调制鸡尾酒最好用新鲜果汁作材料，可用压榨机榨出新鲜果汁
糖浆（Syrup）	鸡尾酒大多是甜味，需要糖分，但酒是冷的，加砂糖不易溶解，加糖浆容易溶解于酒中
滤冰（Sieve）	鸡尾酒在摇壶内摇匀或调酒杯内搅匀后，用滤冰器滤去冰块
滴（Drop）	通俗的计量单位
盎司（Ounce）	一种专业计量单位，简写 oz，此书中盎司为英制液体盎司
1 液体盎司	容量计量单位，1 英制液体盎司＝28.3495231 mL；1 美制液体盎司＝29.571 mL
茶匙（Tea Spoon）	一种计量单位。1 Tea spoon＝10 Drop
单份（Single）	即一份，约 30 mL
双份（Double）	双份约为 60 mL
纯粹（Straight）	不加入任何东西的酒
拧绞（Twist）	1 cm×5 cm 柠檬皮拧绞，装饰于酒中
柠檬油调香（Zest）	将柠檬皮中的香味油挤入鸡尾酒
螺旋状果皮（Spiral）	将削成螺旋状的果皮垂于杯中
杯口加霜（Frosting）	用柠檬片把玻璃杯口沾湿，将杯口轻轻浸入精白糖或细盐中（根据配方而定）
餐后酒（After Dinner Drink）	餐后酒，在美国惯用的名称或标志
超大瓶香槟酒（Balthaser）	容量为 12 L 的超大瓶香槟酒，相当于 16 个标准瓶
利口酒（Cordials）	在英国叫 liqueur，在美国叫 Cordials，为利口酒的集合概念，又叫甜酒或露酒
甜酒（Cream de—）	甜酒，意为特别甜的利口酒
三倍干或三干（Triple Sec）	例如，有橙味利口酒（Curacao），还有三干橙味利口酒（Curacao Triple Sec）

思　考　题

1. 鸡尾酒的四大制作技法是什么，各有什么特点？
2. 举例说明鸡尾酒常用装饰技法中以柠檬为原料的装饰技法有哪些？
3. 鸡尾酒有哪些制作步骤？
4. 详细说明鸡尾酒由哪三部分组成？
5. 请用列表的方式简要列出常用 20 款鸡尾酒的配方。

第 5 章

中国旅游海外客源市场概况

学习目标

了解中国旅游海外客源市场发展现状。

了解客源国（地区）的自然和人文环境。

掌握客源国（地区）的礼仪风俗和禁忌。

第 1 节　海外客源市场发展现状

一、我国海外客源分析

随着世界经济的发展和各国人民生活水平的提高，旅游越来越成为人们日常生活的一个重要组成部分，旅游业也因此得到极大的发展，成为世界经济中重要的支柱产业。

旅游活动按地理范围，分为国际旅游和国内旅游。国际旅游是指跨越国界的旅游活动，分为入境旅游和出境旅游，前者是外国居民到本国的旅游活动，后者是本国居民到他国的旅游活动。国内旅游是指人们在居住国范围内的旅游活动。世界各国都极为重视入境旅游的发展，积极扩大本国的海外客源市场。因为入境旅游可以增加外汇收入，用于补偿外贸逆差，有助于平衡其国际收支，同时还可增加本国就业机会，增加政府税收等。

1. 我国的入境旅游

改革开放 30 多年以来，我国的旅游业有了高速的发展。以入境旅游为起点，在较短的时间内，就走出了由入境旅游——入境旅游和国内旅游并重——入境旅游、国内旅游、出境旅游三足鼎立的发展道路。我国目前存在三种旅游客流，流量最大的是国内旅游客流，其次是入境旅游客流，第三是出境旅游客流。根据相关数据统计，迄今为止入境旅游在我国旅游业发展中已经占有举足轻重的地位。

不仅如此，在国际上，我国入境旅游人数和旅游外汇收入的增长速度远远超过世界平均增长速度。

2. 我国海外客源市场构成

（1）人员构成。中国海外客源市场由两部分构成：一部分是外国人，约占旅游入境总数的 20%；另一部分是港、澳、台同胞，约占来华旅游入境总数的 80%。实际上，港、澳、台同胞是大陆人民的骨肉同胞，不同于外国人，但由于历史原因和现实情况，对他们的旅游接待与其他国际旅游者有很多相似之处，因此依然把他们作为入境旅游者。

（2）地域构成。我国是亚洲国家，国际旅游长期以来又以区域内近距离旅游为主，因此在外国旅游者中，来自亚洲的人次最多；欧洲因为经济发达，出游人数较多，在中国海外客源市场中较为重要，居第二位；美洲经济发展不平衡，来华旅游者中以北美旅游者居多，居第三位；人口数很少的大洋洲和经济不发达的非洲，占我国入境旅游者的比重很小。

长久以来，日本一直是我国最主要的客源国。自 1978 年以来，无论是来华旅游的人次上，还是在旅游消费总额上，日本人在来华旅游的外国人中，始终都高居前列。韩国、俄罗斯和美国，以及东南亚国家都是我国较为稳定的客源地。尤其是韩国，目前已经超过日本成为我国第一大客源国。

3. 我国海外客源市场开发前景

随着我国国民经济的高速发展，物质文明建设和精神文明建设的进一步加强，中国的海外客源市场将得到进一步拓展。

（1）港、澳、台同胞占据主体。随着香港、澳门的相继回归，港、澳同胞回祖国大陆观光、旅游、探亲、休假的人数越来越多，有许多游客多次到大陆旅游。随着海峡两岸关系的进一步发展，目前已经在厦门和金门之间实现了"小三通"，这对台湾同胞到祖国大陆旅游无疑具有十分重要的意义。

（2）亚太地区客源市场将稳中有升。东亚市场，韩国已取代日本，成为中国入境旅游第一大客源国。但是，日本仍将占据来华旅游最重要客源国之一的地位。近年来在韩国入境人数强势增长的同时，蒙古以及中亚国家的出入境人数也大幅度增长，是我国海外旅游市场重要的国家和地区。新加坡、菲律宾、泰国、马来西亚和印度尼西亚等国的客源市场将进一步增长。

（3）欧洲市场进一步拓展。作为一个地跨欧、亚两大洲的国家俄罗斯，一直是中国客源市场中较稳定的前几位国家之一。历年来，如西欧的英、法等国，中欧的德国也居来华旅者的前列。今后欧洲客市场将进一步拓展，不仅向西欧的比利时、荷兰等国扩展，中欧的瑞士、奥地利等国，更重要的是向南欧和北欧扩展。

（4）美洲市场具有巨大潜力。在美洲市场上，美国将仍然是中国的一个重点海外客源市场，加拿大市场也会有较大的增长。南美洲目前在我国海外市场中，也有十分巨大的潜力。

（5）非洲市场仍属薄弱环节。非洲历来是我国国际客源市场中的薄弱环节，这一方面固然是因为非洲离中国较为遥远，同时也与非洲本身的经济发展缓慢有关。非洲只有少数国家如埃及、南非等经济较为发达，具有出国旅游条件的人数比例较高。但因非洲是世界第二大洲，仍然是一个富有潜力的客源市场。

二、世界旅游业和旅游组织简介

1. 世界旅游业的发展趋势

半个多世纪以来，世界旅游业取得了突飞猛进的繁荣与发展，进入一个全新的阶段。与 20 世纪中期以前的近代旅游相比，现代世界旅游业主要呈现出以下几个特点：

（1）旅游业发展速度快，增幅大。

（2）旅游业成为世界经济中的最大产业。

（3）旅游活动呈大众化、多元化。

（4）旅游地域具有广泛性。

2. 世界旅游区的划分

世界旅游组织（WTO）根据世界各地的旅游发展情况和旅游集中程度，将世界旅游市场划分为六大区域：欧洲区、美洲区、东亚及太平洋区、非洲区、中东区和南亚区。

（1）欧洲区。包括欧洲所有国家，是目前世界上最大的旅游市场。

（2）美洲区。包括北美、南美两大洲所有国家和地区，是目前世界上第二大旅游市场。

（3）东亚及太平洋区。简称亚太区，包括东亚、东南亚、中亚、大洋洲的所有国家。

（4）非洲区。包括除埃及以外的非洲所有国家。这一区域既有多姿多彩的人文资源，又有沙漠、雨林、草原等景观及各种特殊生物资源，旅游资源丰富，市场发展前景很好。

（5）中东区。包括西亚所有国家和埃及。中东地区是世界上著名的"三洲五海之地"和"世界石油宝库"，属于伊斯兰文化区。

（6）南亚区。包括南亚所有国家。这里属于印度文化区，种族、民族、宗教成分复杂，各种纷争不断，加之经济水平限制和政局动荡等原因，其旅游业起步晚、发展慢、起伏大。

3. 国际性旅游组织

（1）世界旅游组织（WTO）。这是目前世界上唯一全面涉及旅游事务的全球性政府间旅游组织，其前身是 1947 年成立的国际官方旅游组织联盟（IUOTO），1975 年 1 月 2 日正式改用现名，总部设在西班牙首都马德里。

世界旅游组织的宗旨是：通过推动和发展旅游，促进各国经济繁荣与发展，增进国际间的相互了解，维护世界和平。

世界旅游组织在 1979 年 9 月第三届代表大会上，正式确定每年的 9 月 27 日为世界旅游日，这是旅游工作者和旅游者的共同节日。

世界旅游组织为每一年的世界旅游日都提出一个宣传口号，以便突出一个旅游宣传的重点。世界各国根据这一口号的精神，开展旅游宣传，从而推动世界旅游业的共同发展。

我国于 1983 年加入世界旅游组织。

（2）太平洋亚洲旅游协会（PATA）。这是一个地区性的非政府组织，于 1951 年创立于夏威夷，原名为太平洋地区旅游协会，1986 年起改为现名，总部设在美国旧金山市，此外还设有两个分部：一个设在菲律宾首都马尼拉，分管该协会东亚地区事务；另一个设在澳大利亚的悉尼，分管该协会南太平洋地区事务。

我国于 1993 年加入该协会。

（3）世界旅行社协会联合会（UFTAA）。这是世界上最大的民间性国际旅游组织，其前身是欧洲旅行社和美洲旅行社，于 1966 年合并而成，总部设在比利时首都布鲁塞尔。

中国旅游协会于 1995 年正式加入该组织。

（4）国际民用航空组织（ICAO）。国际民航组织成立于 1947 年 4 月，同年 5 月，成为联合国的一个专门机构，总部设在加拿大的蒙特利尔。

我国于 1974 年正式加入该组织，并于同年的大会上被选为理事。

4. 我国重要的旅游组织

我国的旅游组织主要分为旅游行政管理机构和旅游行业组织两大类。

（1）国家旅游局。国家旅游局是我国的国家旅游组织，是国务院主管全国旅游行业的直属机构。

（2）我国旅游行业组织。目前我国全国性的旅游行业组织主要有：中国旅游协会、中国旅游饭店协会、中国旅行社协会、中国旅游车船协会、中国旅游文化协会、中国旅游报刊协会、中国旅游乡村协会等。

第2节　中国主要客源国（地区）介绍

一、亚洲和太平洋地区

1. 韩国

（1）自然环境。韩国全称"大韩民国"，位于亚洲大陆东北朝鲜半岛的南半部。东临日本海，西与中国山东省隔黄海相望。

韩国地形特点是山地多，平原少，70％是山区，主要港口有釜山、仁川、浦项、蔚山、光阳等，半岛南面的济州岛是韩国最大的岛屿。韩国属亚热带海洋性季风气候，四季分明，气候温和、湿润。韩国拥有相对多的河流。

（2）人文环境。韩国人口有5 051.5万人，民族为单一高丽族（朝鲜族）。通用韩国语。韩国人普遍信教，信奉基督教和佛教的人最多，韩国寺庙众多。国旗为太极旗，1883年被高宗皇帝正式定为李氏朝鲜王朝国旗，1948年又被确定为韩国国旗。太极旗的横竖比例为3∶2，白地代表土地，中间为太极两仪，四角有四组八卦图案。左上为乾，代表天；右下为坤，代表地；右上为坎，代表水；左下为离，代表火。国歌为《爱国歌》。国花为木槿花，鹊为国鸟，虎为国兽。

（3）习俗

1）服饰。女装有裙、袄和长袍。长裙的腰线高至胸部，用作礼服和外出服的裙子较长，平时穿的较短。裙袄配穿的特点是，袄短小，紧紧贴在身上，裙子以肥以长，看上去丰满、流畅。女服全身色彩鲜艳。男装有裤子、袄、坎肩和长袍。衣服必须上下同一色系，多用白色衣料缝制。

2）饮食。韩国家庭的日常饮食是米饭、泡菜和大酱汤。饮食有烤牛肉、冷面、打糕、狗肉汤和参鸡汤等。韩国泡菜广为人知，种类很多，以白菜、萝卜或黄瓜为原料，加上盐、蒜、生姜、洋葱、红辣椒、梨及贝壳类海鲜等腌泡而成。韩国人普遍喜欢饮酒，本国的烧酒、啤酒和洋酒的消费量较大。

3）居住。传统的住房是平房，有单排房、双排房、直角房和四合房，其特点是整面屋地都是一座火炕，灶口烧火，烤热炕面，暖和全屋。现代楼房以热水管道埋在炕下取暖。

4）重要节日

①民俗日。正月初一日，韩国人举家团聚，人们穿上民族节日盛装，举行祭祖仪式。祭祖完毕晚辈向长辈拜年，向亲戚邻里家拜年，全家参加歌舞娱乐活动。

②上元节（元宵节）。正月十五日，早晨有食种果（栗子、核桃、松子等）、饮明耳酒、吃药膳、五谷饭、陈茶饭等节庆活动。

③七夕节。农历七月七日，传说中的牛郎织女相会日。

④中秋节（秋夕节）。农历八月十五日，全国举行民族娱乐活动，并扫墓祭祖。

⑤重阳节。农历九月九日。

⑥亚岁节（冬至日）。过节时吃冬至粥（小豆粥中放粘高粱面团子），做室内游戏。

（4）礼仪和禁忌。韩国人崇尚儒教，注重礼节。长幼之间、上下级之间、同辈之间的用语有严格区别。尊敬长者、孝顺父母、尊重老师是全社会的习俗。上下班时必须互致问候；隆重场合或接待贵宾见面时低头行礼；对师长和有身份的人，递接物品时要用双手并躬身；年轻人未经许可，不得在长者面前吸烟；在车上向长者让座；要扶长者登楼；排队时，亦应让长者居首位以示敬老。餐桌礼节与中国稍有不同，捧碗而食被视作不礼貌的举动。

2. 日本

（1）自然环境。日本是位于太平洋西岸的群岛国家，处在亚洲东部太平洋远东的重要战略位置上。西隔东海、黄海、朝鲜海峡、日本海与中国、朝鲜、韩国、俄罗斯相望。

日本境内多山，是世界上罕见的多山之国，山地成脊状分布于日本的中央，将日本的国土分割为太平洋一侧和日本海一侧。日本位于太平洋火山地震带上，全国有 160 多座火山，其中 50 多座是活火山，是世界上有名的地震区。

日本属亚热带、温带海洋性季风气候，终年温和湿润，冬无严寒，夏无酷暑。日本境内河流众多，河川水量充沛，因而具有得天独厚的水力资源。水力资源、森林资源、渔业资源较为丰富。

（2）人文环境。日本有 12 737 万人，人口密度世界第一，是世界长寿国之一，日本人的平均寿命居世界之首。

日本主要民族为大和族，北海道地区约有 2.5 万阿伊努人。语言为日本语。主要宗教是神道教和佛教，大多数日本人既信神道教又信佛教，有的还信多种宗教。日本国旗为太阳旗，即日之丸旗，呈长方形，长与宽之比为 3∶2。旗面为白色，正中有一轮红日。白色象征正直和纯洁，红色象征真诚和热忱。日本国一词意即"日出之国"，传说日本是太阳神所创造，天皇是太阳神的儿子，太阳旗来源于此。国歌为《君之代》。国花是樱花，国鸟是绿雉，国技是相扑，国球是棒球。

（3）习俗

1）服饰。和服是日本的传统民族服装，在日本也称"着物"。

2）饮食。日本人以米饭为主食，副食多吃鱼，喝酱汤。传统饭菜有生鱼片、寿司等各式各样的鱼饼、海菜制品。寿司是以生鱼片、生虾、生鱼粉等为原料，配以精白米饭、醋、海鲜、辣根等，捏成饭团后食用的一种食物。寿司的种类很多，不下数百种，各地区的寿司也有不同的特点。大多数是先用米饭加醋调制，再包卷鱼（肉、蛋类，加以紫菜或豆皮）。吃生鱼寿司时，饮日本绿茶或清酒，别有一番风味。此外，日本人喜喝啤酒，也有很多自己国家的啤酒品牌。在四国地区，很多日本人喜食乌冬面，有冷、热两种吃法。

3）居住。日本式住房建筑的特色首先是木质结构，其次是房间里垫得高高的榻榻米。

4）重要节日。日本的重要节日有元旦、樱花节、盂兰盆节等。

①元旦（1月1日），按照日本一般风俗，除夕前要大扫除，并在门口挂草绳，插上桔子（称"注连绳"），门前摆松、竹、梅（称门松，现已改用画片代替），取意吉利。除夕（12月31日）晚上全家团聚，吃过年面，半夜听"除夕钟声"守岁。元旦早上吃年糕汤

（称杂煮）。

②桃花节（3月3日），也称偶人节，女孩子的节日。女孩子出生后第一个3月3日，父母为她买一套整齐精制的小偶人，模仿宫廷风俗把偶人和桃枝装饰在家里祭供。每年3月3日，女孩子都要把小偶人搬出来和自己共度佳节，直到出嫁时带走。

③盂兰盆节（关东7月，关西8月），传说盂兰盆节时祖先的灵魂要回家，因此供奉祭品于先祖灵位前，祝福亡灵。节日头一天，迎接祖先灵魂；节日最后一天，点火送灵魂。节日举行盂兰盆舞活动。

（4）礼仪和禁忌。日本以"礼仪之邦"著称，讲究礼节是日本人的习俗。平时人们见面总要互施鞠躬礼，并说"您好""再见""请多关照"等。

日本人初次见面对互换名片极为重视。初次相会不带名片，不仅失礼而且对方会认为你不好交往。互赠名片时，要先行鞠躬礼，并双手递接名片。接到对方名片后，要认真看阅，看清对方身份、职务、公司，用点头动作表示已清楚对方的身份。日本人认为名片是一个人的代表，对待名片就像对待他们本人一样。如果接过名片后，不加看阅就随手放入口袋，便被视为失礼。如果你是去参加一个商业谈判，你就必须向房间里的每一个人递送名片，并接受他们的名片，不能遗漏任何一个人。尽管这需要花费不少时间，但这是表示相互友好和尊敬的一种方式。

到日本人家里去做客，要预先和主人约定时间，进门前先按门铃通报姓名。如果这家住宅未安装门铃，绝不要敲门，而是打开门上的拉门，问一声："借光，里面有人吗？"进门后要主动脱衣脱帽，解去围巾（但要注意即使是天气炎热，也不能光穿背心或赤脚，否则是失礼的行为），穿上备用的拖鞋，并把带来的礼品送给主人。当你在屋内就座时，背对着门是有礼貌的表现，只有在主人的劝说下，才可以移向尊贵位置（指摆着各种艺术品和装饰品的壁龛前的座位，是专为贵宾准备的）。日本人不习惯让客人参观自己的住房，所以不要提出四处看看的请求。日本特别忌讳男子闯入厨房。上厕所也要征得主人的同意。进餐时，如果不清楚某种饭菜的吃法，要向主人请教，夹菜时要把自己的筷子掉过头来使用。告别时，要客人先提出，并向主人表示感谢。回到自己的住所要打电话告诉对方，表示已安全返回，并再次感谢。过一段时间后再遇到主人时，仍不要忘记表达感激之情。

日本人设宴时，传统的敬酒方式是在桌子中间放一只装满清水的碗，并在每人面前放一块干净的白纱布。斟酒前，主人先将自己的酒杯在清水中涮一下，杯口朝下在纱布上按一按，使水珠被纱布吸干，再斟满酒双手递给客人。客人饮完后，也同样做，以表示主宾之间的友谊和亲密。韩国亦有此饮仪。

日本人无论是访亲问友或是出席宴会都要带去礼品，一个家庭每月要花费7.5%的收入用于送礼。到日本人家去做客必须带上礼品。日本人认为送一件礼物，要比说一声"谢谢"的意义大得多，因为它把感激之情用实际行动表达出来了。给日本人送礼要掌握好"价值分寸"，礼品既不能过重，也不能过轻。若过重，他会认为你有求于他，从而推断你的商品或服务不好；若过轻，则会认为你轻视他。去日本人家作一般性拜访，带上些包装食品是比较合适的。但不要赠花，因为有些花是人们求爱时或办丧事时使用的。日本人对礼品讲究包装，礼品要包上好几层，再系上一条漂亮的缎带或纸绳。日本人认为，绳结之处有人的灵魂，标志着送礼人的诚意。接受礼品的人一般都要回赠礼品。日本人不当着客人的面打开礼品，这主要是为了避免因礼品的不适而使客人感到窘迫。自己用不上的礼品可以转赠给别人，日本人对此并不介意。日本人送礼一般不用偶数，这是因为偶数中的"四"在日语中与"死"同音。为了避开晦气，诸多场合都不用四，久而久之，干脆不送2、4、6等偶数了。他们爱送单数，尤其是3、5、7这三个单数。但9也要避免，因为"九"与"苦"在日语中发音相同。受西方影响，不少人也避开13，如果13日恰逢星期五，就更加忌讳。日本人禁忌绿色，认为绿色不吉利。不喜欢荷花，而喜欢樱花、乌龟和鸭子。

3. 印度尼西亚

（1）自然环境。印度尼西亚共和国（简称印尼）位于亚洲东南部，地跨赤道，北与马来西亚接壤并与新加坡隔海相望，南与东帝汶接壤并与澳大利亚隔海相望，西与巴布亚新几内亚为邻。印尼是世界上最大的群岛国家，素有"千岛之国"之称，印度尼西亚国名源于希腊文，意味"水中岛国"。

除努沙登加拉群岛的平原、山谷地区属热带草原气候外，其余地区均属热带雨林气候，具有高温、多雨、风小、潮湿的特点，无寒暑季节变化。印度尼西亚植物资源丰厚，出产多种贵重木材。

（2）人文环境。印度尼西亚人口2.45亿，是世界第四人口大国，为多民族国家，全国有100多个民族。语言为印度尼西亚语，是在马来语的基础上发展起来的。印度尼西亚是世界上最大的伊斯兰教国家之一。80％以上的居民信奉伊斯兰教。国旗由黑白上红下白、面积相等的两个长方形组成。红色象征勇敢，白色象征纯洁。国歌为《大印度尼西亚》，国花为茉莉花。

（3）习俗

1）服饰。印尼人一般着上衣和纱笼，并配有色调一致的披肩和腰带。妇女习惯带金银首饰。印尼人的纱笼是一种长2.5 m、宽1.5 m的圆筒裙，男女均可穿用。穿时从头顶套入，拉至下身，双手各持纱笼的一端往前伸展，然后对折，折起的位置向左端或右端均可，最后用丁条窄布带系上。

2）饮食。印尼人主食大米，喜食广东菜肴，爱将牛、羊、鸡、鱼及其内脏用炸、烤、煎、爆的方法烹调，再用咖喱、胡椒、虾酱作作料。著名的菜肴有辣子肉丁、虾酱牛肉、香酥百合鸡、酥炸鸡肝、红焖羊肉、锅烧全鸭、清炖鸡等。习惯用手抓饭。喜嚼槟榔，爱饮红茶和葡萄酒、香槟等果酒饮料。

3）居住。印尼人的住房因地因民族而异。城市居民的住宅多是楼房和木板房，农村住房更具地方色彩和民族特点。印尼民用建筑虽风格各异，但有共同之处：建材多是木头，房屋较大，屋顶多为尖形，并配有各种形状的雕刻物；房屋很少用铁钉，多是咬合和捆绑；房身离地面较高，一为防水，二为防野兽。此外，因气候炎热，房屋不必有墙，能遮雨即可。

4）交通。在印尼，除现代化的交通工具外，城市，尤其是小城市和郊区还大量使用马车。马车通常用来运载乘客和货物。马车的种类和式样各地有所不同，西爪哇的可乐得车极为豪华，由单匹马驾驶，五个软座，前头两个（包括软座位）朝前，后面三个有一个朝前，另两个朝左；双轮，无门；车身较矮，橙黄色的油漆闪闪发亮，边角均用光亮的银白色镀镍铁皮包裹，并饰以银色铆钉；车前有两盏漂亮的乙炔气灯，华丽而光彩夺目。此外，还有得而满、多卡尔和中爪哇的安东等几种马车。

5）重要节日

①独立日。8月17日，这是印尼最重要的纪念日。1945年8月17日，印尼人民终于摆脱了荷兰长达50年的殖民统治，此后，8月17日就成为印尼的独立日。

②加龙安节。这是巴厘印度教教徒的传统节日，每6个月（按巴厘年历共210天）庆祝一次，意在欢庆丰收和祈祷丰收。

③静心节。巴厘人多数信仰印度教，其元旦称静心节（巴厘年历的十月初一）。这一天，从黎明到第二天清晨，教民们一直呆在家中，严守四忌：一忌生火，二勿做活，三不出门，四禁情欲。

（4）礼仪和禁忌。印尼人在社交场合互相介绍时，通常先将男子向女子介绍，地位低的向地位高的介绍，年幼者向年长者介绍，未婚者向已婚者介绍，青年女子向年长地位高的男子介绍。印尼人习惯以右方为上，左方为下，行坐次序应视地位高低决定，一般女子应先行，坐高位。敬烟、敬酒、倒茶和递东西等必须用右手，否则被视为无礼。特殊情况应讲明。应邀做客，最好送束鲜花。

印尼是世界上穆斯林人数最多的国家，在饮食上严格遵循伊斯兰教的种种禁忌：凡死物、血液及非诵真主之名而宰杀的动物，均在禁食之列。印尼人认为，头部是人类最高的部位，也是人体中最神圣的部位，不得随便触摸，尤其是小孩的头部，被视为神明停留之处，更是触摸不得。印尼人敬蛇如神。在印尼心目中，蛇是善良、智慧和德行的象征。在巴厘岛，专门建有一个像庙宇的蛇舍，供养一条大蛇，蛇舍前设有香案，供人礼拜祈祷之用。蛇舍后面的蛇洞里还养着大量蝙蝠，供蛇吞食。

4. 马来西亚

（1）自然环境。马来西亚位于亚洲东南部，介于太平洋、印度洋之间，是欧、亚、大洋、非四大洲海上交通的交汇处。地形为内地多山地丘陵，沿海为冲积平原，可分为马来亚、沙捞越、沙巴三个主要地形区。气候终年炎热、潮湿、多雨，属热带雨林气候，无四季之分。高温多雨。马来西亚河流密布。自然资源丰富，盛产橡胶、棕油、稻米、椰子、可可、胡椒。

（2）人文环境。马来西亚有2 500多万人，是一个多民族国家，有30多个民族。马来语为官方语言，通用英语和华语。主要宗教有伊斯兰教、佛教、印度教和基督教。其中伊斯兰教为国教。

马来西亚国旗呈横长方形，长宽之比为2：1，旗面左上方为一深蓝色长方形，内绘一弯黄色新月和一颗带有14尖角的黄色太阳星，旗面其余部分绘有14道红白相间、宽度相等的横条。蓝色长方形象征人民团结；黄色象征马来西亚国家元首；新月代表伊斯兰教；14尖角太阳星和14道横条代表马来西亚13州和政府。马来西亚国歌是《我的祖国》，源于霹雳州州歌《月光曲》。国花为扶桑花。

（3）习俗

1）服饰。马来西亚传统服装不论男式女式，有一个共同特点，就是又宽又大，遮手盖脚。因为按马来西亚人的习惯，在公共场合下不得露出胳膊和腿部。平时其上衣为宽大的无领长袖衫，男式称"巴汝"，女式称"巴汝古隆"，样子大同小异；其下衣为又宽又长的布裙，称"沙笼"。男女"沙笼"除颜色、图案有别外，几乎一样。近年，马来男人流行一种由蜡染花布做成的长袖上衣，称"巴迪"，五颜六色，轻薄凉爽，常在正式场合穿着，似乎成了"国服"。妇女则流行一种开身式无领长袖连衣裙，称"巴克亚"。由于穿宽长的马来服工作不方便，现代城镇的马来男女上班时几乎都爱穿轻便的西装。马来西亚还有男人爱佩短箭、女人爱扎耳孔的习俗。

2）饮食。马来人以大米为主食，肉食主要是牛羊肉，口味清淡，怕腻喜辣，也爱吃鱼虾等海鲜和鸡鸭等家禽及新鲜蔬菜，还爱吃椰子、椰子油、椰子汁，用咖喱粉做调料。他们欣赏中国的粤菜、川菜，喜烤、炸、爆、炒等烹饪方式。马来人进餐时，一般不用筷子或刀叉，而是直接用右手抓食。餐毯上往往要放上几碗清水以供洗手之用。也不用桌椅，男子盘腿，女子屈膝，席地而坐。菜肴食物摆在地上的草席或餐毯上。在宴席上，主人用冰茶或茶水招待客人，忌用酒类。

3）居住。马来西亚传统住宅为"浮脚楼"，房顶用树叶铺盖，墙和地板用木质材料建成。地板离地数尺，以防潮湿及蛇、鼠侵害。门口有一梯子，来人先脱鞋，然后拾阶而上。另外，还有一种与"浮脚楼"相似但很长的传统住宅，叫"长屋"，居民多则几百户，少则几户，聚族而居。

4）交通。马来西亚铁路还算方便，火车分头等、二等、三等；在较大城市里，有小公共汽车专线行驶，从沿线的任何一站上车均按一个标准付费；乘坐公共汽车给老人让座是一种礼貌，但不要为年轻的妇女让座。马来西亚禁止在大多数公交系统内吸烟。

5）重要节日

①春节。春节是马来西亚华人最隆重的节日，时间是农历正月初一，节日的风俗和中国春节大致相同。这一天也是全国共同的假日。

②卫塞节。又名"灯节"，时间是 5 月 25 日，是纪念佛祖释迦牟尼诞辰的节日。这一天所有佛教徒斋戒素食，顶礼膜拜，家家户户都要在门前点起油灯。

③屠妖节。又称光明节，是马来印度人的新年。10～11 月间月圆后第 15 天看不见月亮时举行。清晨，印度教徒沐浴后，全身涂上姜油，穿上新衣，合家老小用鲜花祭神。

④吉哈节。又名古尔邦节、宰牲节，马来穆斯林盛大节日之一，回历 12 月 10 日举行。届时穆斯林沐浴更衣，集体参加宰杀牛羊仪式，表达对真主安拉的忠诚。

⑤圣诞节。马来基督教徒纪念耶稣诞辰的节日，时间是 12 月 25 日，节日习俗与世界各地大致相同。

（4）礼仪与禁忌。马来西亚人多信奉伊斯兰教，礼仪、禁忌颇多。在家庭中，全家必须尊敬与服从父母，子女在父母面前入座必须端坐。如坐在席地上，男子必须盘膝，女子则应屈膝，将双腿伸向一旁斜坐。朋友见面时，男子常行抚胸鞠躬礼，女子常用屈膝鞠躬礼，有时也使用拍手吻唇礼。行礼时往往由一方先说"愿真主保佑你安好"，另一方则回答说"愿你一样安好"。

到马来人家做客，必须衣冠楚楚，进门前先脱鞋。当马来人用糕点、咖啡招待客人时，客人须尝一点，以示敬意。马来穆斯林禁酒、赌、猪肉及其他自死之物。马来人忌讳触及头部和拍打背部，认为这是冒犯和侮辱，并会带来厄运。对死者，只哀痛伤心，不号啕大哭，认为哭声和眼泪对生者死者都不吉利。在日常生活中，马来人忌用左手递物或进餐。

5. 新加坡

（1）自然环境。新加坡共和国位于马来半岛南端，北隔柔佛海峡与马拉西亚为邻，东邻南海与加里曼丹岛相望，西、南隔马六甲海峡和新加坡海峡与印度尼西亚相对。新加坡地处太平洋和印度洋之间的航运要冲，为马六甲海峡出入口，有"东方直布罗陀"和"远东十字街"之誉称，战略地位十分重要。

新加坡岛呈菱形，岛上地势平坦。号称"花园国家"。气候因四面环海，既无明显旱、雨季之分，也无四级之别，属典型热带海洋性气候。常年高温多雨。新加坡矿产资源十分贫乏，植物资源十分丰富。

（2）人文环境。新加坡人口 526 万人。是东南亚地区面积最小、人口密度最大的国家。新加坡是一个多民族国家，以华人、马来人、印度人、巴基斯坦人、孟加拉人为主。马来语为国语，英语、华语、马来语、泰米尔语为官方语言。英语为行政用语。

新加坡宗教信仰十分复杂，世界上主要宗教在这里都有信徒。新加坡的国旗为长方形，上半部底色为红色，下半部底色为白色。左上角有一个白色新月及五颗白色五角星。红色代表人人平等；白色象征纯洁和美德；新月象征国家，五颗星代表民主、和平、进步、正义、平等。新加坡国歌为《前进吧，新加坡》，为作曲家米比尔·沙伊德所创，反映了新加坡人民的爱国热情和无比自信。

新加坡国花为"卓锦·万代兰"，含"卓越锦绣，万代不朽"的意思。卓锦·万代兰是胡姬花即兰花的一种，故一般也称新加坡国花为胡姬花。

（3）习俗

1）服饰。由于一年四季气候较热，新加坡人着装一般以衬衫、T恤、便裤为主。女性讲究名牌和新潮。马来裔和印度裔妇女穿传统民族服装者较多。新加坡人对衣着要求以简便为主，除非出席重要场合，一般不穿西服。白领阶层穿衬衫打领带上班。在正式场合或出入高级饭店，男士最好穿西服、打领带，女士则多穿礼服。新加坡一般流行深蓝或灰色西服、颜色柔和的领带。

新加坡人非常讨厌男子留长发，也不喜欢蓄胡须。在一些公共场所，常常会见到"长发男子不受欢迎"的警示标语牌，留长发、着牛仔装、穿拖鞋的嬉皮士型男性可能会被禁止入内。

2）饮食。新加坡人主食一般为米饭、包子，不爱吃馒头；副食为鱼虾，如炒鱼片、炸鱼、炸虾仁等；不信印度教的人爱吃咖喱牛肉；水果中偏爱吃桃子、荔枝、梨等；偏爱中国的粤菜。饮茶是新加坡人的普遍爱好，新春佳节，主宾共饮"元宝茶"，取"财运亨通"之意。用餐时勿把筷子放在碗上和盘子上或交叉摆放；与印度族和马来族进餐时勿用左手。食物禁忌依各自所信仰宗教的规定。

3）居住。新加坡是城市型国家。居民均住在城市里。建筑风格有英式的，也有中式的。居住习俗受中、英两国影响较深。新加坡交通非常发达，国内旅行大多数人爱乘公共汽车和地铁。乘公共汽车和地铁都很方便，也不太拥挤。新加坡岛东西距离最长不过 42 km，乘小汽车不到 1 h。人们可以乘地铁、公共汽车或出租车横贯东西。

4）重要节日。新加坡各族共同的节日有国庆节、食品节、百鸟争鸣节。此外，每个民族还有自己的节日，如华人的春节，马来人和巴基斯坦人的开斋节、宰牲节，印度人的屠妖节、踏火节等。

①国庆节。国庆节为每年的8月9日。节日来临时，政府领导人要发布国庆文告，表彰一些在各行各业取得突出成就的人士，并授予奖章和荣誉称号。全国各地都要举行隆重的庆祝活动，有政府领导人和重要官员致词，然后检阅武装部队和群众游行队伍；还要举办各种文娱活动，有华人的舞龙耍狮，也有印度人的舞蹈和马来人的武术。节日的夜晚要燃放烟花。

②食品节。食品节是4月14日。这天各地食品商都要制作精美的食品来庆祝节日。市面上贴出各种各样的广告，以食品大减价的醒目标题来吸引顾客。人们采购各种各样特制点心互相馈赠或邀请亲朋好友来聚餐。

③百鸟争鸣节。在每年的7月里举行。节日里，画眉、长尾相思鸟、夜莺等争鸣斗艳。音色好、音量大、活动力强、外形美观的鸟，可获优胜奖、安慰奖和幸运奖。

（4）礼仪与禁忌。新加坡是一个礼仪之邦，由于民族不同，传统礼仪也不同。华人见面打招呼，通常是鞠躬60°，拱手作揖，面带笑容；马来人相遇时，先用双手互相接触，指向各自胸前，表示衷心的问候；印度人见面时，双手放在胸前，微微闭目，表情虔诚安详。新加坡年青一代则大多采用西方的握手礼。

新加坡人禁忌有：忌用手的食指指人，忌双手随便叉腰，忌随地弃物，忌触摸别人头部，忌在公共场合拥抱接吻、穿奇装怪发，忌说"恭喜发财"，忌讳4、7、8、13、37、69等数字和乌龟。马来人和宾朋相见时忌任意脱帽，印度人亲朋相见，忌男女握手拥抱。新加坡人在社交时，还忌讳谈论个人性格、当地政治、种族摩擦、配偶和宗教信仰。

6. 菲律宾

（1）自然环境。菲律宾共和国位于亚洲东南部，北隔巴士海峡与中国台湾省遥遥相望，南和西南隔苏拉威西海、苏禄海以及巴拉巴克海峡与印度尼西亚、马来西亚相望，西濒南海，东临太平洋。菲律宾是个群岛国家。菲律宾多山脉。全境分为北部的吕宋岛、中部的米沙鄢岛、南部的棉兰老岛和西南部的巴拉望岛与苏禄岛。

菲律宾地处热带，属热带海洋性季风气候。高温多雨，湿度大，多台风。一年分旱、雨两季。菲律宾自然资源、金属资源、森林资源、水产资源品种繁多。

（2）人文环境。菲律宾人口9400多万，属多民族国家，主要民族是马来族。全国有87种语言和100多种方言，菲律宾语为国语，英语为通用语。宗教有天主教、伊斯兰教、佛教、原始宗教等。

菲律宾国旗呈横长方形，长与宽之比为2∶1。靠旗杆一侧为白色等边三角形，中间是放射着八束光芒的黄色太阳，三颗黄色的五角星分别在三角形的三个角上。旗面右边是红蓝两色的直角梯形，两色的上下位置可以调换。平时蓝色在上，战时红色在上。太阳和光芒图案象征自由；八道较长的光束代表最初起义争取民族解放和独立的八个省，其余光芒表示其他省。三颗五角星代表菲律宾的三大地区：吕宋、萨马和棉兰老。蓝色象征忠诚、正直、红色象征勇气，白色象征和平和纯洁。国歌为《菲律宾民族进行曲》，国花为茉莉花，国树为纳拉树，国石为珍珠，国鸟为菲律宾鹰。

（3）习俗

1）服饰。菲律宾人服饰特别，各民族穿戴不尽相同。穆斯林男子穿紧身的短外衣和宽大的长裤，用一条"沙笼"作腰带。到过麦加朝圣的男子头上还围一条白色围巾或戴一顶白帽子。妇女则穿钉有两排金属纽扣的紧身短袖背心和宽大的裤子或裙子。头结发髻，喜带头巾、手镯、项链和耳环。少数民族穿戴简单，上身或裸，或穿短衫；下身或穿裙、裤，或仅以布、叶围住腰腹。

20 世纪 50 年代初，菲律宾正式推出自己的"国服"，男式的叫"巴龙"，女式的叫"特尔诺"。

2）饮食。菲律宾全国有 70% 的人以大米为主食，其余的人以玉米为主食。喜食椰汁煮饭或椰汁煮木薯，流行嚼槟榔。著名菜肴有烤乳猪、肉类炖蒜、虾子煮汤、咖喱鸡肉。上层家庭大多吃西餐，少数民族则烹饪简单。许多地方用右手抓饭进食。菲律宾南部伊斯兰教徒多遵守伊斯兰教食规，但有变通，如喜食虾、海参、乌龟卵，不喝牛奶。

3）居住。菲律宾居住习惯也是多种多样。在城市，建筑既有西班牙风格，也有美国风格，还有中国风格。楼房、平房均有。在农村，居民多住在木桩之上的茅屋里，屋子离地约 1 m，没有床，睡在地板上。菲律宾南部很多人甚至常年住在由数艘"船屋"组成的小型船队中。

4）重要节日。菲律宾节日主要有新年、圣周节、圣伊斯多节、亡人节、圣诞节等。

①新年。公历元旦是菲律宾的新年，既有西方的风气，也有传统的习俗。除夕之夜，新旧年交替的一刹那，教堂的大钟、轮船的汽笛、汽车的喇叭，顿时齐鸣。青少年也狂吹纸喇叭，或敲锣打鼓，燃放爆竹。一时间各种声音震耳欲聋。菲律宾认为元旦这一天可以预示全年，为讨好兆头，元旦时，勤劳早起，打扫卫生，沐浴更衣，面带微笑，避免口角，化敌为友，不准赊账购物，不准儿童漫游，不准子女结婚。水缸、米缸都要装满，家畜也要饲以充足的饲料。

②圣周节。圣周节是菲律宾天主教派为纪念耶稣受难和复活而举行的宗教活动。每年3 月 15 日后的第一个星期日举行，长达 7 天。圣周节的 7 天中每天都有活动。

③圣伊斯多节。又称水牛节，是菲律宾农民向其保护神圣伊斯多表示敬意和感谢的节日。每年 5 月 14—15 日举行，节日期间农民们把新收获的水果、蔬菜悬挂在门窗前，骑

着擦洗干净、饰有花环、彩带、气球的水牛集体游行到教堂周围的广场，让水牛跪在教堂前面，对保护神圣伊斯多表示感谢和敬意，并接受神父的祝福。有的坐着饰有香蕉带的两轮牛车，或抬着圣伊斯多塑像来参加庆祝活动。礼拜之后人们还举办一些游艺活动。

④亡人节。亡人节是菲律宾人哀悼已故亲人的节日，每年11月1日举行。这一天，菲律宾举国上下都要到祖坟敬献鲜花，点燃蜡烛，通宵守在墓地，祭奠先人。由于这一天也是天主教的全圣节，因而亡人节成为全国性的特别公共假日，去外地和四方扫墓的人，还可以多请一天假。

⑤圣诞节。菲律宾的圣诞节，同其他各地的圣诞节大体相同，但从12月16日至翌年1月6日，是世界上最长的圣诞节。

（4）礼仪与禁忌。菲律宾人受美国影响很大，日常生活中的礼节和禁忌与西方人相似。菲律宾人见面时一般行握手礼，男性间有以拍肩膀表示亲热。崇尚茉莉花，将其视为忠于祖国、忠于爱情和表达友谊的象征，常把茉莉花环挂到贵宾脖子上。与菲律宾人说话时要避开政治话题，可多谈家庭问题。菲律宾人忌讳"13"和"星期五"。穆斯林忌食猪肉和烈性酒。

7. 泰国

（1）自然环境。泰国地处东南亚，在中南半岛的中部。东北与老挝交界，东面与柬埔寨接壤，东南濒临泰国湾（暹罗湾），南连马来西亚，西南临安达曼海，西和西北与缅甸为邻。泰国境内大部分为低缓的山地、高原和平原，地势北高南低。泰国在地形上大约可分为四个部分：北部、西部山地；东北高原；中部平原；南部丘陵。

泰国气候属热带季风气候，一年分三季。长夏无冬，年温差小。泰国气候高温湿润，土地肥沃，粮食作物和经济作物丰富。生产稻米、玉米等。森林是最主要的自然资源之一，海洋渔业发达，矿产丰富，红宝石、蓝宝石世界闻名。

（2）人文环境。泰国人口总数为6 540万人，有30多个民族，以泰人为主，泰语为国语，英语为通用语。通用的书面文是高棉文。佛教是泰国国教，属南传佛教。泰国国旗为长方形，长、宽之比为3∶2。由红、白、蓝三色的五个横长方形平行排列而成。上下为红色，中间为蓝色，红、蓝之间为白色。红色代表民族力量与献身精神，白色代表宗教纯洁，蓝色代表王室。国歌为《泰王国国歌》，国花为睡莲，国树为桂树。

（3）习俗

1）服饰。城市居民，尤其是中、上层青年男女流行西方现代服饰。男人通常穿西式长裤，短袖上衣，多数人只在重要场合或节日穿西装，或穿钦定礼服（高领、三个口袋的丝料上衣）；女士多穿宽大、舒适、类似蝙蝠衫的宽松上衣和筒裙。一般男女都爱赤脚穿拖鞋。收入较为富裕的穿皮鞋，穷人光脚不穿鞋的也不少。泰人好装饰，佩戴首饰的现象很普遍。几乎每一个人脖子上都用项链挂一小佛像，据说可以纳吉免贫。

2）饮食。泰国人主食是大米，副食是蔬菜和鱼。早餐多吃西餐，午餐爱吃中国的广东菜、四川菜，喜吃辣味食品。他们最爱吃民族风味的咖喱饭，采用大米、肉片或青菜、调辣酱油做成。吃时围桌跪坐，用右手抓食。泰国人爱喝白兰地和苏打水，也爱喝啤酒、咖啡、冰茶，爱吃槟榔、鸭梨、苹果。

3）居住。泰国传统住宅是高脚屋，也叫高脚楼，是一种杆栏式二层建筑。上层住人，下层圈养牲畜或放置农具。高脚屋既防潮湿，又通风凉爽，深受泰国人民喜爱。

4）重要节日。泰国节日很多，主要有宋干节、水灯节、国庆节等。

①宋干节。又叫泼水节，公历 4 月 13—15 日举行。这是泰国最隆重的节日，相当于中国的春节。节日清晨，人们手持鲜花与食物去佛寺听经，并接受僧侣洒水祝福。随后在佛寺中聚沙为塔，预祝五谷丰登。在鼓乐中相互泼水，涤旧迎新。青年男女往往借泼水表达爱意，所以宋干节又有情人节之称。节日期间各地都要举行龙舟赛，表演民间舞蹈和泰拳。

②水灯节。每年泰历 12 月 15 日举行。当天夜晚，身穿节日盛装的人们，从四面八方汇集到河流两岸，漂放水灯，让美好愿望随水灯漂向远方。节日里还要放焰火、划船游览、唱歌跳舞。

③国庆节。泰历 12 月 5 日，阴历为 3 月 15 日。这一天原为国王拉玛九世的生日，1960 年定为国庆节。

（4）礼仪与禁忌。泰国是东南亚也是世界上最大的佛教国家，在泰国人的生活中，佛处于至高无上的地位。所有男子一生中必须过三个月以上的僧侣生活，否则不被社会承认。无论王公贵族，还是平民百姓，遇僧人必须行礼，僧人概不答礼。

泰国人见面行合十礼。在国际社交场合也行握手礼。但僧侣、男女之间不能握手。泰国人重头、轻脚、贱左手。认为头部神圣不可侵犯，不能随便触摸。不能用脚踢门、指东西或把脚底对人。认为左手不洁，不能用左手与人握手或递接东西。与泰国人交谈，不能讲对佛祖不敬的话。在泰国人家中做客，客人不能坐到主人的固定位子上。不能穿鞋上楼，不能拒受主人敬上的待客之物。泰国人忌食牛肉、海参。

8. 蒙古国

（1）自然环境。蒙古国位于亚洲东部，蒙古高原北部，是一个内陆国家。东、西、南三面与中国为邻，北接俄罗斯。主要地形有蒙古高原、杭爱山、肯特山。气候为温带大陆性气候，夏热冬寒，季节变化大，温差剧烈。冬季严寒漫长，常有大风雪，夏季温暖炎热，昼夜温差大。蒙古国地下矿产资源丰富。

（2）人文环境。蒙古国人口 260 万，是一个地广人稀的国家，是世界上人口密度最低的国家之一。蒙古居民中90％是蒙古族，另有哈萨克等民族。语言为喀尔喀蒙古语，文字用斯拉夫字母拼写。喇嘛教为国教。

蒙古国国旗从左到右由红、蓝、红三个相等垂直的长方形组成。靠左边的红色部分自上而下绘有黄色的火、太阳、月亮、三角形、长方形和阴阳图案。红色象征欢乐和胜利，蓝色象征忠于祖国。黄色是民族自由和独立的象征。火、日、月表示人民世代兴隆，三角形和长方形象征人民的智慧、正直、忠于职责，阴阳图案象征和谐。国歌为《蒙古国国歌》。

（3）习俗。蒙古人传统上以游牧为主，其生活方式多与草原和放牧密切相关，他们住蒙古包（毡包），食羊肉、羊乳，饮茶，以骆驼、马为交通工具。

蒙古人性格豪放，热情好客。游人过往，常会被邀入蒙古包中做客。最常见的是敬奶茶。客人进入后，主人就斟上这种奶香四溢的饮料请客人品尝。即使是素不相识者，也会受到主人热情招待。

（4）重要节日。蒙古国重要节日主要有国庆日、新年、那达慕大会。

1）国庆日（人民革命日）。7月11日。

2）那达慕大会。该节目是蒙古民族传统的群众性节庆活动。"那达慕"蒙语意为"娱乐"或"游戏"。每当会期，都有摔跤、赛马、射箭等争强斗胜的体育活动。上述三项是蒙古民族的"男子三竞技"，气氛热烈，充分体现该民族的传统骁勇性格。

3）新年。新年是蒙古的传统节日。传统上以阴历正月初一为新年。

（5）礼仪与禁忌。请安是蒙古男女老幼传统的一种见面礼。遇到长辈必请安，在马上、车上者则须下车、马互致问候。同辈相遇也互相问好。

蒙古人传统婚礼较为复杂。一般新郎须骑马去新娘毡包举行婚前仪式，然后带着弓箭与新娘同骑一匹骏马奔回自己的毡包，再举行正式婚礼和喜宴。这种程序充分反映"马背上的民族"的生活方式。

蒙古人比较隆重的礼仪是交换鼻烟壶和献哈达。鼻烟壶是蒙古人常用的生活器具，让客人闻鼻烟是表示敬意。同辈相见，双手捧壶，对方右手接着，如此反复两次，最后物归原主。若来客为长辈，就请客人坐下。主人先赐礼，再交换鼻烟壶。

哈达是藏语音译，是用绸帛制成的长条宽带。用于敬神佛、拜年、喜庆或隆重的迎送场合。要把哈达叠成双层，开口一方朝向客人，双手献于贵客。对方也应以同样的姿势微笑接受。

9. 澳大利亚

（1）自然环境。澳大利亚位于南半球，是大洋洲最大的国家。北临帝汶海和阿拉伯海，西、南临印度洋，东濒珊瑚海和塔斯曼海，是唯一占据整个洲大陆的国家。

澳大利亚为地表起伏最和缓的大陆，东部为大分水岭，中部为大自流盆地，西部为沙漠广布的高原。

澳大利亚领土的1/3位于南回归线以北，属热带、亚热带气候，中西部为热带沙漠气候，逐步过渡到草原和森林气候。

澳大利亚是全球土地面积第六大的国家，国土比整个西欧大一半。澳大利亚不仅国土辽阔，而且物产丰富，是南半球经济最发达的国家，是全球第四大农产品出口国，也是多种矿产出口量全球第一的国家。澳大利亚矿产资源丰富，还有许多古老的独特的动植物资源。

（2）人文环境。澳大利亚人口2 271万，是世界上城市化水平最高的国家之一。澳大利亚是一个多元文化的国家。澳大利亚的官方语言是英语。澳大利亚英语有一些独特的土语和俚语。澳大利亚居民中70%信奉基督教，其中多数是新教教徒。少数人信奉犹教、伊斯兰教和佛教。澳大利亚的国旗是由英国国旗皇家蓝色背景和南十字星组成，左上角英国旗的图案表明澳大利亚与英国历史上的联系。国旗上最大一颗七角星的六角代表澳大利亚的州，第七个角代表它的首都区。澳大利亚国歌是《前进吧，美丽的澳大利亚》。澳大利亚国花为金合欢，国树为桉树，国鸟为琴鸟。

（3）习俗

1）服饰。澳大利亚人，特别是英国后裔曾十分注重穿着，脑力劳动者和体力劳动者之间亦有"白领阶层"和"蓝领阶层"之分，但是现在这类区别不甚明显。现在主要流行便装，特别是在购物、游览等闲暇活动中，人们更加偏爱便装。

2）饮食。家庭中一般是三餐加茶点。早餐主要食品有牛奶、麦片粥、火腿、煎蛋、黄油、面包；午餐多食快餐，通常食冷肉、凉茶、三明治、汉堡包、热狗等；晚餐是一天中的正餐，食物丰盛，多有热菜、炖煮、烤烧肉食等，并饮用配餐酒和啤酒等。早茶（10：30左右）、午茶（下午5点左右）以咖啡和茶为主，加上饼干、小点心等甜食。澳大利亚人遇有节日和家庭中的婚庆喜事，多习惯于到餐馆就餐，并十分注重穿着和用餐礼仪。吃东西发声大、刀叉碰撞声大、边咀嚼边讲话都被认为是失礼。

澳大利亚人餐饮习惯和英国人相似，但更喜爱吃鱼类和菜肴，对中餐非常喜欢，一些大城市都有很多中餐馆。

澳大利亚人十分喜欢野餐，通常在郊外的野餐是以烤肉为主，在室内进餐，也很喜欢烤肉。

3）居住。澳大利亚人喜欢乡间别墅，富裕人家一般有市郊和乡间两处住房。大部分住房为一层庭院式。人口较多、十分富有的人家多为两层房，一层设客厅、厨房、餐厅和卫生间，二层是卧室、浴室和卫生间。绝大多数住宅装有空调和现代化供暖设备。

4）交通。私人汽车是澳大利亚人重要的交通工具，公共汽车、有轨电车、火车亦是许多澳大利亚人，特别是年长者、学生、上班路途较远者所不可缺少的交通工具。

5）重要节日

①国庆日。1月26日定为澳国庆日。届时，各大城市都举行庆祝活动。

②圣诞节。12月25日是澳大利亚的最重大节日。节日前，亲朋好友互赠圣诞卡，表示祝贺。圣诞前夜，父母把为孩子购买的礼物放入特制的袜子里，当作圣诞老人赠给的礼物。圣诞之日人们都打开自己得到的礼物，互致谢意。节日圣餐十分丰富，有传统的火鸡、布丁，也有海鲜、烤肉。正值盛夏的澳大利亚沉浸在欢庆的热潮之中。

（4）礼仪与禁忌。通用西方礼仪。

澳大利亚人在第一次见面或谈话时，通常互相要称呼为"先生""夫人"或"小姐"，熟悉之后就直呼其名。人们相见时喜欢热情握手，并喜欢和陌生人交谈，互相介绍后或在一起喝杯酒后，陌生人就成了朋友。在澳大利亚，初次见面时应该握手，访问结束时也得如此。澳人言谈话语极为重视礼貌，文明用语不绝于耳。他们很注重礼貌修养，谈话总习惯轻声细语，很少大声喧哗。

在他们的眼里，高声喊叫是一种不文明的粗野行为。澳人与英美人一样，名在前，姓在后。妇女结婚后，使用丈夫的姓。在家庭成员和亲密朋友之间，不分老幼，互称名字，以表亲切。

初次见面不要直接询问个人问题，如年龄、婚姻、收入等。特别不要问原国籍的问题。

澳人还有个特殊的礼貌习俗，他们乘出租车时，总习惯与司机并排而坐，即使他们是夫妇同时乘车，通常也要由丈夫在前面，妻子独自居后排。他们认为这样才是对司机的尊重，否则会被认为失礼。他们时间观念非常强，对约会是非常讲究信义的，有准时赴约的良好习惯。

在澳大利亚有"女士优先"的良好社会风气，对妇女都是极为尊重的。澳大利亚人还喜欢赞赏女士的长相、才气、文雅举止等方面，他们认为这是一种有教养的表现。

澳人宴请客人，除了企业家较为讲究之外，其他人请客都比较简单。一般来说，首先是请客人喝一碗汤，再上盘主菜，一道甜食水果，然后来一杯波特甜酒，喝杯咖啡，全过程就结束了。为了表示对来客的热情欢迎和祝福，澳大利亚人往往会在饭后的水果布丁中放进一些钱币。这些钱币有一分、两分、五分、壹角等，谁吃到的钱币多，就预示着谁的运气好。澳人喜欢吃烤肉，家庭也备有烤炉，因此，有时澳大利亚朋友会请客人到家里吃烤肉。如果澳大利亚朋友邀请你去他家吃饭，而你和这位朋友及其客人很熟悉，平日又很不讲究礼仪，那么穿着就可不必太严肃，否则一定要着西装系领带，这是西方人的一种礼貌风俗。吃饭时要注意西方的餐桌礼仪。第二天，你应该给主人打个电话或寄一张明信片，表示感谢和对昨夜晚餐的欣赏。

二、欧洲地区

1. 俄罗斯

（1）自然环境。俄罗斯联邦位于亚欧大陆北部，地跨欧亚两洲。是世界上面积最大的国家。俄罗斯地形以平原为主。主要地形有东欧平原、西西伯利亚平原、中西伯利亚高原、东西伯利亚山地。

俄罗斯大部分地区属于温带大陆性气候，冬季漫长、严寒；夏季短促、温凉，降水不多而变率较大、气温年温差较大。

（2）人文环境。目前俄罗斯共有人口总数为1.43亿。是欧洲人口最多的国家，也是世界仅次于中国、印度、美国、印尼、巴西、巴基斯坦、孟加拉7个国家的第八人口大国。俄罗斯是一个多民族的国家，其中俄罗斯族占总人口的80％以上。俄罗斯各民族均有自己的语言，俄语为官方语言和通用语言，也是联合国6种官方语言和工作语言之一。俄罗斯的主要宗教为东正教，其次为伊斯兰教。

国名俄罗斯联邦或俄罗斯，俄罗斯是从罗斯一词演化而来。

俄罗斯国旗由自上而下白、蓝、红三个相等的长方形组成，它原为沙皇俄国的旗帜。白、蓝、红三种颜色被称为泛斯拉夫颜色。国徽为盾形，红色盾面上有一只金色双头鹰，鹰头上装饰着彼得大帝的三顶金冠，鹰爪抓着象征皇权的权杖和金球。国歌为《俄罗斯联邦国歌》，国花为向日葵。

（3）习俗

1）姓名。俄罗斯人的姓名由名、父名和姓三部分组成。在正式文件中，姓在前，依次为姓、名、父名。名和父名可缩写，只用名和父名的第一个字母。女子婚后一般随丈夫姓，也有保留原姓的。

2）饮食。俄罗斯人的主食为面包和肉类，大多喜食黑面包。黄油、酸牛奶、酸黄瓜、鱼子酱、咸鱼等也是他们偏爱的食品。俄罗斯人口味偏重咸、甜、酸、辣、油，喜欢中国的京菜、川菜、粤菜、湘菜。喜爱的饮料有烈性酒（如伏特加）、格瓦斯、啤酒等。最喜欢的热饮料是红茶，习惯在茶中放糖，一边喝茶一边吃果酱、蜂蜜、糖果和甜点心等。现代青年人以饮热咖啡为时髦。

3）重要节日

①圣诞节。在1月6日，为东正教的圣诞节。由于圣诞节在新年开始之际，因此祈求新的一年幸福吉祥是节日的主要内容。圣诞前夜，人们准备各种美味佳肴，通宵达旦，欢

乐异常。

②复活节。它是基督教徒纪念耶稣"复活"的节日，节期从每年的 4 月底到 5 月初的第一个星期天开始，过 7 天节日。节日期间亲朋好友互赠礼物或写信祝贺，同时还要上坟祭祖，到教堂举办隆重的祈祷仪式。

③谢肉节。又称送冬节，在复活节前第八周举行。这是俄罗斯所有民间节日中最古老、最盛大的传统节日。这是欢庆太阳重返大地的节日，人们为此兴高采烈，节前家家户户打扫卫生，节日期间举办各种娱乐活动，节日宴桌上象征太阳的俄式春饼必不可少。

（4）礼仪与禁忌。俄罗斯通用西方礼仪。一般的见面礼是握手、拥抱和亲吻。男士一般吻女士的手背，父母吻儿女的额头。在隆重场合，俄罗斯人用"面包加盐"的方式迎接贵宾，以表示最高的敬意和最热烈的欢迎。俄罗斯人十分尊重妇女，在各方面体现女士优先原则。十分注重仪表，即使天热也不轻易脱下外衣。他们习惯守时，约会切忌迟到。

应邀到俄罗斯人家做客，最好按约定时间准时或稍晚一点到达，不要早到。进屋后应脱帽，先向女主人问好，然后再向男主人和其他人问好。要坐在主人让给的位置上，千万不可坐在床上。

与俄罗斯人交谈，最好不要问工薪、年龄、婚姻等生活私事，也应回避俄国内的政治、经济、民族、宗教、独联体国家关系等话题。在任何情况下，都不可当面问及女子的年龄。

俄罗斯人忌讳 13，认为这个数字不吉利，是凶险和死亡的象征，最忌讳 13 个人聚集在一起。不喜欢星期五，尤其视"13 日星期五"为不祥的日子。俄罗斯人视 7 为吉祥数字，在他们看来 7 意味着幸福和成功。

俄罗斯人忌讳黑色，认为黑色表示死亡和不祥，喜爱红色。他们喜欢马的图案，认为能避邪，但讨厌兔子和黑猫，特别是遇到黑猫过马路，被认为非常晦气。

镜子被看成是神圣的物品，千万不可打碎。打碎镜子意味着个人生活将出现疾病或灾难。在俄罗斯，打翻盐瓶盐罐是家庭不和的预兆，民间有"打翻盐罐，引起争端"的说法。相反，打碎盘碟却被认为是富贵和幸福的象征。

给俄罗斯人送花，忌送菊花、杜鹃花、石竹花和黄色的花，枝数和花朵数都不能是 13 或双数。他们有"左主凶，右主吉"的传统观念，所以忌用左手递物、进食、握手、抽签等。

2. 英国

（1）自然环境。英国全称"大不列颠及北爱尔兰联合王国"，位于欧洲西部，是由大不列颠岛（包括英格兰、苏格兰、威尔士）和爱尔兰岛东北部及附近许多岛屿组成的岛国。英国全境可分为英格兰东南部平原区、中西部山地区及北爱尔兰高原和平原区，地势从西北部往东南部倾斜。

英国全岛属温带海洋性气候，全年湿润、温和、多雨，日照时间短，季节间的温度变化很小。英国是欧盟中能源资源最丰富的国家，也是世界主要生产石油和天然气的国家。

（2）人文环境。英国人口共约6 222万人。英国包括由不同部落融合而成的四个民族，即英格兰人、威尔士人、苏格兰人、北爱尔兰人。这些民族都带有凯尔特人的血统，融合了日耳曼人的成分。官方语言为英语。威尔士北部还使用威尔士语，苏格兰西北高地及北爱尔兰部分地区仍使用盖尔语。

英国居民多信奉基督教新教，主要分英格兰教会和苏格兰教会。另有天主教会及佛教、印度教、犹太教和伊斯兰教等较大的宗教社团。

英国国旗为"米"字旗，由深蓝底色和红、白色"米"字组成，呈横长方形，长与宽之比为2∶1。旗中带白边的红色正十字代表英格兰守护神圣乔治，白色交叉十字代表苏格兰守护神圣安德鲁，红色交叉十字代表爱尔兰守护神圣·帕特里克。此旗产生于1801年，是由原英格兰的白地红色正十字旗、苏格兰的蓝地白色交叉十字旗和爱尔兰的白地红色交叉十字旗重叠而成。国歌为《天佑女王》，国花是玫瑰花，国鸟是红胸鸲，国石是钻石。

（3）习俗

1）服饰。西服仍称得上是英国的国服。但是，虽然上班族西装革履，甚至在重要场合，男士着燕尾服，女士着低胸晚礼服，但是，很多老百姓日常喜欢穿休闲服，式样简单，舒服合体。

2）饮食。英国人的饮食习惯式样简单，注重营养。早餐通常是麦片粥冲牛奶或一杯果汁，涂上黄油的烤面包片，熏咸肉或煎香肠、鸡蛋。中午，孩子们在学校吃午餐，大人的午餐就在工作地点附近买上一份三明治，就一杯咖啡，打发了事。只有到周末，英国人的饭桌上才会丰盛一番。通常主菜是肉类，如烤鸡肉、烤牛肉、烤鱼等。蔬菜品种繁多，有卷心菜、新鲜豌豆、土豆、胡萝卜等。蔬菜一般都不再加工，装在盘里，浇上从超市买回的现成调料便食用。主菜之后总有一道易消化的甜食，如烧煮水果、果料布丁、奶酪、冰激凌等。

3）英国人喜欢在周末假日里自己动手修缮房屋，制作家具，装修房间，修整花园。

4）重要节日

①元旦。1月1日。

②复活节。复活节是纪念耶稣被钉死在十字架上又复活的节日，它是英国仅次于圣诞节的第二个大节日。复活节每年的日期不固定，它是根据《圣经》的记载，按两种历法结合计算的。具体算法是每年春分月圆后的第一个星期日就是复活节，通常在4月。

③五朔节。它是一个非常古老的节日，在古罗马时代就已存在，原是春末祭祀"花果

女神"的日子，象征着生命与丰收。姑娘们一早就起来到村外树林中采集花朵与朝露，并用露水洗脸。后来逐渐发展为要在这一天选出一个少妇为"五月皇后"。被选中的"皇后"坐在用鲜花装饰起来的四轮大马车里，一个穿礼服、戴礼帽的男孩为她赶马车。

④圣帕特里克节。3 月 17 日，它是北爱尔兰人纪念保护神圣帕特里克的节日。每年这一天，爱尔兰人要吃带绿色的蛋糕，穿绿色的衣服，并进行化妆游行。

（4）礼仪和禁忌。英国人习惯以握手表示友谊。与人握手，无论男女，无论天多冷，都应先把手套脱掉，而且脱得越爽快，越能体现对对方的尊重。

在进行介绍时，一般先少后老，先低后高、先次后要、先宾后主。

在接到英国人邀请之后，去与不去都应明确告诉邀请人，以便其安排。接受邀请后因急事不能前往者，应及时通知邀请者，否则将被视为极端失礼。在英国探访朋友，最好先与他们联络好，突然造访会被认为是打扰他人私生活的行为。

保守是英国人最明显的性格特点。人们习惯按以往的规矩办事，墨守成规，往往不愿做出也不愿看到突然变化。因此，在旅游活动中应尽量避免对既定活动日程做出突然变更。

英国人不爱交际，忌问私事，不喜欢将自己的事情随便告诉别人，也无意打探他人的事情。与英国人聊天不应该涉及有关金钱、婚姻、职业、年龄等私事。英国人谈话，不喜欢距离过近，一般保持 50 cm 以上为宜。在众人面前，忌讳相互耳语，英国人认为这是失礼之举。

尊重女性，女士优先，是英国男子绅士风度的主要表现之一。保持克制，耐心行事，是英国人性格特征之一。在一般情况下，明显流露出烦躁情绪或发火，会被认为欠修养。

英国人喜爱读报，常常是茶不离口，报不离手。

3. 法国

（1）自然环境。法兰西共和国位于欧洲大陆西部，西临大西洋，南濒地中海，北临北海。西南与西班牙、安道尔接壤，东面、北面与摩纳哥、意大利、瑞士、德国、卢森堡、比利时为邻，西北隔拉芒什（英吉利）海峡与英国相望。法国的地形以平原和丘陵为主，地势东南高西北低。中部为中央高原，西部和北部是大平原，称巴黎盆地。

法国所处地理位置，决定了法国受三种气候的影响。温带海洋性气候、温带大陆性气候和亚热带地中海气候。气候特点全年温和多雨，由西向东，海洋性逐渐减弱，大陆性逐渐增强。

法国缺少能源。

（2）人文环境。法国人口约 6 500 万人。民族主要为法兰西人，约占 90%。法语为官方语言。法国人多信奉天主教，居民中 81.4% 的人信奉天主教。

法国国旗呈长方形，长与宽之比为3∶2，旗面由三个平行且相等的竖长方形构成，从左至右分别为蓝、白、红三色。该旗首次出现在1789年法国资产阶级革命时期，巴黎国民自卫队当时就以蓝、白、红三色旗为队旗。白色居中，代表国王，象征国王的神圣地位；红、蓝两色分列两边，代表巴黎市民。因此三色旗曾是法国大革命的象征。1848年4月20日法兰西第三共和国决定蓝、白、红三色旗为法国国旗，沿用至今。据说三色分别代表自由、平等、博爱。法国国歌是《马塞曲》。国花是鸢尾花，国鸟是公鸡，国石是珍珠。

（3）习俗

1）服饰。法国人日常生活中的服饰比较随意，讲究舒适和突出个性。在正式的社交场合，对着装的要求较严格。出席晚宴，着装较为讲究。女士一般是颜色较深的无袖、较短的连衣裙或外衣；佩戴手镯、项链、耳环等；整理发型，发蜡不宜过多；袜子的颜色，视季节而定，冬季穿黑色的，夏季穿较为透明的；天气凉爽时，可带上披肩；一般都带上个化妆品包。男士穿深色套服，白色长袖衬衫；领带新颖大方，不宜过于花哨；皮鞋上蜡，袜子长一些的为好。

2）饮食。法国的饮食文化有着悠久的历史和传统，法国菜不仅做起来复杂，强调色、香、味、形，吃起来也很有讲究，从进餐程序、酒与菜的搭配、餐具和酒具的形状乃至服务员上菜倒酒的方式都有严格的规矩。蜗牛与肥鹅肝是最有特色的法式菜。法国的葡萄酒、香槟和白兰地（干邑）享誉全球。

3）礼节。法国人待人接物十分注意礼节，礼貌用语不离口。现以商务宴请和部分节日为例。商务宴请有午宴和晚宴两种形式：午宴带有业务特性，但不正式；晚宴较为正式。如果是午宴，邀请时，一般打个电话就可以了。如果是晚宴，一般需发请柬邀请客人。请柬印制的或写的均可，需邮寄给客人，注意给客人留有答复的时间。

餐厅迎接客人，主人不应迟到。如果与客人一同去餐馆，进餐馆时，主人应走在前面。如果客人中有女士，男士先进餐馆，需对女士彬彬有礼地说声"请允许我走在您的前面"。餐厅座位安排，好的位子，一般是视野好的，留给最重要的客人。夫妇不应分开坐。观点看法不同的人，最好分开坐。主人右边的座位，留给社会地位最高的受尊敬的年长者，左边座位留给排行第二的客人。等年长者坐下后，其他人才能入座。餐具搭配比较讲究，第一道菜，用最外面的刀叉。如果是鱼，只用叉子就行了，这样可显得高贵。

酒杯：大号的是水杯，中号的是红葡萄酒杯，小号的是白葡萄酒杯。请客时间，午宴不宜过长，这样客人下午还可以继续工作；晚宴时间可以长些。用餐付款，招呼买单，迅速看一眼单子，然后用信用卡支付，以避免掏出钞票，让客人觉得不自在；如果邀请主人是女士，客人是男士，女主人付款有三种办法，即进入餐馆时就将信用卡交给餐馆，或就餐结束时起身去柜台付款，或注视服务员，让他明白将由女主人付款。

4）重要节日

①元旦。1 月 1 日。

②复活节。复活节每年的日期不固定，它是根据《圣经》的记载，按两种历法结合计算的。

③万圣节。11 月 1 日。向死者献鲜花。注意千万不要将这些花送给其他人。

④圣诞节。12 月 25 日。圣诞除夕之夜，各家都要吃丰盛的年夜饭，传统的菜肴有肥鹅肝、牡蛎、火鸡、奶酪和甜点等，喝葡萄酒和香槟酒。孩子们可与父母一同吃饭，也可先去睡觉等待圣诞老人的来访。信教的人，年夜饭前或圣诞之日午饭前还要做弥撒，相互祝愿圣诞快乐，交换礼物。唱的歌曲都是些宗教歌曲，如圣诞小爸爸、美丽的圣诞树、甜美之夜、神圣之夜、子夜基督徒等。

⑤国庆节。7 月 14 日。

⑥愚人节。4 月 1 日。这一天调皮者会悄悄地在你的衣背上贴上纸鱼开玩笑。

（4）礼仪与禁忌。欧美各国礼仪相近，甚至相同，是因为西方礼仪多数源于法国。

法国人尊重妇女，故以"殷勤的法国人"而著称。在社交场合，法国人处处体现着"女士优先"的原则。

法国人讲文明、重礼貌，"请""对不起""谢谢"等随时挂在嘴上。法国人尊重个人隐私，所以不要不经同意就贸然闯入法国人的家。

法国人热情，与人萍水相逢，就会亲热交谈，但好许诺，缺少兑现。法国人约会不守时，赴约或赴宴，准时是对主人的尊重，迟到一刻钟甚至半小时是常事，但不可早到；法国人朋友聚会往往在餐馆或咖啡馆，很少请人到家中做客。

到法国人家中做客，送礼是友好的表示，礼物不一定贵重，但讲究包装；鲜花是备受欢迎的礼物，但不要送法国人红玫瑰（情人的礼物）、黄色的花（不忠诚的表示）和菊花（葬礼上使用的花）。在法国人家中做客，千万不可用餐巾擦拭餐具，那是对主妇的莫大侮辱。

4. 德国

（1）自然环境。德国位于欧洲中部，全称"德意志联邦共和国"。地形北低南高。西北部海洋性气候明显。德国自然资源较为贫乏。

（2）人文环境。德国人口 8 226 万人，是欧洲第二人口大国。民族主要是德意志人。德国通用德语。德国居民中多信奉基督教新教、罗马天主教等宗教。

德国国旗为三色旗，呈横长方形，长与宽之比为 5∶3，白上而下由黑、红、黄三个平行相等的横长方形相连而成。三色国旗可在机场、宾馆、宴会和其他场合悬挂。联邦政府机构和驻外使馆等场馆悬挂带有黑鹰图案的国旗。德国国歌为《德意志之歌》。国花为矢车菊，国鸟为白鹳。

（3）习俗

1）服饰。德国人的传统民族服装，以富有特色的女装黑森林山地最为典型，她们身着黑色长裙，内穿黑白相间的衬衣；巴伐利亚地区的男装也极具代表性，男子身着皮短裤、长袜、背心、外套西服上装，帽子上插有羽毛。

2）饮食。德国人的主食是黑麦、小麦和土豆，面包、奶酪、香肠、生菜沙拉和水果为日常食品，传统食物是香肠、猪蹄、酸菜和土豆。矿泉水、果汁、葡萄酒和啤酒是常用饮料，其中啤酒和葡萄酒较为有名，啤酒在德国有"液体面包"之称，德国的啤酒节世界著名。

3）重要节日。德国重要节日有圣诞节、狂欢节、啤酒节。慕尼黑的啤酒节，也称"十月节"，是德国历史节日中最负盛名的一个，时间是在每年 9 月第二或第三周至 10 月第二周。

（4）礼仪与禁忌。通行西方礼仪。

5. **意大利**

（1）自然环境。意大利大部分国土位于欧洲南部的亚平宁半岛上。地形多为山丘地带，多火山地震。属亚热带地中海式气候。境内河流众多。

（2）人文环境。意大利人口 5 961 万人，94％的居民为意大利人，语言为意大利语，个别地区讲法语和英语。绝大多数人信奉天主教。国旗为绿、白、红三色旗，呈长方形，长与宽之比为 3：2。旗面由三个平行相等的竖长方形相连构成，从左至右依次为绿、白、红三色。意大利原来国旗的颜色与法国国旗相同，1796 年才把蓝色改为绿色。据记载，1796 年拿破仑的意大利军团在征战中曾使用由拿破仑本人设计的绿、白、红三色旗。1946 年意大利共和国建立，正式规定绿、白、红三色旗为共和国国旗。国歌是《马梅利之歌》，国花是雏菊。

（3）习俗。

1）服饰。意大利人的日常衣着以西服为主，但夹克衫、T 恤衫和牛仔裤现已成为国民的日常服装。意大利菜的特点是味醇、香浓，以原汁原味闻名，源于那不勒斯的意大利烤饼"比萨"名扬西欧、北美，传遍全世界。意大利人的早餐简单，食牛奶、咖啡和面包，午餐一般在外面吃，晚饭是主餐。

2）饮食。意大利人进餐时，习惯男女分开就座。进餐顺序一般来讲，是先上冷盘，接着是第一道，有面食、汤、米饭或其他主食，第二道有鱼、肉等，然后是甜食或水果、冰淇淋等，最后是咖啡。意大利人喜欢喝酒，而且很讲究。一般在吃饭前喝开胃酒，席间因菜定酒，吃鱼时喝白葡萄酒，吃肉时用红葡萄酒，席间还可以喝啤酒、水等，饭后饮少量烈性酒，可加冰块。意大利人很少酗酒，席间也没有劝酒的习惯，比较随意。拒绝别人的用餐邀请被认为是不礼貌的行为。

3）重要节日

①新年。1月1日，节庆盛况各国同风。

②复活节。3月22日至4月25日之间。意大利人经常离开城市到郊外去踏春聚餐。

③狂欢节。

④八月节。8月15日，在意大利是仅次于圣诞节的重要节日。这一天，人们纷纷前往海滨、山区和乡村游玩。

⑤圣诞节。12月25日，是西方世界最大的宗教节日。意大利罗马的圣诞夜独具特色。每年12月24日，圣彼得教堂及教堂前广场上要举行隆重的圣诞弥撒，教皇用多种语言向世界各地的教徒发表演说，世界上有数亿人通过电视观看这一盛大宗教仪式。

⑥解放日。4月25日。

⑦国庆节。6月2日。

（4）礼仪与禁忌。意大利人热情好客，也很随便，但时间观念不强，常常失约或晚点。用餐时要注意礼节。在用餐过程中，不要把刀叉弄的叮当作响，在吃面条时，用叉子将面条卷起来往嘴里送，不可用嘴吸。尤其是在用汤时，不要发出响声。每道菜用完后，要把刀叉并排放在盘里，表示这道菜已用完，即使有剩余，服务员也会撤走盘子。

应邀到朋友家做客时，特别是逢年过节，应给主人带点礼品或纪念品。礼品的包装要讲究。收到礼品后，主人会当着客人的面打开礼品，并说一些客套或感谢的话。另外，到意大利人家里做客，不要早到，稍晚点为好。意大利人忌讳用一根火柴给三个人点烟，四个人站在一起应避免交叉握手，形成十字架形被认为不吉利。

6. 西班牙

（1）自然环境。西班牙位于欧洲西南部伊比利亚半岛上。是西欧第二大国。地形以高原为主。西班牙北部和西北部为温带海洋性气候；中部高原为不太显著的大陆性气候；南部和东南部为地中海亚热带气候。西班牙拥有丰富的金属矿藏和丰富的渔业资源。

（2）人文环境。西班牙人口4 721万人，居欧洲第五位，是多民族国家。西班牙语是官方语言和全国通用语。绝大多数居民信奉天主教。国旗由红、黄、红三个平行长方形构成。上下方为红色，各占旗的1/4，中间为黄色，占旗的一半。靠旗杆一边的旗面上会有西班牙国徽。国歌为《国王进行曲》，无歌词。国花是石榴花。

（3）习俗。西班牙是个有着悠久历史和灿烂文化的国家，西班牙人热情、浪漫、奔放、好客、富有幽默感。他们注重生活质量，喜爱聚会、聊天，对夜生活尤为着迷，经常光顾酒吧、咖啡馆和饭馆。西班牙人的作息时间较为独特：午餐一般在14：00—16：00，晚餐一般在21：00—23：00。

西班牙人爱好十分广泛，喜欢旅游，酷爱户外运动，对足球、登山及自行车等运动情有独钟。西班牙的斗牛、弗拉门戈舞闻名世界。

西班牙人在圣诞节前有相互送礼的习惯。赠送礼品很注重包装并有当面拆包赞赏的习惯。西班牙人赴约一般喜欢迟到一会儿，尤其是应邀赴宴。餐桌上一般不劝酒，也无相互敬烟的习惯。

（4）重要节日。西班牙的节日丰富多彩，每年200多个。除了国庆节、元旦、圣诞节、复活节等一些重要的传统节日外，每个地区都有自己的带有浓郁地方色彩的节日。节假日及周末，喜欢家人团聚，不愿接待客人。

西班牙主要节日有：

①西班牙—美洲日，10月12日，即国庆日。

②国王胡安·卡洛斯一世命名日。6月24日。

③格拉纳达日。1月2日。

④建军节。5月27日。

⑤年节。1月1日。西班牙人于除夕之夜喝蒜瓣汤祝贺新年。等教堂的钟于12点敲响时，大家按着钟声吃下12颗葡萄，象征新年每个月都事事如意。

（5）礼仪与禁忌。西班牙人的见面礼节与其他西方国家的差不多，尤其与意大利、法国、葡萄牙、荷兰以及大多数拉美国家相似，一般采取握手、亲吻和拥抱三种方式。握手是最常见的礼节，初次相识，边握手边问候。熟人之间、朋友之间、同事之间和亲属之间，大多以亲吻、拥抱为主。最常见的是男女相互施亲吻礼。目前，男性和女性亲友相见和离别大多采取吻面颊的礼节。

在西班牙做客，须事先约定，否则将被看作不速之客，是一种失礼行为。做客的时间很少在凌晨、深夜或用餐时间。西班牙人有晚睡晚起的习惯，所以主人一般不愿意在上述时间接待客人。客人最好在上午10时和下午2时后拜访为宜。不是亲密朋友，西班牙人一般不会将其主动请到家中做客。

如果出席晚间的家宴、宴会、招待会和婚礼等，服饰要整洁，一般要带些礼品，如一瓶葡萄酒、一盒点心，或送女主人一束鲜花。西班牙人最喜欢的是石榴花，忌讳送大丽花和菊花，因为这两种花和死亡相关。送花的时间也有讲究，每月的13日不送花，送花时也不送13支。

西班牙人做客一般都不会准时到达，大多是晚10~15 min，如迟到时间太长，则是一种失礼行为。去得太早也不好。交谈时，很少谈及个人隐私，也不问对方的薪金多少或收入如何。没有得到主人允许，客人不得翻阅主人的书籍、文件和观赏古玩等。

三、北美地区

1. 美国

（1）自然环境。美国全称美利坚合众国，位于北美洲中部。它东临大西洋，西临太平洋，北和加拿大为邻，西南与墨西哥接壤，东南临墨西哥湾。本土轮廓大致呈长方形。美国领土面积在世界上仅次于俄罗斯、加拿大、中国，居第四位。全国分为 50 个州和 1 个特区。美国本土大陆的地形可分为三个明显不同的部分：西部是科迪勒拉山系；美国中部为大平原；美国东部是山势较为低缓的阿巴拉契亚山脉，山脉以东是大西洋沿岸低地。

美国的气候深受地形的影响。美国绝大部分地区冬冷夏热，形成大陆性气候。冬季的寒潮和夏季的飓风，是美国比较常见的灾害性天气。气候类型，美国落基山脉以东的大部分地区是温带大陆性气候；东南墨西哥湾沿岸是亚热带季风性湿润气候；落基山脉以西，太平洋沿岸北段是温带海洋性气候；太平洋沿岸南段属于冬雨夏干的地中海气候，为美国重要的水果和蔬菜产区；海拔较高的山地、高原，形成冬寒夏凉、降水较少的高山气候。美国河流、湖泊众多。主要河湖有密西西比河、科罗拉多河、哥伦比亚河和美加之间的五大湖。

（2）人文环境。美国人口突破 3 亿，仅次于中国、印度，居世界第三。美国是一个移民国家，民族成分呈现多元化的特点，素有"民族熔炉"的美称。官方语言为美式英语。美国宗教繁多，信奉基督教新教的人最多，其次是天主教、犹太教和其他宗教。

美国国旗为星条旗。由红白相间排列的 13 道条纹组成（7 条红色、6 条白色），13 道条纹代表最初北美 13 块殖民地即美国最初的 13 个州；旗帜左上角为一蓝色星区，区内共有 50 颗五角星分 9 排交错排列，50 颗星代表美利坚合众国的 50 个州。旗帜上的红色象征强大和勇气，白色象征纯洁和清白，蓝色象征警惕、坚韧不拔和正义。美国国歌为《星条旗之歌》，美国国花是玫瑰，美国国鸟是白头鹰。

（3）习俗

1）服饰。美国人平时穿着无拘无束，十分随便，但在正式社交场合则十分注重服饰。如参加宴会、集会和其他社交活动，一定要根据请柬上的服装要求着装，以免失礼。在非社交场合，也讲究服饰礼仪，一般不能穿背心到公共场所，或将睡衣穿出门。

2）饮食。美国人的主食是肉、鱼、菜类，面包、面条、米饭类是副食。美国人用餐不求精细，但追求快速和方便，因此像汉堡包、肯德基、热狗等快餐风靡美国。

美国人的主要饮料是咖啡，茶在美国也大受欢迎，此外，还有各种可乐和果汁，以及啤酒、葡萄酒等各种酒类。喝饮料时大都喜欢放冰块。美国人口味喜欢清淡，不喜欢油腻，不爱吃蒜和过辣食物，也不爱吃清蒸菜肴和红烧菜肴，忌食动物内脏，不喜欢蛇一类的异常食物。不喜欢在餐碟中剩留食物。

美国有各式餐馆，自助餐价格较便宜，也无须付小费。在正式餐馆就餐要付小费，数额为就餐费的15%。在美国乘坐出租车、住旅馆也要给司机和宾馆服务人员适当的小费。

3）重要节日。美国的节日主要分两类，一类是政治性的节日，如美国独立日（7月4日）、国旗日（6月14日）、华盛顿诞辰纪念日（2月第3个星期一）、林肯诞辰纪念日（2月12日）等；另一类是宗教性节日，如复活节（春分月圆后第一个星期日）、情人节（圣瓦伦丁节，2月14日）、万圣节（10月31日）、感恩节（11月第4个星期四）、圣诞节（12月25日）等；此外还有一些民俗节日，如愚人节（4月1日）、母亲节（5月第2个星期日）、父亲节（6月第3个星期日）等。

在美国节日中，最重要的是感恩节和圣诞节。

①感恩节。是美国独创的古老节日，也是美国合家欢聚的日子。日期是每年11月的最后一个星期四。每逢感恩节这一天，美国举国上下举行化妆游行、戏剧表演、体育比赛等各种娱乐活动，家家团聚，欢度节日。感恩节的传统食品中最主要的是火鸡。

②圣诞节。是美国最盛大的节日。在圣诞夜，美国人通宵达旦地举行各种庆祝活动。教堂里的唱诗班挨家挨户到教徒家门前唱圣诞颂歌。家家要装饰圣诞树，亲人们互赠礼品。圣诞节的传统食品主要是圣诞蛋糕。

（4）礼仪与禁忌。美国人的姓名与其他英语国家一样，以名、名、姓次序排列。第一个名又称教名，是受法律承认的正式名字。中间名通常用缩写表示，其构成来源比较复杂，一般是借用某个名人或某个亲属的姓，外人一般不称呼中间名。按照美国法律的有关规定，妇女结婚后，要使用丈夫的姓。

美国通行西方礼仪。见面和分手时行握手礼，不论男士或女士，都应主动向对方伸手。业务交往讲究守时，但社交活动往往迟到。美国也盛行女士优先原则。无论约会或做客，都要事先安排，美国人不喜欢不速之客。到美国人家中做客，进门后要先向女主人问好，然后向男主人和其他宾客问好。在主人家就餐，要格外注意餐桌上的礼节，正确使用各种餐具。每种餐具都有专门的用途，如果不会使用，最保险的办法是按女主人的样子做，以免出错。

美国人送礼讲究单数，但不要3和13。礼品要有精美包装。收到礼物时，要马上打开，夸奖并感谢一番。如果收到礼品就把它放在一边，不予理睬，是十分不礼貌的行为。美国人不喜欢随便送礼，没有目的的送礼，会使受礼人感到莫名其妙。一般也不送很贵重的礼品，只是一些贺卡、鲜花、蛋糕、巧克力、书籍、画册之类的东西。

美国人日常交谈，不喜欢涉及个人私事，有些问题甚至是忌谈的，如询问年龄、婚姻状况、收入、宗教信仰、竞选中投谁的票等。交谈中忌过分谦虚和客套，忌距离太近，忌称呼长者加"老"字，忌说别人"白""胖"等。

美国人的迷信与禁忌同宗教有密切关系。他们忌讳13，不喜欢星期五，尤其视"13日星期五"为不祥日子。忌讳黑色（象征死亡），不喜欢红色，偏爱白色（象征纯洁）、黄色（象征和谐）、蓝色（象征吉祥）。忌讳蝙蝠图案（象征吸血鬼）、黑猫图案（象征不吉），偏爱白色秃鹰图案（国鸟）。忌打破镜子，认为会招致大病或死亡。忌一根火柴为三个人点烟。街上走路忌啪啪作响（视为骂娘）。

2. 加拿大

（1）自然环境特征。加拿大位于北美洲北部，东濒大西洋，西临太平洋，北濒北冰洋，东北隔巴芬湾与格陵兰岛相望，西北与美国阿拉斯加州接壤，南与美国本土毗邻。加拿大国土的主体是波状起伏的低高原和平原低地。山地分布在边缘。总的来看，加拿大地貌呈西高东低状。西部为沿太平洋的落基山脉，中部为大平原，东部为拉布拉多高原。主要地形有大草原、大平原、落基山。气候特点，北极群岛和北部沿岸地带为极地苔原气候；纽芬兰、劳伦琴高原大部分、中部平原北部和育空地区等约占国土1/2的地区属于副极地大陆性气候；太平洋沿岸属温带海洋性气候；中部平原南部属大陆性半干旱气候；东南部大西洋沿岸地区及大湖和圣劳伦斯低地属温带大陆性湿润气候。总的来说，加拿大大部分国土纬度较高，气候比较寒冷，冬季漫长而夏季短促。

加拿大河湖众多，约占国土总面积的7.6%。年径流量居世界第五位。主要河流有圣劳伦斯河、马更些河等。加拿大是世界上湖泊最多的国家之一。位于加拿大和美国边境的五大湖为苏必利尔湖、密歇根湖、休伦湖、伊利湖、安大略湖，除了密歇根湖全在美国境内，其余均为美加两国共有。加拿大资源丰富，森林资源富有，占全国总面积的44%，仅次于俄罗斯和巴西，居世界第三位，使得加拿大成为世界上最大的木材和新闻纸出口国。加拿大河流湖泊众多，因此，淡水资源和水力资源非常丰富。矿产资源也很富有。

（2）人文环境资源。加拿大共有人口3 489万人，是世界上人口密度较低的国家之一。加拿大是一个移民国家，也是一个多民族国家。官方语言文字是英语和法语。讲英语的人约占全国人口的1/3，讲法语的约占1/4。加拿大主要宗教派别达30多个。信奉天主教的人约占总人口的47.3%，信奉基督教新教的占总人口的41.2%。

加拿大国旗呈长方形，左右两侧为宽红边，中间为白色正方形，正方形中央为一片红枫叶。红色代表太平洋，白色代表国土，中间一片11个角的红色枫叶则象征着加拿大人民。加拿大国歌名为《啊！加拿大》。枫叶是加拿大的象征，是加拿大的国花。加拿大的国树是枫树，素有"枫树之国"的美誉。

（3）习俗

1) 服饰。加拿大人的穿衣习惯与其他西方人相同。在正式的场合，如上班、去教堂、赴宴、观看表演等，都要穿着整齐，男子一般穿西装，女子一般为裙服。女子的服装一般比较考究，款式要新颖，颜色要协调，讲究舒适方便，但不太注重面料。在非正式场合，加拿大人穿着比较随便，夹克衫、圆领衫、便装裤随处可见。

2) 饮食。加拿大人的饮食习惯也是一日三餐。早餐最简单，早餐的食品通常是面包、鸡蛋、咸肉和饮料；午餐一般从家里带，或在快餐店、单位食堂就餐。午餐食品也很简单，通常是三明治面包、饮料和水果。在工商企业或政府部门，除午餐时间外，上午 10 点和下午 3 点还有 15 min 的休息时间，雇员们可以喝些咖啡或茶，吃些点心；晚餐是一天中最丰盛的正餐，全家人团聚，共进晚餐。正规的晚餐主食有鸡、牛肉、鱼或猪排，加上土豆、胡萝卜、豆角等蔬菜和面包、牛奶、饮料等。在加拿大人的饮食结构中，肉类和蔬菜的消费比重较大，面包消费量较少。

加拿大人的饮食嗜好有如下特点：讲究菜肴的营养和质量，注重食品的新鲜；口味偏爱甜味，一般不喜太咸；主食以米饭为主，喜食牛肉、鸡、鸡蛋、沙丁鱼、野味菜、西红柿、洋葱、土豆、黄瓜等食品；对用煎、烤、炸的方法制成的菜肴有所偏爱；喜食中餐，尤其是江苏菜、上海菜和山东菜；喜饮酒，尤其以白兰地、香槟和啤酒为最；对水果中的柠檬、荔枝、香蕉、苹果、梨最为喜爱，干果中喜食松子、葡萄干、花生米；习惯在饭后吃水果和喝咖啡；忌吃动物内脏和脚爪，不爱吃辣味菜肴。加拿大盛产冰酒（Ice Wine）。

3) 居住。大多数加拿大家庭都有自己舒适、宽敞的住房。租住公寓的一般是单身、青年夫妇或独居的老人。加拿大人多数是一家人居住一套住宅，少数是两三家合住。典型的独家居住房屋有 2—3 间卧室、1 间起居室以及厨房、卫生间、储藏室、车库等。室内都备有空调、恒温器和热水浴装置。一般城镇或乡村的私人住宅以砖木结构的平房或 2—3 层楼房最为普遍。住宅建筑式样美观多样，设有庭院或花园。

4) 交通。加拿大的交通十分发达，各种交通工具应有尽有。贯通全国的铁路网可以把旅客带到全国各地。

5) 重要节日。加拿大的节日十分丰富奇特。节日中有全国性节日和地区性节日，有西方国家共有的节日，也有加拿大民族自己的节日。全国性的主要节日有元旦、复活节、加拿大日、劳动节、感恩节、圣诞节、冬季狂欢节、枫糖节以及母亲节、父亲节和情人节等节日。

①元旦。元旦是一年的开始，加拿大人从除夕开始庆祝，一直持续到新年的来临。新年的主要活动是把被加拿大人看作吉祥象征的白雪堆在住房周围，筑成雪墙，以阻挡妖怪的入侵。

②冬季狂欢节。冬季狂欢节是加拿大民族独特的节日，是魁北克省居民最盛大的节

日。魁北克冬季狂欢节与哈尔滨国际冰雪节、日本札幌的雪节、挪威奥斯陆的雪节并称世界四大冰雪节。每年 2 月上、中旬举行，为期 10 天。

③枫糖节。也是加拿大民族传统的节日。每年 3 月采集糖枫叶，熬制枫糖浆。生产枫糖的农场披上节日的盛装，向国内外游人开放。一些农场还在周末免费供人品尝枫糖糕和太妃糖。人们还热情地为游客们表演各种精彩的民间歌舞，请来宾欣赏繁茂、美丽的枫树叶。

（4）礼仪与禁忌。加拿大通行西方礼仪。

加拿大人比较随和友善，易于接近，他们讲礼貌但不拘于烦琐礼节。一般认识的人见面要互致问候。男女相见握手时，一般由女子先伸出手来。如果男子戴着手套，应先摘下右手手套再握手。女子间握手时则不必脱手套。女子如果不愿意握手，也可以只是微微欠身鞠一个躬。许多加拿大人喜欢直呼其名，以此表示友善和亲近。加拿大人热情好客。亲朋好友之间请吃饭一般在家里而不去餐馆，他们认为这样更友好。客人来到主人家，进餐时由女主人安排座位，或事先在每个座位前放好写有客人姓名的卡片。在加拿大还有一种请吃饭的方式更加随便，即"自助餐"或"冷餐会"。由主人把饭菜全部摆在桌上后，客人可各自拿一只大盘子（或由主人发给），自己动手盛取喜欢吃的食品，可以离开餐桌到另一房间随便就座进餐，这样客人与主人，客人与客人之间便可有更多的时间交谈。在加拿大一般应邀去友人家里吃饭，不需送礼物。但如去亲朋家度周末或住几天，则应给女主人带点礼品，如一瓶酒、一盒糖等，但不要送白色的百合花，因为白色百合花是开追悼会用的花。离开主人家后，回到家中应立即给女主人写封信或打个电话，告诉对方已平安抵家，并对受到的款待表示感谢。节假日访问亲友，通常也需要带一点礼物。

加拿大人在家中吃饭时，不能说使人悲伤的事，也不能谈与死亡有关的事。在家中不能吹口哨，不能呼唤死神，不能讲事故之类的事。尽量不要在梯子下面走，不要把玻璃制品打碎，不要把盐弄撒。孩子出生后要施洗礼，长到 11 岁要举行向上帝宣誓仪式。加拿大人忌讳说"老"字，年纪大的人被称为"高龄公民"，养老院被称为"保育院"。

四、中国港、澳、台地区

1. 香港

（1）自然环境。香港位于广东珠江口外东侧，大致介于深圳河以南。西与澳门隔海相望，南濒南海，北与深圳经济特区相连。香港包括九龙半岛、香港岛及邻近小岛、新界及离岛三个部分。香港的地形基本为山地性的半岛和海岛，以丘陵为主，高地分布分散，低地所占面积有限，地表形态的空间反差对比明显。主要地形区有太平山和大帽山。香港属于亚热带气候。

（2）人文环境。香港人数 709 万人。香港所有人口中华裔占 95％，大部分原籍广东。香港现今法定语言是中文和英文。官方文件多用英文，选择其中重要部分译成中文。绝大多数居民说粤语，但英语很流行，说潮州话和其他语言的人也不少。香港人信仰的宗教主要有佛教和道教。

香港特别行政区区旗是一面中间配有五星花蕊的紫荆花红旗。红旗代表祖国，白色紫荆花代表香港。花蕊上的五星象征香港同胞热爱祖国，花、旗分别采用红、白不同颜色，象征"一国两制"。区徽呈圆形，其外圈写有中文"中华人民共和国香港特别行政区"和英文"香港"字样。中间图案也是红底白色五星花蕊，寓意与区旗相同。香港的区花是紫荆花。

（3）习俗。港人相约饮茶时，常互相斟茶以示客气，受斟者用食、中指轻敲杯旁桌面，"叩头"致谢；用桌一般是共菜制，认为分菜制"见外"。香港几乎所有服务性行业、机构都有收小费的风气。旅馆、酒店、茶楼一般收 10％的服务费。有的餐馆把消费额的10％计入账单为硬性规定加收，称"加服务费"。对出租汽车公司一般应付小费；如帮顾客提拿行李，要加付车资 10％的小费。对机场搬运工、看门人、打扫房间的服务员、大酒店洗手间清洁工及其他零星服务者都可付小费。对理发师、美容师可付服务费的 10％的小费。

"打麻雀"（打麻将的习称）是港人普遍热衷的娱乐方式，往往在宴会开席之前以"雀局"招待。局中朋友之间可谈心、议事、洽商，在许多家庭中也盛行。打麻雀也是赌博形式，香港有许多麻雀娱乐公司提供场地设施，供人玩赌。

（4）重要节日。香港是世界上节日较多的地区，既有中华民族传统节日、宗教节日，又有西方习俗节日，还有其他节日。

中国传统节日指春节、清明节、端午节、中秋节、重阳节。

1）春节。春节是最隆重的节日，放假 3 天，亲友送年礼，并给孩子发"利市"（红包）。

2）清明节。要"拜山"（扫墓）。

3）端午节。要进行龙舟赛，全港有 10 处赛事，包括国际龙舟赛。

4）中秋节。要吃月饼、观花灯、赏月，团圆聚首话家常。

5）重阳节。要登高、扫墓。

宗教节日主要有复活节、圣诞节、泼水节等。各教会都有自己的节日。

其他节日有新年（元旦）、银行假日（7 月 1 日或当月第一个星期一）、自由日（8 月25 日）、邮政节（12 月 26 日）等。

西方习俗节日有情人节、母亲节、父亲节等。

（5）礼仪与禁忌。香港人的礼仪、禁忌既有中国的传统，也受西方的影响。除此以外，最主要的禁忌表现在用膳之中。香港人用膳，一般是中国传统的共菜制。但是餐桌上讲究颇多。用膳过程中，手肘不能横抬，不能"枕桌"，不能"飞象过河"（取菜时取碟子的远外部分），不能"美人照镜"（将碟子取起倒来），不能在喝汤时发"呷呷"之声，餐毕碗中不能留食物（被认为是"没有衣食、缺食德"），并要对在座者说"慢用"之语。

2. 澳门

（1）自然环境。位于广东省珠江口西侧，东邻珠江口，西接磨刀门，南对南中国海，北以关闸为界与珠海经济特区的拱北接壤。现在的澳门，由澳门半岛与两个离岛凼仔、路环组成，由大桥相连。

澳门属于亚热带气候，全年气候温和。夏无炎热、冬无严寒，市内林木四季常绿。

（2）人文环境。澳门人口 46 万人，中国血统的居民占 95% 以上，祖籍以广东人为最多。葡萄牙语及中文是现行官方语言，但市民日常沟通普遍讲广州话。一般市民也能听懂国语，英语在澳门很通行，可在很多场合应用。澳门各种宗教并存，主要有佛教、道教、天主教、基督教、回教（伊斯兰教）。

澳门特别行政区的区旗是五星、莲花、大桥、海水图案的绿色旗帜。五星象征着国家的统一，澳门是祖国不可分割的部分；含苞待放的莲花是澳门居民喜爱的花种，既与澳门旧称"莲花地""莲花茎""莲花峰"相关，又寓意澳门将来的兴旺发展，莲花 3 个花瓣表示特别行政区由澳门半岛和凼仔、路环 2 个附属岛屿组成，大桥和海水反映澳门自然环境的特点。澳门特别行政区的区徽中间是五星、莲花、大桥和海，周围写有"中华人民共和国澳门特别行政区"和葡文"澳门"字样。

（3）习俗。澳门居民中，华人占绝大多数，因此保存着华人的民俗风情。其姓氏称谓、婚丧礼仪、宗教信仰、节令时尚等基本与广东相似。

澳门是一个饮食文化比较发达的城市。目前，全澳门约有 300 多家较具规模的酒楼、饭店和西餐厅。海鲜火锅店、中西快餐店也很普遍。几条主要马路旁的小街和巷子里，大排档、小食铺、甜食店、小吃摊比比皆是。澳门华人社会有传统的饮食习惯。老一辈人及经商人士早餐以饮早茶为主，他们利用早茶时间来读报纸、交朋会友、联络感情。午餐、晚餐以米饭为主。午餐菜较为简单。有的人因工作地点路途太远，来不及返家，就以盒饭充饥。不少人特别是商人一般到酒楼餐厅饮午茶吃便饭，同时也利用午餐应酬交际。

晚餐则为一般家庭所重视，菜肴丰富，肉类必不可少。广东人习惯经常煲汤，以增加营养。当然要应酬的人，晚餐也在酒楼食肆解决。华人多对西餐兴趣不大，偶尔为之，但澳门西餐厅及咖啡厅不少。粥粉面食也是华人喜爱的食品。澳门的中国餐馆以粤菜为主，但也可吃到内地其他地方的风味菜，如北京、四川、上海等地的菜肴。葡京大酒店的"四

"五六餐厅"和富豪大酒楼的"上海餐厅"、观音堂附近的"夜上海饭馆",在澳门都是较有名的餐厅。高档一点的粤菜馆,烹饪水平都很高,无论是菜肴、汤类还是点心,做工很精细,色香味俱佳。粤式烤乳猪是一道名菜。粤菜中的汤十分讲究。最有名的是鸡煲鱼翅汤。粤菜中没有鱼不成席,其中以石斑鱼、青斑鱼最为著名,这道菜一般都是清蒸,不是鲜活的鱼不上桌。饭后的甜食和点心也做得非常精美可口。如果在中午去粤菜馆饮茶,不必去太高档的饭店,一般的饭店也起码有几十种点心供选择,价廉物美。

澳门的西餐厅以葡国菜为主,葡国菜又分为正宗葡国菜和澳门式葡国菜两种。

(4)重要节日。澳门人非常重视年节。除了在春节、元宵节、端午节、中秋节这些传统节日里要好好庆贺一番之外,也热衷于过一些祭祀神鬼的节日。如二月二的"土地诞"、三月二十三的"天后诞"、五月十三的"关公诞"、六月十九的"观音诞"等。节日虽多,但绝不马虎,每个节日都会有一些特别的传统仪式或庆祝活动。

(5)礼仪与禁忌。西方礼仪与广东地方民俗对澳门都有很大影响。此外无其他特殊的礼仪与禁忌。但澳门的婚礼比较独特。

3. 台湾

(1)自然环境。台湾位于我国东南海域,东临太平洋,南隔巴士海峡与菲律宾群岛相望;北与琉球群岛为邻;西南与祖国大陆的福建省隔海相望。台湾岛与祖国大陆之间的海域叫台湾海峡。台湾为中国的多岛之省。台湾岛是中国最大的岛屿。

台湾岛是一个多山的海岛,高山和丘陵约占全岛的 2/3。东部是山脉,中部是过渡的低山丘陵,西部是平原。台湾岛南北长而东西狭。主要地形区有台湾山脉、台湾西部平原。

台湾属热带和亚热带季风性气候,终年温暖湿润。冬无严寒,夏无酷暑。对于台湾长夏无冬的气候特点,清人曾有诗赞云:"春盛绿玉荐西瓜,未腊先看柳长芽。地尽日南天气早,梅花才放见荷花。"

台湾主要河流有浊水溪、淡水溪。主要湖泊是日月潭,日月潭是台湾最大、也是最有名的湖泊。台湾是祖国的宝岛,有着得天独厚的各种资源:森林资源、丰富的农产、矿产、海产资源。

(2)人文环境。台湾岛上的居民约有 2 325 万人。其中汉族人口最多,占 97% 以上。少数民族以高山族比重最大。台湾的语言以普通话和闽南话为主。台湾宗教活动比较盛行,主要的宗教有佛教、道教、回教、天主教、基督教等。

(3)习俗。台湾人的衣食住行既反映了华夏传统,又反映了时代的变迁及地方特色。

1)服饰。在服饰方面,台湾人穿着打扮和闽粤等地的人有很多相似之处,这是在服饰方面较传统的一面;澎湖列岛妇女的服装式样是最有个性的,带有明显的地方特色。

2）饮食。在饮食风格上，台湾人大都喜吃中餐。其中，具有台湾特色的是食补。槟榔是台湾的特产，咀嚼槟榔成为台湾人的一大嗜好，尤以台南、高雄、屏东一带的居民为甚。

3）重要节日。台湾汉族人的岁时节俗，与大陆各省大同小异。最重要的节日有春节、元宵、上巳（清明前三天）、端午、七夕、中秋、重阳、冬至、祭灶和除夕等。

（4）礼仪与禁忌。台湾很多礼仪禁忌与祖国大陆相同，但也有一些特殊禁忌。

1）禁以甜果赠人。甜果在台湾是指年糕，是台湾过年祭拜神明祖宗时的必备之物。如果将年糕赠送亲友，会使人联想到家里发生丧事。若有人以甜果送人，被送者即使接受，也要象征性地付钱，表示是买的。

2）禁以鸭子赠人作"月肉"。"月肉"是妇女在分娩后一个月内吃的肉。鸭子性冷，不宜产妇食用。台湾还有"死鸭硬嘴闭""七月半鸭仔，不知死期"等俗语。以鸭送人，使人感到有不祥兆头。

3）禁以手巾赠人。按台湾民间习俗，丧事办完，主人以手巾送给吊丧者，其意是让吊丧者与死者断绝往来。所以有"送巾，断根"之说。

4）禁以扇子赠人。扇子容易坏，夏季用完，"秋扇见捐"，给人一种实用、绝情的感觉，在台湾有"送扇，无期见"的俗语。恋爱中的青年男女赠送扇子，表示冷淡的意思。

5）禁以刀剪赠人。刀剪属伤人利器。民间有"一刀两断""一剪两断"之说。

6）禁以雨伞赠人。台语"伞"与"散"同音，若把雨伞送人，犹如与对方有"散"之意。另外台语中"雨"与"给"同音。"雨伞"与"给散"同音，容易引起对方误解。

7）禁以镜子送人。镜子容易打破，破镜难圆；还容易有一种错觉，让人照照镜子，看看自己丑陋的形象。

8）禁以钟送人。"钟"与"终"同音。"送钟"会让人联想"送终"的意思。

思 考 题

1. 简要说明在与日本人交往时，要特别注意哪些方面的礼节？
2. 韩国有哪些饮食习俗和尊老习俗？
3. 说说接待泰国宾客时，特别要注意哪些方面的礼节和风俗？
4. 法国有哪些礼仪禁忌？
5. 香港、澳门、台湾有哪些独特的习俗和禁忌？

第 6 章

酒吧专用名词和术语

 学习目标

掌握液体的量度换算。

掌握中英文酒名对照及酒吧常用专业词汇。

一、液体的量度换算（见表 6—1）

表 6—1   液体的量度换算关系

英文	中文
1 ounce（oz）≈28 mL	1 英制液体盎司约等于 28 毫升
1 tsp（bsp）＝1/8 oz	1 茶匙（吧匙）等于 1/8 盎司
1 tbsp＝3/8 oz	1 餐匙等于 3/8 盎司
1 drop≈0.1～0.2 mL	1 滴等于 0.1～0.2 毫升
1 dash≈0.6 mL	1 甩约等于 0.6 毫升（1 甩为 3～6 滴）

二、中英文酒名对照（见表 6—2）

表 6—2   中英文酒名对照

种类	中文名称	英文名称	产地
白兰地（Brandy）	人头马 V. S. O. P	Remy Martin V. S. O. P	法国
	人头马 X. O	Remy Martin X. O	法国
	人头马路易十三	Remy Martin Louis XIII	法国
	人头马特级	Club De Remy Martin	法国
	轩尼诗 X. O	Hennessy X. O	法国
	轩尼诗 V. S. O. P	Hennessy V. S. O. P	法国
	长颈	F. O. V	法国
	御鹿 V. S. O. P	Hine V. S. O. P	法国
	御鹿 X. O	Hine X. O	法国
	金牌马爹利	Martell Medaillon	法国
	蓝带马爹利	Martell Corden blue	法国

种类	中文名称	英文名称	产地
白兰地（Brandy）	马爹利 X.O	Martell X.O	法国
	奥吉 V.S.O.P	Augier V.S.O.P	法国
	奥吉 X.O	Augier X.O	法国
	拿破仑 X.O	Courvoisier X.O	法国
	奥托 V.S.O.P	Otard V.S.O.P	法国
	加缪 V.S.O.P	Camus V.S.O.P	法国
	百事吉 V.S.O.P	Bisquit V.S.O.P	法国
	博龙城堡	Chateau de Beaulon	法国
威士忌类（Whisky）	威雀	Famous Grouse	苏格兰
	龙津十二年	Long John 12 years	苏格兰
	白马	White Horse	苏格兰
	约翰·渥克	Johnnie Walker	苏格兰
	老伯	Old Parr	苏格兰
	金铃	Bell's	苏格兰
	添宝	Dimple	苏格兰
	芝华士	Chivas Regal	苏格兰
	护照	Passport	苏格兰
	皇家礼炮	Royal Salute	苏格兰
	格兰威特	Glenlivet	苏格兰
	格兰	Grant's	苏格兰
	珍宝	J&B	苏格兰
	顺风	Cutty Sark	苏格兰
	登喜路	Dunhill	苏格兰
	百龄坛	Ballantine's	苏格兰
	大本钟	Big Ben	苏格兰
	格兰菲迪	Glenfiddich	苏格兰
	迪沃	Dewar's	苏格兰
	布什米尔	Bushmills	爱尔兰
	约翰·詹姆森	John Jamson	爱尔兰
	图拉摩尔·督	Tullamore Dew	爱尔兰

种类	中文名称	英文名称	产地
威士忌类（Whisky）	施格兰 V.O	Seagram's V.O	加拿大
	皇冠	Crown Royal	加拿大
	加拿大俱乐部	Canadian Club	加拿大
	四玫瑰	Four Roses	美国
	占边	Jim Beam	美国
	七冠	Seven Crown	美国
	杰克·丹尼	Jack Daniel's	美国
	三得利	Suntory	日本
	轻井泽	Karuizawa	日本
	响	Hibiki	日本
	山崎	Yamazaki	日本
金酒类（Gin）	格利挪尔斯	Greenall's	英国
	哥顿	Gordon's	英国
	伯纳特	Burnett's	英国
	博德尔斯	Boodle's	英国
	吉利蓓	Gilbey's	英国
	英国卫兵	Befeater	英国
	博士	Booth's	英国
	仙蕾	Schenley	英国
	汤可瑞	Tangueray	英国
朗姆酒类（Rum）	百加得	Bacardi	古巴
	摩根船长	Captain Morgan	牙买加
	哈瓦那俱乐部	Havana Club	古巴
	美雅士	Myers	牙买加
	海军朗姆	Lamb's Navy	波多黎各
伏特加酒（Vodka）	芬兰地亚	Finlandia	芬兰
	红牌伏特加	Stolichnaya	俄罗斯
	绿牌伏特加	Moskovskaya	俄罗斯
	吉宝伏特加	Imperial Collection	俄罗斯
	波士伏特加	Bolskaya	俄罗斯

种类	中文名称	英文名称	产地
伏特加酒（Vodka）	野牛草	Zubrovka	俄罗斯
	皇冠伏特加	Smirnoff	美国
	绝对伏特加	Absolute	瑞典
	灰雁	Grey Goose	法国
	波尔金卡	Beregjinka	中国
特基拉酒（Tequila）	凯尔弗	Cuervo	墨西哥
	斗牛士	El Toro	墨西哥
	索查	Sauza	墨西哥
	欧雷	Ole	墨西哥
	玛丽亚西	Mariachi	墨西哥
	特基拉安乔	Tequila Anejo	墨西哥
配制酒	仙山露味美思	Cinzano Vermouth	意大利
	杜法尔味美思	Duval Vermouth	法国
	金巴利苦酒	Campari	意大利
	杜本内	Dubonnet	法国
	西娜尔	Cynar	意大利
	菲奈脱·布兰卡	Fernet Branca	意大利
	安哥斯特拉	Angostura	特立尼达
	佳连露	Galliano Liqueur	意大利
	法国当酒	Benedictine D. O. M	法国
	芳津杏仁	Amaretto	法国
	君度	Cointreau	法国
	飘仙1号	Pimm's NO. 1	英国
	咖啡利口酒	Coffee Liqueur	荷兰
	棕可可甜酒	Creme de Cacao Brown	荷兰
	白可可甜酒	Creme de Cacao White	荷兰
	杏仁白兰地	Apricot Brandy	荷兰
	蜜瓜酒	Melon Liqueur	荷兰
	樱桃酒	Kirchwasser	荷兰
	香草酒	Marschino	荷兰

种类	中文名称	英文名称	产地
	黑加仑酒	Black Cassis	荷兰
	石榴糖浆	Grenadine Syrup	荷兰
	杜林标	Drambuie	英国
	潘诺茴香酒	Pernod	法国
	薄荷酒	Get27	法国
	皮特樱桃甜酒	Peter Heering	丹麦
	苹果白兰地	Calvados	法国
	椰子酒	Malibu	牙买加
配制酒	百利甜酒	Bailey's	爱尔兰
	咖啡甜酒	Kahlua	墨西哥
	鸡蛋白兰地	Advocaat	荷兰
	夏薇	Harvey'	西班牙
	干仙山露	Cizano Vermouth Dry	意大利
	红仙山露	Cizano Vermouth Sweet	意大利
	马天尼（红）	Martini Rosso	意大利
	马天尼（干）	Martini Dry	意大利
	马天尼（半干）	Martini Bianco	意大利

三、专业词汇

1. 专业名词

（1）杯具（Bar Glasses）（见表6—3）

表6—3   **杯具词汇中英文对照**

英文名	中文名	英文名	中文名
beer mug（glass）	啤酒杯	collins glass	柯林杯
brandy snifter	白兰地酒杯	claret glass	波尔多葡萄酒杯
crystal glass	水晶酒杯	champagne saucer	碟形香槟酒杯
cocktail glass	鸡尾酒杯	decanter	醒（滗）酒瓶
champagne glass	香槟酒杯	fruit cup	水果杯
cordial（liqueur）glass	甜酒杯	footed glass	矮脚杯

英文名	中文名	英文名	中文名
glass	玻璃杯	red wine glass	红葡萄酒杯
goblet	高脚杯	spirit glass	烈酒杯
highball glass	海波杯	sour glass	酸酒杯
water jug	水瓶	sherry glass	雪利酒杯
liqueur glass	利口酒杯	short glass	短饮杯
mixing glass	调酒杯	tumbler	平底玻璃杯
measuring glass	量杯	tapered glass	锥形酒杯
margarita glass	玛格丽特杯	tulip champagne	郁金香形香槟酒杯
mug	有柄大啤酒杯	wine glass	葡萄酒杯
old-fashioned glass	古典酒杯	whisky glass	威士忌酒杯
punch bowl	宾治盆	white wine glass	白葡萄酒杯

（2）其他用具（Utensils）（见表6—4）

表6—4　　　　　　　　　　其他用具词汇中英文对照

英文名	中文名	英文名	中文名
ashtray	烟灰缸	glass cloth	擦杯口布
bar stool	酒吧高凳	glass saucer	玻璃小碟
bar spoon	吧匙	ice tong	冰夹
bar fork	酒吧用长叉	ice scoop	冰铲
bar knife	酒吧用刀	ice shaver	冰刨
champagne bucket	香槟酒桶	ice pick	冰锥
cocktail pick	酒签	ice bucket	冰桶
cork	软木塞	jigger	量酒杯
corkscrew	开瓶器	squeezer	榨汁器
cream dipper	雪糕勺	mixing stirrer	调酒棒
coaster	杯垫	milk jug	奶盅
cleaning equipment	清洁用具	napkin	餐巾
cutting board	砧板	napkin paper	纸巾
champagne cooler	香槟酒桶	opener	起子
funnel	漏斗	presser	榨汁机

英文名	中文名	英文名	中文名
straw	吸管	serving tray	托盘
stainless steel water jug	不锈钢水壶	toothpick holder	牙签筒
sugar bowl	糖盅	wine basket	葡萄酒篮
strainer	过滤器	washing basin	小水池
shaker	摇酒壶	zester	剥皮器

（3）酒吧设备（Bar Equipment）（见表6—5）

表6—5　　　　　　　　酒吧设备词汇中英文对照

英文名	中文名	英文名	中文名
blender	搅拌机	ice maker	制冰机
electronic dispensing system	电动饮料机	ice making machine	制冰机
glass chiller	上霜机	refrigerator	冷藏柜（冰箱）

（4）酒水饮料（Beverage）（见表6—6）

表6—6　　　　　　　　酒水饮料中英文对照

英文名称	中文名称	英文名称	中文名称
ale	顶部发酵的啤酒	creme de cacao	可可甜酒
almond	杏仁酒	creme de cafe	咖啡甜酒
anisette	茴香酒	creme de menthe	薄荷酒
aperitif	开胃酒	dark rum	黑朗姆酒
beer	啤酒	distilled water	蒸馏水
bitter lemon	苦柠檬水	draught beer	生啤酒
bitters	比特苦酒	drink	饮料
bourbon whiskey	美国波本威士忌	dortmund	多特蒙德啤酒
champagne	香槟酒	espresso coffee	意大利特浓咖啡
chartreuse	法国产修道院酒	fino	菲诺雪利酒
cherry brandy	樱桃白兰地	french wine	法国葡萄酒
cocktail	鸡尾酒	german wine	德国葡萄酒
coffee	咖啡	gin	金酒（杜松子酒）
cognac	法国干邑	grape juice	葡萄汁

英文名称	中文名称	英文名称	中文名称
grapefruit juice	西柚汁	malt	麦芽
honey	蜜糖	malt whisky	纯麦芽威士忌
irish coffee	爱尔兰咖啡	maraschino	黑樱桃酒
kummel	茴香味餐后甜酒	medium dry	半干
lager	底部发酵的啤酒	munchen	慕尼黑啤酒
lemonade	柠檬味汽水	pousse cafe（rainbow）	彩虹酒
lime	青柠檬	spirit	蒸馏酒
liqueur	利口酒	stout	黑啤酒
long drinks	长饮	tea	茶
short drinks	短饮	tonic water	汤力水
hot drinks	热饮	kweichow moutai	贵州茅台
madeira	马德拉酒	tsing tao beer	青岛啤酒

2. 专业术语（见表6—7）

表6—7　　　　　　　　　　　专业术语中英文对照

英文名称	中文名称	英文名称	中文名称
aging	陈酿	drop	滴
barmaid	女调酒师	fermentation	发酵
bartender	调酒师	fill up with	用……斟至满杯
bill	账单	flavor	味道、加味的
blend	搅和法	float on top	浮在面上
bottle	酒瓶	fresh	新鲜的
build	兑和法	full body	浓味的酒
cash	现金	happy hours	欢乐时光
cashier	收款员	hot	热、辣
cellar	酒窖	light body	清淡的酒
check list	检查表格	lounge	酒廊
close the bar	收吧结束工作	mix	混合
credit card	信用卡	nutmeg	豆蔻粉
drink list	酒水单、饮料单	olive	橄榄

英文名称	中文名称	英文名称	中文名称
one round	每人一杯酒	stock taking	盘点
on the rock	加冰饮用	straight up	直接饮用（净饮）
onion	小洋葱	strain	滤冰
order	出品单、点菜单	sweet	甜
proof	美制酒度表示法	dry	干、酸、不甜
pub	英式小酒吧	take order	点酒、点菜
shake	摇和法	taste	品尝、口味
sign bill	签单	twist	削一条螺旋状的长条果皮垂入饮料中
slice	薄片		
smell	闻味	wine list	餐酒单
spiral	削下整个果皮	zest	柠檬皮削薄薄一片并把汁液拧入饮料中
stir	调和法		
stir in	边加原料边调和		

附　　录

酒吧常用英语

在酒吧中，调酒师要接待大量的外国宾客，因此，调酒师的英语听说能力就显得十分重要。调酒师要不断学习，掌握有关餐饮、酒水服务等方面的英语基本用语，做到能够自如地与宾客交流。下面列举一些酒吧常用英语。其中，B 代表调酒师（Bartender），G 代表顾客（Guest）。

1. B：Good morning（afternoon，evening），sir（madam）.

   G：Good morning（afternoon，evening）.

   B：早上好（下午好，晚上好），先生（夫人）。

   G：早上好（下午好，晚上好）。

2. B：Welcome to our bar.

   G：Thank you.

   B：欢迎光临我们酒吧。

   G：谢谢。

3. B：How are you?

   G：Fine, thanks. And you?

   B：您好吗？

   G：很好，谢谢，你呢？

4. B：Pleased to meet you.

   G：Me too.

   B：很高兴见到您。

   G：我也是。

5. B：I hope you have enjoyed your stay with us.

   G：Thank you.

   B：希望您在我们这里过得愉快！

   G：谢谢。

6. B：Nice to see you again.

G：Nice to see you，too.

B：真高兴再次见到您。

G：我也很高兴见到你。

7. B：Beg your pardon? Would you please say it again?

G：Pink Lady.

B：对不起，请您再说一遍好吗？

G：红粉佳人。

8. B：Happy birthday!

G：Thank you.

B：生日快乐！

G：谢谢！

9. B：Happy New Year!

G：The same to you.

B：新年好！

G：新年好！

10. B：Merry Christmas!

G：Merry Christmas!

B：圣诞快乐！

G：圣诞快乐！

11. B：Have a good time!

G：Thank you.

B：玩得愉快！

G：谢谢！

12. G：Your bar looks great!

B：Thank you.

G：你们酒吧看上去很漂亮！

B：谢谢。

13. G：Thank you（very much）.

B：You are welcome.

G：谢谢你（非常感谢）。

B：不用谢。

14. G：Thank you for your help.

　　　B：You are welcome.

　　　G：谢谢你的帮助。

　　　B：不用谢。

15. G：Thank you for your service.

　　　B：It's my pleasure. （I'm always at your service. ）

　　　G：谢谢你的服务。

　　　B：乐意为您效劳。（很愿意为您效劳。）

16. B：I'm sorry. It's my fault.

　　　G：That's all right.

　　　B：对不起，这是我的过错。

　　　G：没关系。

17. B：Sorry to have kept you waiting.

　　　G：It's all right.

　　　B：对不起让您久等了。

　　　G：没什么。

18. B：Sorry to interrupt you.

　　　G：That's all right.

　　　B：对不起，打扰了。

　　　G：没关系。

19. B：I apologize for this.

　　　G：Never mind.

　　　B：对此我表示抱歉。

　　　G：没关系。

20. B：Can （May） I help you?

　　　G：Yes，please.

　　　B：我能帮您什么吗?

　　　G：好的。

21. B：What can I do for you?

　　　G：My bill，please.

　　　B：我能为您干点儿什么?

　　　G：请把账单拿来。

22. B：Is there anything I can do for you?

G：No，thank you!

B：还有什么能为您效劳的吗？

G：不，谢谢!

23. B：Just a moment, please.

　　G：All right.

　　B：请稍等一下。

　　G：好的。

24. G：Could you do me a favor?

　　B：Certainly，sir（madam）.

　　G：你能帮我一个忙吗？

　　B：行，先生（夫人）。

25. G：Where can I find a telephone（send the fax, send the E-mail）?

　　B：It's over there, next to the main entrance.

　　G：什么地方能找到电话（发传真，发电子邮件）?

　　B：就在那儿，大门旁边。

26. G：Where is the business center?

　　B：It's on the second（third）floor.

　　G：商务中心在哪儿？

　　B：在二楼（三楼）。

27. G：Excuse me, where is the washroom?

　　B：Please turn right.（Go down this passage, the last door on your left.）

　　G：对不起，洗手间在哪儿？

　　B：请往右拐。（沿这条走廊，左手最后一扇门。）

28. B：Would you like me to call a taxi for you?

　　G：Yes, please.

　　B：要我为您叫出租车吗？

　　G：好的，谢谢。

29. B：Mind your step, please.

　　G：Thank you.

　　B：请走好。

　　G：谢谢。

30. B：Please don't leave anything behind.

　　　G：Thank you.

　　　B：请您别遗忘东西。

　　　G：谢谢。

31. G：Can I smoke here?

　　　B：I'm afraid not（Yes, of course）.

　　　G：我能在这儿抽烟吗?

　　　B：恐怕您不能在这儿抽烟（当然可以）。

32. B：See you later.（See you tomorrow.）

　　　G：See you later.（See you tomorrow.）

　　　B：等会儿见。（明天见。）

　　　G：再见。（明天见。）

33. B：Good night.

　　　G：Good night.

　　　B：晚安。

　　　G：晚安。

34. B：Goodbye and thank you for your coming.（Goodbye and hope to see you again.）

　　　G：Goodbye。

　　　B：再见，谢谢您光临。（再见，希望再见到您。）

　　　G：再见。

35. B：Would you mind filling in this inquiry form?

　　　G：No, not at all.

　　　B：请填一下这张意见表，好吗?

　　　G：好的。

36. G：Here is the tip for you.

　　　B：It's very kind of you, but we don't accept any tip. Thank you anyway.

　　　G：这是给你的小费。

　　　B：不，谢谢您，我们不收小费，但是仍然要谢谢您。

37. B：Shall I bring you some hot tea?

　　　G：Yes, please.

　　　B：要我送些热茶吗?

　　　G：好的。

38. G：Could I have the bill?

    B：Yes，here it is.

    G：请拿账单来。

    B：好的，您的账单。

39. B：May I take your order now?

    G：Yes, please. （No, just a moment.）

    B：现在能为您点菜（酒水）吗？

    G：可以，点吧。（不，请稍等一会儿。）

40. B：Take your time and enjoy your cocktail.

    G：Thank you.

    B：请慢用，请用好。

    G：谢谢。

41. B：How do you like the cocktail?

    G：It's very delicious.

    B：您觉得这里的鸡尾酒怎么样？

    G：好极了。

42. B：Would you like to try Shanghai cocktail in our bar?

    G：Yes, I'd love to.

    B：你要尝尝我们酒吧的上海鸡尾酒吗？

    G：好的，非常愿意。

43. G：Where is the main bar?

    B：This way to the main bar，please.

    G：主酒吧怎么走？

    B：到主酒吧请这边走。

44. G：What are the service hours of your bar ?

    B：It's open from 2 p. m. to 5 a. m. next day.

    G：你们的酒吧什么时间营业？

    B：从下午 2 点至凌晨 5 点。

45. G：How much is it in all?

    B：It's one hundred yuan.

    G：一共多少钱？

    B：100 元。

46. G：Any service charge?

　　B：15 percent.

　　G：要收服务费吗?

　　B：收15％。

47. G：Where shall I pay?

　　B：Please pay at the cashier's.

　　G：在什么地方付款?

　　B：请在收银处付款。

48. G：Do you take credit card here or shall I pay in cash?

　　B：Since you are staying at our hotel，you may sign the bill.

　　G：你们这里收信用卡还是付现金?

　　B：从您住进我们酒店开始就可以签单了。

49. B：Have you anything in mind as to what to drink or may I make a few suggestions?

　　G：I have had enough Gin Fizz and Pink Lady. But I have no idea about Chinese cocktails.

　　B：您要喝点儿什么，还是让我给您做些推荐?

　　G：我喝过很多的金飞士和红粉佳人，不知道中国的鸡尾酒怎么样?

50. B：Here is your cocktail，sir.

　　G：Thank you. Oh, it tastes excellent.

　　B：这是您的鸡尾酒，先生。

　　G：谢谢，噢，好极了!

51. B：Good evening sir, Bourbon on the rocks?

　　G：No, this time I'll try Chinese cocktail.

　　B：你好先生，来一杯波本威士忌加冰吗?

　　G：不，这次我要尝尝中国鸡尾酒。

52. B：Do you care for something a little stronger?

　　G：No, I don't like.

　　B：您想来些口味凶烈点儿的酒吗?

　　G：不，我不喜欢口味凶烈的酒。

53. B：What about MouTai, one of the most famous liquors in China?

　　G：That's very good.

B：来些茅台酒怎么样？它是中国最著名的一种白酒。

G：好极了。

54. G：Do people here drink a lot of liquors?

B：Some do, some don't.

G：这里的人经常喝一些烈酒吗？

B：有的人喝，有的人不喝。

55. G：Have you ever heard "Tequila Sauza"?

B：Yes, it's a very well—known kind of spirits in Mexico.

G：你听说过特基拉索查吗？

B：听说过，是一种很有名的墨西哥烈酒。

56. G：Are there any other famous Chinese liquors ?

B：Yes, beside MouTai, for liquors we have Wu Liang Ye, Fen Jiu, Xi Feng and so on.

G：你们还有其他中国名酒吗？

B：是的，除了茅台酒，我们还有五粮液、汾酒、西凤酒等。

57. G：What's Shao Xing wine ?

B：It's rice wine, a kind of still wine, some what like Japanese Sake.

G：什么是绍兴酒？

B：绍兴酒是一种米酒，不起泡的酒，有点像日本的清酒。

58. G：Have you got Butter Rum?

B：Yes, we have. Do you want one?

G：OK!

G：你们有朗姆酒吗？

B：是的，您想要一份吗？

G：好的。

59. G：Give me a Gin and Angostura bitters, a twist of lemon peel, please.

B：Yes, sir, Just a moment, please.

G：请给我一份金酒和安格斯特拉苦精，还有一条柠檬皮。

B：好的，请稍等。

60. B：Would you like some wine?

G：I'd like to take some wine, please.

B：Here is the wine list, sir.

B：您需要为您的晚餐点些葡萄酒吗？

G：是的，我们是需要点些葡萄酒。

B：这是酒单。

61. B：May I take your wine order?

G：Yes，a bottle of Great Wall White Wine，Please.

B：可以为您点酒吗？

G：好的，请给我们拿一瓶长城白葡萄酒。

62. B：What about Zhang Yu Red wine? It's very good. Many guests give high comments on it.

G：Fine，a bottle of this wine then.

B：张裕红葡萄酒可以吗？一种非常好的酒，很多客人都认为这种酒很好。

G：好的，就来一瓶吧。

63. B：Sir，would you please taste the cognac?

G：Excellent! Thank you!

B：先生，您要品尝一下干邑酒吗？

G：非常可口，谢谢！

64. G：What are the types of Whisky in your bar?

B：We have Scotch Whisky，Irish Whiskey，Canadian Whisky and American Whiskey.

G：你们酒吧都有哪些威士忌？

B：我们有苏格兰威士忌、爱尔兰威士忌、加拿大威士忌、美国威士忌。

65. G：What is Gin?

B：It's one of liquors，distilled from grain.

G：什么是金酒。

B：金酒是一种烈性酒，由谷物蒸馏而成。

66. G：What are imported beers available in your bar.

B：We have Heineken，Carlsberg，Asahi，Tiger，Budweiser and so on.

G：你们酒吧有哪些进口啤酒供应？

B：我们有喜力啤酒、嘉士伯啤酒、朝日啤酒、虎牌啤酒、百威啤酒等。

67. G：Are there any famous Chinese beer in your bar?

B：Yes，Tsing Tao beer is a famous beer in China，beside Tsing Tao，we have Yan Jing beer，Zhu Jiang beer and so on.

G：你们酒吧有中国啤酒吗？

B：青岛啤酒是我国著名的啤酒，除此外还有燕京啤酒、珠江啤酒等。

68. G：Are there any famous soft drinks in your bar?

B：Yes，we have Green tea，Black tea，Jasmine tea，hot chocolate，coffee and so on.

G：你们酒吧有软饮料吗？

B：是的，我们有绿茶、红茶、茉莉花茶、热巧克力、咖啡等。

69. G：Are there any bars in Shanghai?

B：Yes，there are a lot of famous bars in Shanghai，such as Hengshan road，Xianxia road，XinTianDi and so on.

G：上海有很多酒吧吗？

B：是的，上海有很多有名的酒吧，它们位于衡山路、仙霞路、新天地等街区。

70. G：What are ingredients of Whiskey Sour?

B：It's a mixture of whiskey，lemon juice and syrup.

G：酸威士忌鸡尾酒的原料有哪些？

B：有威士忌、柠檬汁和糖浆。